乔长君 编著

化学工业出版社
·北京·

内容简介

本书内容包括识图基础、常用低压电器及电子元件、电气系统线路图识读、电动机控制电路图识读、电子电路图识读、建筑电气工程图识读、生产实际应用图的识读共 7 个方面的内容。

本书内容起点低，遵循实用、够用的原则，便于读者自学。本书可供具有初中以上文化的电工和有关技术人员使用，也可作为高等院校及专科学校相关专业师生的参考书，还可作为电工上岗培训用教材。

图书在版编目（CIP）数据

怎样看电气图 / 乔长君编著 . —北京：化学工业出版社，2021.11（2025.5 重印）

ISBN 978-7-122-39877-2

Ⅰ. ①怎… Ⅱ. ①乔… Ⅲ. ①电气制图 - 识别 Ⅳ. ① TM02

中国版本图书馆 CIP 数据核字（2021）第 184308 号

责任编辑：高墨荣

责任校对：王　静　　　　装帧设计：刘丽华

出版发行：化学工业出版社（北京市东城区青年湖南街 13 号　邮政编码 100011）

印　　装：涿州市般润文化传播有限公司

787mm×1092mm　1/16　印张 13¼　字数 329 千字　　2025 年 5 月北京第 1 版第 2 次印刷

购书咨询：010-64518888　　　　售后服务：010-64518899

网　　址：http://www.cip.com.cn

凡购买本书，如有缺损质量问题，本社销售中心负责调换。

定　　价：58.00 元

前言

由于电气图是电气技术人员和电气施工人员进行技术交流和生产活动的“工程语言”，是电气技术中应用最广泛的技术资料之一，因此，识读电气图是设计、生产、维修人员工作中不可缺少的技术手段。电气图作为日常工作中的技术指导，电气人员如果看不懂电气图，在工作中将无从下手。

电气图根据表达内容的不同可以分为电气系统图、电路图、接线图、电气平面图等。看电气图，就是要把制图者所表达的内容看懂，并用它来指导安装施工，进行故障诊断、检修以及管理电气设备。

本书第 1 章从电气图的基本元素——图形符号开始，进而介绍了电气图的制图规则和表达方法。第 2 章介绍了常用低压电器及电子元件的用途。第 3 章介绍了电气一次系统图、电气二次回路图、测量回路图、常用照明控制电路。第 4 章介绍了电动机控制电路图的识图方法、笼型三相异步电动机控制电路、绕线式异步电动机控制电路、直流电动机控制电路。第 5 章介绍了电子电路识读方法、电子开关照明电路、常用电子电路。第 6 章介绍了建筑电气工程图分类、识图的基本方法、建筑电气工程图示例。第 7 章介绍了其他测量电路、曲线图、其他电气工作关联图。

本书内容起点低，语言通俗易懂，便于读者自学。在内容选取上遵循实用、够用的原则，所选问题力求贴近实际，并突出对新技术、新设备、新工艺的推广应用。

本书有以下特色：

1. 文字部分制作成 PPT 微课，扫二维码边看边听，加深对知识的理解。
2. 有动作步骤的电路图制作成动画，扫二维码边看元件动作过程边听讲解。
3. 相关知识制作成 PDF 文档，扫二维码学习更多内容，拓展知识面。

本书由乔长君编著，王铭键、王岩柏、乔正阳、罗利伟、李桂芹、王海龙、罗晶对本书出版提供了帮助，在此一并表示感谢。

由于水平有限，不足之处在所难免，敬请读者批评指正。

编著者

目 录

第1章 识图基础

1.1 电气符号........1
1.1.1 图形符号........1
1.1.2 文字符号........4
1.1.3 项目代号........5
1.1.4 回路标号........7
1.2 电气图制图规则........7
1.2.1 电气图的布局........7
1.2.2 图线及其他........10
1.2.3 电气图基本表示方法........12

第2章 常用低压电器及电子元件

2.1 常用低压电器........15
2.1.1 自动空气断路器........15
2.1.2 接触器........15
2.1.3 热继电器........15
2.1.4 熔断器........16
2.1.5 按钮........16
2.1.6 行程开关........16
2.1.7 时间继电器........17
2.1.8 中间继电器........17
2.1.9 过流继电器........17
2.1.10 速度继电器........18
2.1.11 电动机保护器........18
2.1.12 可编程控制器........18
2.1.13 变频器........19
2.2 常用电子元件........19
2.2.1 线性电阻器........19
2.2.2 电容器........20
2.2.3 电感........20
2.2.4 半导体二极管........20
2.2.5 双极型晶体管........21
2.2.6 场效应晶体管........21
2.2.7 集成运算放大器........21
2.2.8 普通晶闸管........22

第3章 电气系统线路图识读

3.1 电气一次系统图识读........23
3.1.1 工厂企业供电方式........23
3.1.2 配电所系统图........26
3.1.3 高压变电所系统图........26
3.1.4 低压变电所系统图........30
3.2 电气二次回路图识读........34
3.2.1 概述........34
3.2.2 断路器控制回路........36
3.2.3 信号回路........39
3.2.4 继电保护回路........41

3.2.5 自动重合闸装置电路 42
3.2.6 备用电源线路自动投入装置 43
3.3 测量电路图识读 45
3.3.1 电流测量电路 45
3.3.2 电压测量电路 46
3.3.3 功率测量电路 47
3.3.4 电能测量电路 50
3.4 常用照明控制电路识读 53
3.4.1 通用白炽灯电路 53
3.4.2 荧光灯电路 54

第 4 章 电动机控制电路识读

4.1 控制电路图的识图方法 55
4.1.1 查线读图法 55
4.1.2 识读复杂电路的方法 58
4.2 笼型三相异步电动机控制电路图识读 59
4.2.1 笼型三相异步电动机启动控制电路 59
4.2.2 笼型三相异步电动机运行控制电路 71
4.2.3 变频器控制电路 83
4.2.4 PLC 控制电路 85
4.2.5 笼型三相异步电动机的制动控制电路 85
4.3 绕线式异步电动机启动电路识读 94
4.3.1 绕线式异步电动机电阻启动电路 ...94
4.3.2 绕线式异步电动机频敏变阻器启动电路 95
4.4 直流电动机控制电路识读 97
4.4.1 他励直流电动机控制电路 97
4.4.2 并励直流电动机控制电路 99
4.4.3 串励直流电动机控制电路 101

第 5 章 电子电路图识读

5.1 电子电路识读方法 104
5.1.1 电子电路图的种类 104
5.1.2 电子电路图的识图方法与技巧 ... 105
5.1.3 识读电子电路原理图的步骤 107
5.1.4 识图要点 108
5.2 电子开关照明电路识读 112
5.2.1 模拟电子开关照明电路识读 112
5.2.2 数字电子开关照明电路识读 117
5.3 电子电路识读 127
5.3.1 电子报警电路识读 127
5.3.2 其他常用电子电路识读 131

第6章 建筑电气工程图识读

6.1 常用建筑电气工程图 138
6.1.1 建筑电气工程图分类 138
6.1.2 建筑电气图的标注方法及其应用 149
6.1.3 建筑电气平面图专用标志 153
6.2 识图的基本方法 154
6.2.1 识图的步骤和基本方法 154
6.2.2 识图的要点 155
6.3 建筑电气工程图识读示例 167
6.3.1 变配电所电气工程图识读示例 167
6.3.2 装置区电气工程图示例 180

第7章 生产实际应用图识读

7.1 测量电路识读 183
7.1.1 电阻测量电路 183
7.1.2 兆欧表测量电路 183
7.2 曲线图的识读 184
7.2.1 负荷曲线 184
7.2.2 特性曲线 186
7.3 电气工作关联图的识读 188
7.3.1 杆塔拉线 188
7.3.2 设备结构图 188

附录 192
附录1 电气简图用图形符号 192
附录2 建筑安装平面布置图图形符号 200
附录3 电气文字符号 202

参考文献 206

·第1章·

识图基础

1.1 电气符号

电气符号以图形和文字的形式从不同角度为电气图提供了各种信息，包括图形符号、文字符号、项目代号和回路标号等。图形符号提供了一类设备或元件的共同符号，为了更明确地区分不同设备和元件以及不同功能的设备和元件，还必须在图形符号旁标注相应的文字符号加以区别。图形符号和文字符号相互关联、互为补充。

1.1.1 图形符号

以图形或图像为主要特征的表达一定事物或概念的符号，称为图形符号。图形符号是构成电气图的基本单元，通常用于图样或其他文件，以表示一个设备（如变压器）或概念（如接地）的图形、标记或字符。

（1）图形符号的组成

图形符号通常由符号要素、一般符号和限定符号组成。

① 符号要素　是指一种具有确定意义的简单图形，通常表示电气元件的轮廓或外壳。符号要素不能单独使用，必须同其他图形符号组合，以构成表示一个设备或概念的完整符号。例如图 1-1（a）的外壳，分别与图 1-1（b）交流符号、图 1-1（c）直流符号、图 1-1（d）单向能量流动符号组合，就构成了图 1-1（e）的整流器符号。

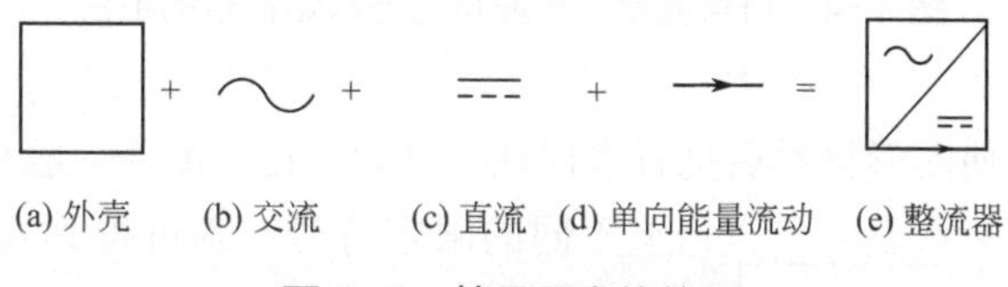

图 1-1　符号要素的使用

② 一般符号　是用以表示一类产品或此类产品特征的一种简单符号。一般符号可直接应用，也可加上限定符号使用。比如表示开关的一般符号、断路器功能符号、热效应符号以及电磁效应符号组合在一起，就是微型断路器的符号，如图 1-2 所示。再比如，当表示开关的一般符号与接触器功能符号组合时，就构成了接触器符号；当它与断路器功能符号组合时，就构成了断路器符号；当它与隔离器功能符号组合时，就构成了隔离开关符号；当它与负荷开关功能符号组合时就

构成了负荷开关符号。如图 1-3 所示。

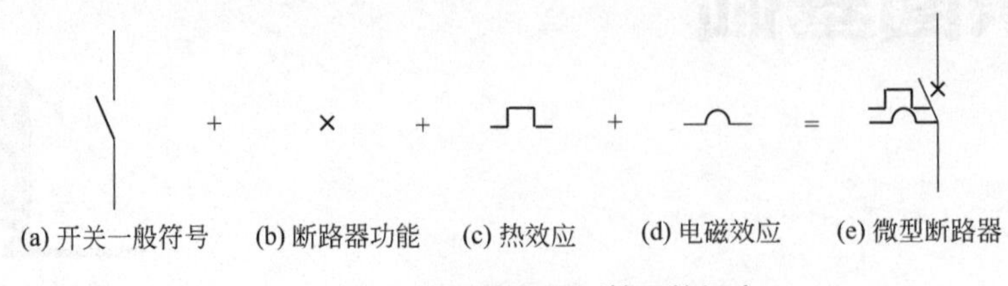

图 1-2　微型断路器图形符号的组合

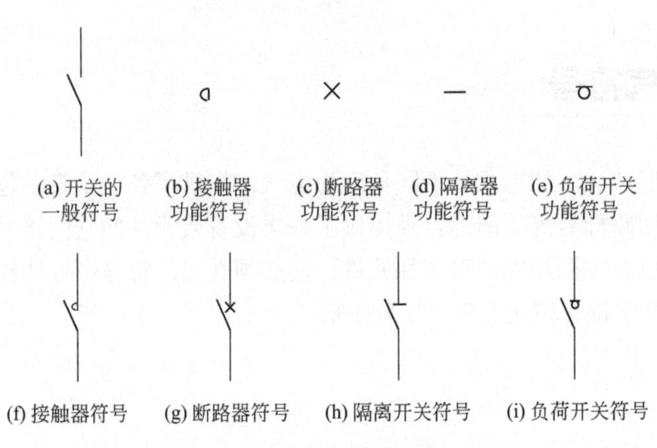

图 1-3　一般符号与限定符号的组合

③ 限定符号　是指附加于一般符号或其他图形符号之上，以提供某种信息或附加信息的图形符号。限定符号一般不能单独使用，但一般符号有时也可用作限定符号，例如图 1-4（a）是表示自动增益控制放大器的图形符号，它由表示功能单元的符号要素图 1-4（b）、表示放大器的一般符号图 1-4（c）和表示自动控制的限定符号图 1-4（d）（作为限定符号）构成。

图 1-4　符号要素、一般符号与限定符号的组合

限定符号的应用，使图形符号更具有多样性。例如，在二极管一般符号的基础上，分别加上不同的限定符号，则可得到发光二极管、热敏二极管、变容二极管等。

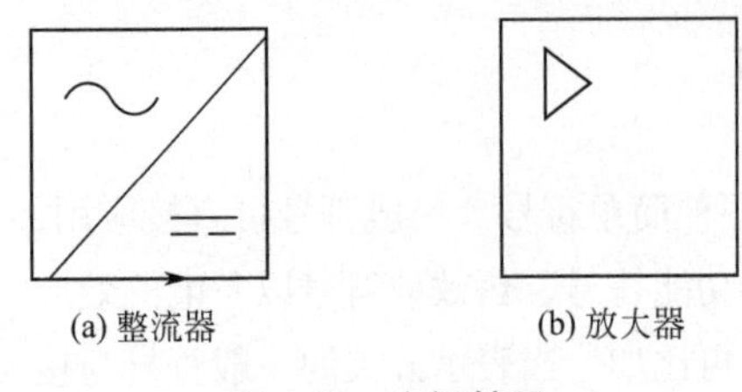

图 1-5　方框符号

电气图形符号还有一种方框符号，其外形轮廓一般应为正方形，用以表示设备、元件间的组合及功能。这种符号既不给出设备或元件的细节，也不反映它们之间的任何关系，只是一种简单的图形符号，通常只用于系统图或框图，如图 1-5 所示。

图形符号的组合方式有很多种，最基本和最常用的有以下三种：一般符号 + 限定符号、符号要素 + 一般符号、符号要素 + 一般符号 + 限定符号。

（2）图形符号的使用

① 元件的状态　在电气图中，元器件和设备的可动部分通常应表示在非激励或不工作的状态或位置，例如：继电器和接触器在非激励的状态，图中的触点状态是非受电下的状态；断路器、负荷开关和隔离开关在断开位置；带零位的手动控制开关在零位置，不带零位的手动控制开关在图中规定位置；机械操作开关（如行程开关）在非工作的状态或位置（即搁置）时的情况，及机械操作开关在工作位置的对应关系，一般表示在触点符号的附近或另附说明；温度继电器、压力继电器都处于常温和常压（一个大气压）状态；事故、备用、报警等开关或继电器的触点应该表示在设备正常使用的位置，如有特定位置，应在图中另加说明；多重开闭器件的各组成部分必须表示在相互一致的位置上，而不管电路的工作状态。

② 符号取向　标准中示出的符号取向，在不改变符号含义的前提下，可根据图面布置的需要旋转或成镜像放置，例如在图 1-6 中，取向形式 A 按逆时针方向依次旋转 90° 即可得到取向形式 B、C、D，取向形式 E 由取向形式 A 的垂轴镜像得到，取向形式 E 再按逆时针依次旋转 90° 即可得到取向形式 F、G、H。当图形符号方向改变时，应适当调整文字的阅读方向和文字所在位置。

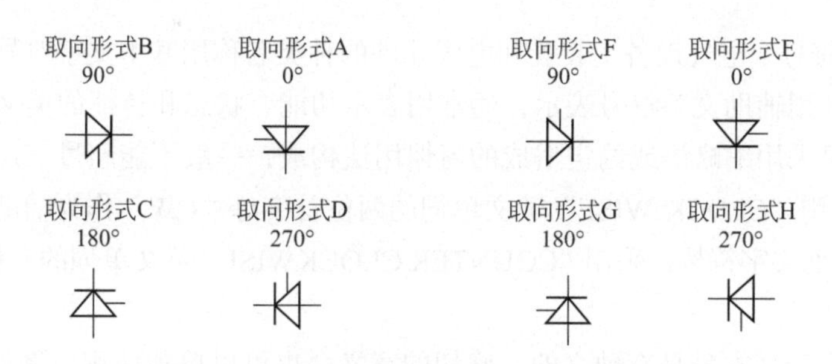

图 1-6　晶闸管图形符号可能的取向形式

有方位规定的图形符号为数很少，但在电气图中占重要位置的各类开关和触点，当其符号呈水平形式布置时，应下开上闭；当符号呈垂直形式布置时，应左开右闭。

③ 图形符号的引线　图形符号所带的引线不是图形符号的组成部分，在大多数情况下，引线可取不同的方向。如图 1-7 所示的变压器、扬声器和倍频器中的引线改变方向，都是允许的。

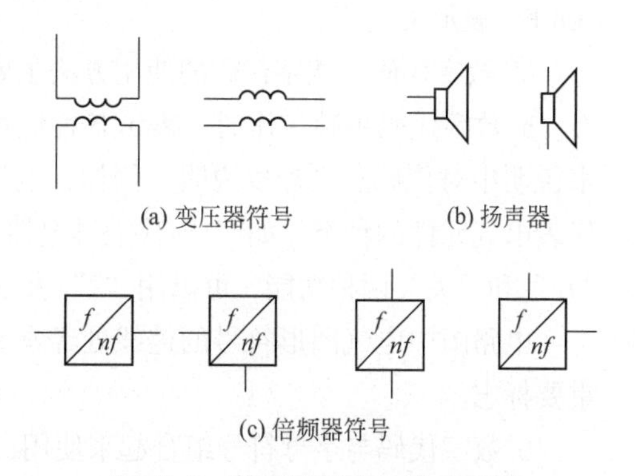

图 1-7　符号引线方向改变示例

④ 使用国家标准未规定的符号　国家标准未规定的图形符号，可根据实际需要，按突出特征、结构简单、便于识别的原则进行设计，但需要报国家标准化管理委员化备案。当采用其他来源的符号或代号时，必须在图解和文件上说明其含义。

1.1.2 文字符号

文字符号是表示电气设备、装置、电气元件的名称、状态和特征的字符代码。

（1）文字符号的用途

① 为参照代号提供电气设备、装置和电气元件种类字符代码和功能代码。

② 作为限定符号与一般图形符号组合使用，以派生新的图形符号。

③ 在技术文件或电气设备中表示电气设备及电路的功能、状态和特征。

（2）文字符号的构成

文字符号分为基本文字符号和辅助文字符号两大类。文字符号可以用单一的字母代码或数字代码来表达，也可以用字母与数字组合的方式来表达。

① 基本文字符号　主要表示电气设备、装置和电气元件的种类名称，分为单字母符号和双字母符号。

单字母符号用拉丁字母将各种电气设备、装置、电气元件划分为 23 个大类，每大类用一个大写字母表示。如“R”表示电阻器，“S”表示开关。

双字母符号由一个表示大类的单字母符号与另一个字母组成，组合形式以单字母符号在前，另一字母在后的次序标出。例如，“K”表示继电器，“KA”表示中间继电器，“KI”表示电流继电器等。

② 辅助文字符号　电气设备、装置和电气元件的种类名称用基本文字符号表示，而它们的功能、状态和特征用辅助文字符号表示，通常用表示功能、状态和特征的英文单词的前一、二位字母构成，也可采用缩略语或约定俗成的习惯用法构成，一般不能超过三位字母。例如，表示“顺时针”，采用“CLOCK WISE”英文单词的两位首字母“CW”作为辅助文字符号；而表示“逆时针”的辅助文字符号，采用“COUNTER CLOCKWISE”英文单词的三位首字母“CCW”作为辅助文字符号。

某些辅助文字符号本身具有独立的、确切的意义，也可以单独使用。例如，“MAN”表示交流电源的中性线，“DC”表示直流电，“AC”表示交流电，“AUT”表示自动，“ON”表示开启，“OFF”表示关闭等。

③ 数字代码　数字代码的使用方法主要有以下两种。

a. 数字代码单独使用时，表示各种电气元件、装置的种类或功能，需按序编号，还要在技术说明中对代码意义加以说明。例如，电气设备中有继电器、电阻器、电容器等，可用数字来代表电气元件的种类，如“1”代表继电器，“2”代表电阻器，“3”代表电容器。再如，开关有“开”和“关”两种功能，可以用“1”表示“开”，用“2”表示“关”。

电路图中电气图形符号的连线处经常有数字，这些数字称为线号。线号是区别电路接线的重要标志。

b. 数字代码与字母符号组合起来使用，可说明同一类电气设备、装置电气元件的不同编号。数字代码可放在电气设备、装置或电气元件的前面或后面，若放在前面应与文字符号大小相同，放在后面应作为下标。例如，三个相同的继电器一般高压时表示为“1KF”“2KF”“3KF”，低压时表示为“KF_1”“KF_2”“KF_3”。

（3）文字符号的使用

① 一般情况下，绘制电气图及编制电气技术文件时，应优先选用基本文字符号、辅助文字符号以及它们的组合。而在基本文字符号中，应优先选用单字母符号。只有当单字母符号不能满足要求时，方可采用双字母符号。基本文字符号不能超过两位字母，辅助文字符号不能超过三位字母。

② 辅助文字符号可单独使用，也可将首位字母放在表示项目种类的单字母符号后面，组成双字母符号。

③ 当基本文字符号和辅助文字符号不够用时，可按有关电气名词术语国家标准或专业标准中规定的英文术语缩写进行补充。

④ 由于字母“I”“O”易与数字“1”“0”混淆，因此不允许用这两个字母作文字符号。

⑤ 文字符号不适于电气产品型号编制与命名。

⑥ 文字符号一般标注在电气设备、装置和电气元件的图形符号上或其近旁。

1.1.3　项目代号

项目代号是用以识别图、表图、表格中和设备上的项目种类，并提供项目的层次关系、种类、实际位置等信息的一种特定的代码。通常是用一个图形符号表示的基本件、部件、组件、功能单元、设备、系统等。项目有大有小，可能相差很多，大至电力系统、成套配电装置，以及发电机、变压器等，小至电阻器、端子、连接片等，都可以称为项目。

由于项目代号是以一个系统、成套装置或设备的依次分解为基础来编定的，建立了图形符号与实物间一一对应的关系，因此可以用来识别、查找各种图形符号所表示的电气元件、装置和设备以及它们的隶属关系、安装位置。

（1）项目代号的组成

项目代号由高层代号、位置代号、种类代号、端子代号根据不同场合的需要组合而成，它们分别用不同的前缀符号来识别。前缀符号后面跟字符代码，字符代码可由字母、数字或字母加数字构成。

① 高层代号（=）　高层代号是系统或设备中任何较高层次（对给予代号的项目而言）的项目代号。如电力系统、电力变压器、电动机等。高层代号的命名是相对的。例如，电力系统对其所属的变电所，电力系统的代号就是高层代号，但对该变电所中的某一开关而言，则该变电所代号就为高层代号。

高层代号的字符代码由字母和数字组合而成，有多个高层代号时可以进行复合，但应注意将较高层次的高层代号标注在前面。例如“=P1=T1”表示有两个高层次的代号 P1、T1，T1 属于 P1。这种情况也可复合表示为“=P1T1”。

② 位置代号（+）　位置代号是项目在组件、设备、系统或者建筑物中实际位置的代号。

通常由自行规定的拉丁字母及数字组成，在使用位置代号时，应画出表示该项目位置的示意图。

例如，在 101 室 A 排开关柜的第 6 号开关柜上，可以表示为“+101+A+6”，简化表示为“+101A6”。

③ 种类代号（-） 种类代号是用于识别所指项目属于什么种类的一种代号，是项目代号中的核心部分。种类代号通常有三种不同的表达形式。

a. 字母 + 数字：如“-K5”表示第 5 号继电器、“-M2”表示第 2 台电动机。种类代号字母采用文字符号中的基本文字符号，一般是单字母，不能超过双字母。

b. 数字序号：例如“-3”代表 3 号项目，在技术说明中必须说明“3”代表的种类。这种表达形式不分项目的类别，所有项目按顺序统一编号，方法简单，但不易识别项目的种类，因此须将数字序号和它代表的项目种类列成表，置于图中或图后，以利识读。

c. 分组编号：数码代号第 1 位数字的意义可自行确定，后面的数字序号可以为两位数。例如：“-1”表示电动机，-101、-102、-103……表示第 1、2、3……台电动机。

在种类代号段中，除项目种类字目外，还可附加功能字母代码，以进一步说明该项目的特征或作用。功能字母代码没有明确规定，由使用者自定，并在图中说明其含义。功能字母代码只能以后缀形式出现。其具体形式为：前缀符号、种类的字母代码、同一项目种类的字母代码、同一项目种类的序号、项目的功能字母代码。

④ 端子代号（：） 端子代号是指项目（如成套柜、屏）内、外电路进行电气连接的接线端子的代号。电气图中端子代号的字母必须大写。

例如，“：1”表示 1 号端子；“：A”表示 A 号端子。端子代号也可以是数字与字母的组合，例如 P101。

电器接线端子与特定导线（包括绝缘导线）相连接时，规定有专门的标记方法。电器接线端子的标记见表 1-1，特定导线的标记见表 1-2。

表 1-1 特定接线端子的标记

<table>
<tr><th>电器接线端子名称</th><th>标记符号</th><th>电器接线端子名称</th><th>标记符号</th></tr>
<tr><td rowspan="4">交流系统：1 相
2 相
3 相
中性线</td><td>U</td><td>接地</td><td>E</td></tr>
<tr><td>V</td><td>无噪声接地</td><td>TE</td></tr>
<tr><td>W</td><td>机壳或机架</td><td>MM</td></tr>
<tr><td>N</td><td>等电位</td><td>CC</td></tr>
<tr><td>保护接线</td><td>PE</td><td></td><td></td></tr>
</table>

表 1-2 特定导线的标记

<table>
<tr><th>导线名称</th><th>标记符号</th><th>导线名称</th><th>标记符号</th></tr>
<tr><td rowspan="4">交流系统：1 相
2 相
3 相
中性线</td><td>L_1</td><td>保护接线</td><td>PE</td></tr>
<tr><td>L_2</td><td>不接地的保护导线</td><td>PU</td></tr>
<tr><td>L_3</td><td>保护接地线和中性线共用一线</td><td>PEN</td></tr>
<tr><td>N</td><td>接地线</td><td>E</td></tr>
<tr><td rowspan="3">直流系统的电源：正
负
中间线</td><td>b</td><td>无噪声接地线</td><td>TE</td></tr>
<tr><td>L</td><td>机壳或机架</td><td>MM</td></tr>
<tr><td>M</td><td>等电位</td><td>CC</td></tr>
</table>

（2）项目代号的应用

一张图上的某一项目不一定都有四个代号段。如有的不需要知道设备的实际安装位置时，可以省掉位置代号；当图中所有高层项目相同时，可省掉高层代号而只需要另外加以说明。通常，种类代号可以单独表示一个项目，而其余大多应与种类代号组合起来，才能较完整地表示一个项目。

项目代号一般标注围框或在图形符号的附近。用于原理图的集中表示法和半集中表示法时，项目代号只在图形符号旁标注一次，并用机械连接线连接起来。用于分开表示法时，项目代号应在项目每一部分旁都要标注出来。

在不致引起误解的前提下，代号段的前缀符号可以省略。

1.1.4　回路标号

为便于接线和查线，电路图中用来表示设备回路种类、特征的文字和数字标号统称回路标号（也称回路线号）。

回路标号的一般原则：

① 回路标号按照“等电位”原则进行标注。等电位的原则是指电路中连接在一点上的所有导线具有同一电位而标注相同的回路称号。

② 由电气设备的线圈、绕组、电阻、电容、各类开关、触点等电气元件分隔开的线段，应视为不同的线段，标注不同的回路标号。

③ 在一般情况下，回路标号由三位或三位以下的数字组成。以个位代表相别，如三相交流电路的相别分别为 1、2、3；以个位奇偶数区别回路的极性，如直流回路的正极侧用奇数，负极侧用偶数。以标号中的十位数字的顺序区分电路中的不同线段。以标号中的百位数字来区分不同供电电源的电路。如直流电路中 B 电源的正、负极电路标号用“101”和“102”表示，L 电源的正、负极电路标号用“201”和“202”表示。电路中若共用同一个电源，则百位数字可以省略。当要表明电路中的相别或某些主要特征时，可在数字标号的前面或后面增注文字符号，文字符号用大写字母，并与数字标号并列。在机床电气控制电路图中回路标号实际上是导线的线号。

1.2　电气图制图规则

1.2.1　电气图的布局

（1）图纸格式

绘制图样时，按图 1-8 优先采用表 1-3 中规定的幅面尺寸，必要时可沿长边加长，A_0、A_2、A_4 幅面的加长量应按 A_0 幅面长边的八分之一的倍数增加；A_1、A_3 幅面的加长量应按 A_0 幅面短边的四分之一的倍数增加，A_0 及 A_1 幅面也允许同时加长两边。

当图样不需要装订时，只要将图 1-8 中的尺寸 *a* 和 *c* 都改成 *e* 即可。图框线用粗实线绘制。

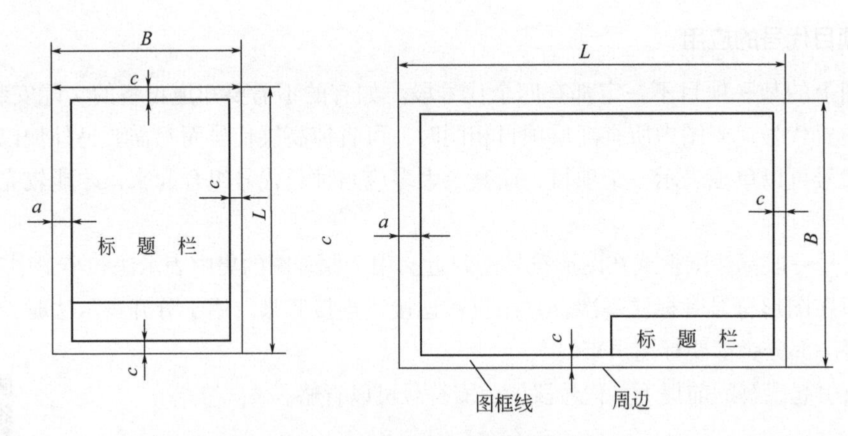

图 1-8 需要装订的图框格式

表 1-3 图纸幅面尺寸 mm

幅面代号	A_0	A_1	A_2	A_3	A_4	A_5
$B\times L$	841 × 1189	594 × 841	420 × 594	297 × 420	210 × 297	148 × 210
a	25					
c	10			5		
e	20		10			

（2）布局的要求

① 排列均匀、间隔适当、美观清晰，为计划补充的内容留出必要的空白，但又要避免图面出现过大的空白。

② 有利于识别能量、信息、逻辑、功能这四种物理量的流向，保证信息流及功能流从左到右、从上到下的流向（反馈流相反），而非电过程流向与信息流向相互垂直。

③ 电气元件按工作顺序或功能关系排列。引入、引出线多在边框附近，导线、信号通路、连接线应少交叉、折弯，且在交叉时不得折弯。

④ 紧凑、均衡，留足插写文字、标注和注释的位置。

（3）整个画面的布局

① 画面的布置。

② 主要设备及材料明细表。

③ 技术说明。

④ 标题栏。

标题栏中的文字方向为看图方向，国标对标题栏的格式未做统一规定，建议采用图 1-9 的格式。

（4）电路或电气元件的布局方法及应用

① 电路或电气元件布局的原则

a. 电路垂直布置时，相同或类似项目应横向对齐，水平布置时，应纵向对齐，如图 1-10、图 1-11 所示。

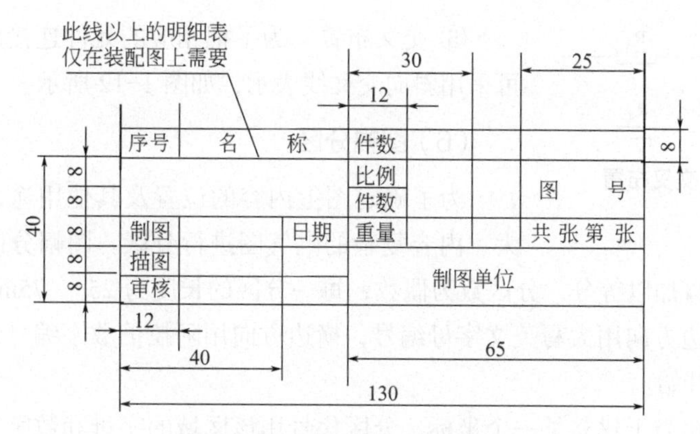

图 1-9 标题栏的格式和尺寸

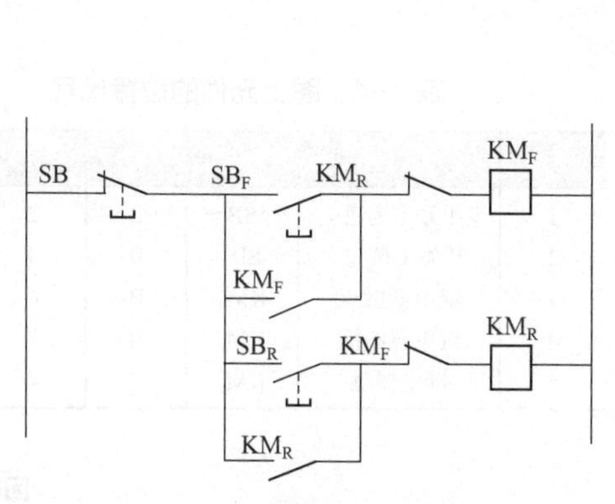

图 1-10 图线的水平布置

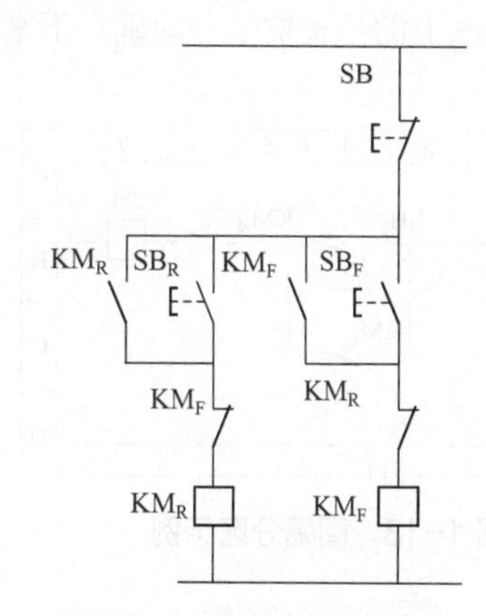

图 1-11 图线的垂直布置

b. 功能相关的项目应靠近绘制，以清晰表达其相互关系并利于识图。

c. 同等重要的并联通路应按主电路对称布局。

② 功能布局法 电路或电气元件符号的布置，只考虑便于看出它们所表现的电路或电气元件功能关系，而不考虑实际位置的布局方法，称为功能布局法。功能布局法将要表示的对象划分为若干个功能组，按照因果关系从左到右或从上到下布置，并尽可能按工作顺序排列，以利于看清其中的功能关系。功能布局法广泛应用于方框图、电路图、功能表图、逻辑图中。

③ 位置布局法 电路或电气元件符号的布置与该电气元件实际位置基本一致的布局方法，称为位置布局法。这种布局法可以清晰看出电路或电气元件的相对位置和导线的走向，广泛应用于接线图、平面图、电缆配置图等。

（5）图线的布置

一般而言，电源主电路、一次电路、主信号通路等采用粗线，控制回路、二次回路等采用细线表示，而母线通常比粗实线还宽 2 ～ 3 倍。

① 水平布置 将表示设备和元件的图形符号按横向布置，连接线成水平方向，各类似项目纵向对齐。如图 1-10 所示，图中各电气元件按行排列，从而使各连接线基本上都是水平线。

② 垂直布置 将表示设备和元件的图形符号按纵向布置，连接线成垂直方向，各类似项目横向对齐。如图 1-11 所示。

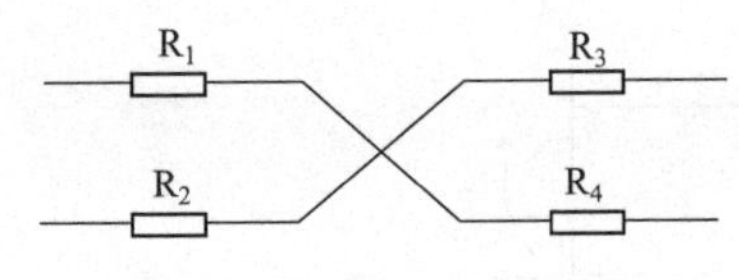

图 1-12　图线的交叉布置

③ 交叉布置　为了把相应的元件连接成对称的布局，也可采用斜向交叉线表示，如图 1-12 所示。

（6）图幅分区

为了确定图上内容的位置及其他用途，应对一些幅面较大、内容复杂的电气图进行分区。图幅分区的方法是将图纸相互垂直的两边各自加以等分，分区数为偶数，每一分区的长度为 25 ～ 75mm。分区线用细实线，每个分区内竖边方向用大写英文字母编号，横边方向用阿拉伯数字编号，编号顺序应以标题栏相对的左上角开始。

图幅分区后，相当于建立了一个坐标，分区代号用该区域的字母和数字表示，字母在前数字在后，图 1-13 中，将图幅分成 4 行（A ～ D）和 8 列（1 ～ 8）。图幅内所绘制的元件 KM、SB、R 在图上的位置被唯一地确定下来了，其位置代号列于表 1-4 中。

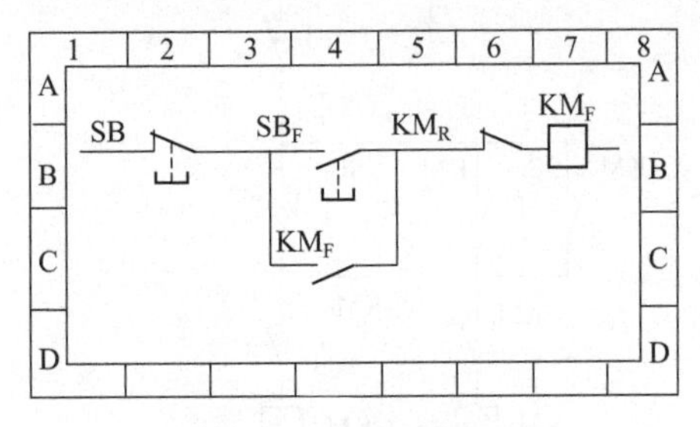

图 1-13　图幅分区示例

表 1-4　图上元件的位置代号

序号	元件名称	符号	行	列	区号
1	开关（按钮）	SB	B	2	B2
2	开关（按钮）	SB_F	B	4	B4
3	继电器触点	KM_R	B	6	B6
4	继电器线圈	KM_F	B	7	B7
5	继电器触	KM_F	C	4	C4

1.2.2　图线及其他

（1）图线

① 图线的选择　绘制图样时，应采用表 1-5 中规定的图线，其他用途可查阅国标。

图线分为粗、细两种。粗线的宽度 b 应按图的大小和复杂长度，在 0.5 ～ 2mm 之间选择，细线的宽度约为 $b/3$。

图线宽度的推荐系列为：0.18mm、0.25mm、0.35mm、0.5mm、0.7mm、1.0mm、1.4mm、2.0mm。

表 1-5　图线及其应用

图线名称	图线型式	图线宽度	主要用途
粗实线		b=0.5 ～ 2	可见轮廓线
细实线		约 $b/3$	尺寸线、尺寸界线、剖面线、引出线
波浪线		约 $b/3$	断裂处的边界线，视图和剖视的分界线
双折线		约 $b/3$	断裂处的边界线
虚线	1 4	约 $b/3$	不可见轮廓线
细点画线	3 15	约 $b/3$	轴线、对称中心线
粗点画线		约 b	有特殊要求的表面的表示线
双点画线	5 15	约 $b/3$	假象投影轮廓线、中断线

② 指引线的用法　指引线用于指示注释的对象，其末端指向被注释处，并在某末端加注以下标记（如图 1-14 所示）：若指在轮廓线内，用一黑点表示，见图 1-14（a）；若指在轮廓线上，用一箭头表示，见图 1-14（b）；若指在电气线路上，用一短线表示，见图 1-14（c），图中指明导线分别为 $3\times10mm^2$ 和 $2\times2.5mm^2$。

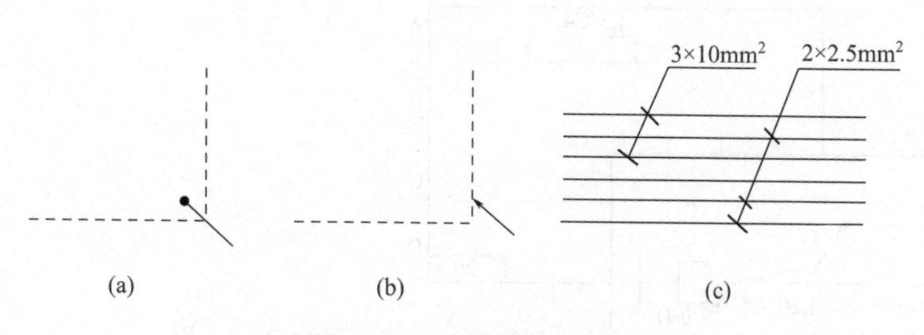

图 1-14　指引线的用法

③ 图线的连续表示法及其标志　连接线可用多线或单线表示，为了避免线条太多，以保持图面的清晰，对于多条去向相同的连接线，常采用单线表示法，如图 1-15 所示。

当导线汇入用单线表示的一组平行连接线时，在汇入处应折向导线走向，而且每根导线两端应采用相同的标记号，如图 1-16 所示。

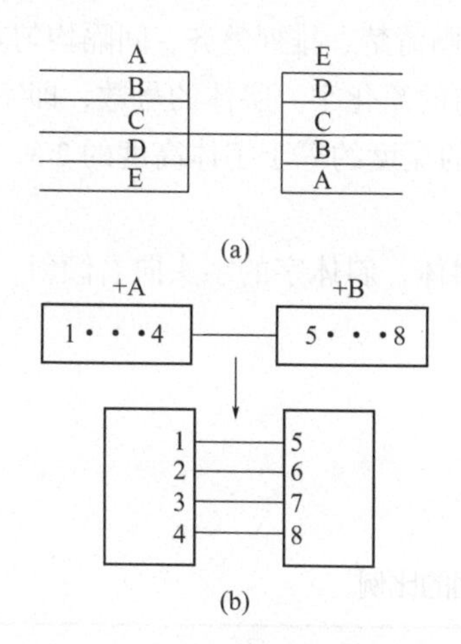

图 1-15　连接线点表示法

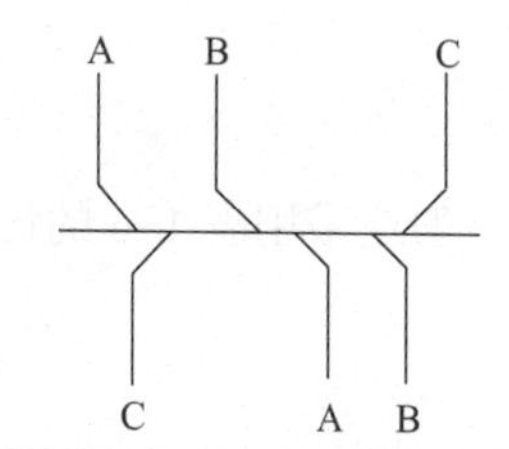

图 1-16　汇入导线表示法

连续表示法中导线的两端应采用相同的标记号。

④ 图线的中断表示法及其标志　为了简化线路图或使多张图采用相同的连接表示，连接线一般采用中断表示法。

在同张图中断处的两端给出相同的标记号，并给出导线连接线去向的箭号，如图 1-17 中的 G 标记号。对于不同张的图，应在中断处采用相对标记法，即中断处标记名相同，并标注“图序号 / 图区位置”，见图 1-17。图 1-17 中断点 L 标记号，在第 20 号图纸上标有“L3 / C4”，它表示 L 中断处与第 3 号图纸的 C 行 4 列处的 L 断点连接；而在第 3 号图纸上标有“L20 / A4”，它表示 L 中断处与第 20 号图纸的 A 行 4 列处的 L 断点相连。

对于接线图，中断表示法的标注采用相对标注法，即在本元件的出线端标注去连接的对方元件的端子号。如图 1-18 所示，PJ 元件的 1 号端子与 CT 元件的 2 号端子相连接，而 PJ 元件的 2 号端子与 CT 元件的 1 号端子相连接。

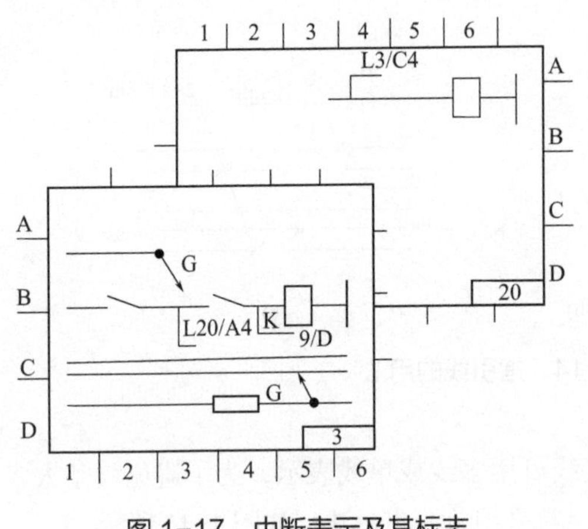

图 1-17　中断表示及其标志

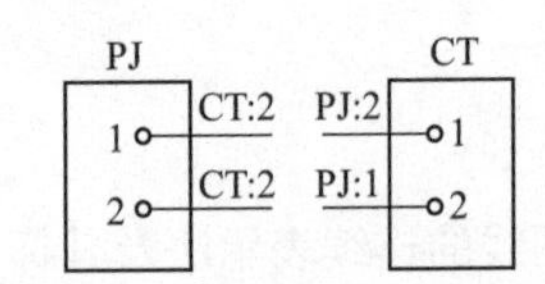

图 1-18　中断表示法的相对标注

（2）字体

在图样中书写的字体必须做到：字体端正、笔画清楚、排列整齐、间隔均匀。

汉字应写成长仿宋体，并应采用国家正式公布的简化字。字体的号数，即字体的高度（单位 mm）分为 20、14、10、7、5、3.5、2.5，字体的宽度约等于字体高度的 2/3，数字及字母的笔画宽度约为字体高度的 1/10。

数字和字母分为直体和斜体两种，常用的是斜体，斜体字的字头向右倾斜，与水平线约成 75° 角。

（3）比例

绘制图样时一般应采用表 1-6 的比例。

表 1-6　绘图的比例

与实物相同	1∶1
缩小的比例	1∶1.5　1∶2　1∶3　1∶4　1∶5　$1:10^n$ $1:1.5\times10^n$　$1:2\times10^n$　$1:2.5\times10^n$　$1:5\times10^n$
放大的比例	2∶1　2.5∶1　4∶1　5∶1　（$10\times n$）∶1

注：n 为正整数。

1.2.3　电气图基本表示方法

（1）线路表示方法

线路的表示方法通常有多线表示法、单线表示法和混合表示法三种。

电气设备的每根连接线或导线各用一条图线表示的方法，称为多线表法。多线表示法一般

用于表示各相或各线内容的不对称和要详细表示各相或各线的具体连接方法的场合。

图 1-19 就是一个 Y- △转换电动机主电路，这个电路能比较清楚地看出电路工作原理，但图线太多，对于比较复杂的设备，交叉就多，反而阻碍看懂图。

电气设备的两根或两根以上的连接线或导线，只用一根线表示的方法，称为单线表示法。单线表示法主要适用于三相电路或各线基本对称的电路图中。图 1-20 就是图 1-19 的单线表示法。采用这种方法对于不对称的部分应在图中注释，例如图 1-20 中热继电器是两相的，图中标注了“2”。

在一个图中，一部分采用单线表示法，一部分采用多线表示法，称为混合表示法。图 1-21 是图 1-19 的混合表示。为了表示三相绕组的连接情况，该图用了多线表示法；为了说明两相热继电器，也用了多线表示法；其余的断路器 QF、熔断器 FU、接触器 KM_1 都是三相对称，采用单线表示。这种表示法具有单线表示法简洁精练的优点，又有多线表示法描述精确、充分的优点。

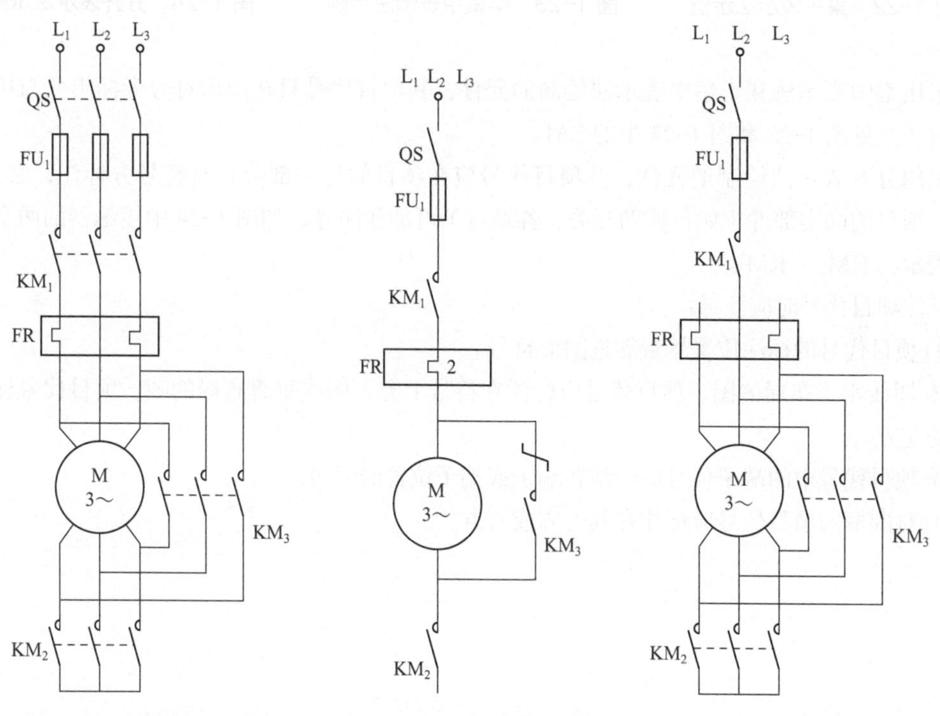

图 1-19　多线表示法例图　　图 1-20　多线表示法例图　　图 1-21　混合表示法例图

（2）电气元件表示方法

一个元件在电气图中完整图形符号的表示方法有：集中表示法、分开表示法和半集中表示法。

把电气元件、设备或成套装置中的一个项目各组成部分的图形符号，在简图上绘制在一起的方法，称为集中表示法。在集中表示法中，各组成部分用机械连接线（虚线）互相连接起来，连接线必须是一条直线，如图 1-22 所示，这种表示法直观、整体性好，适用于简单的电路图。

把一个项目中某些部分的图形符号在简图中按作用、功能分开布置，并用机械连接符号把它们连接起来，称为半集中表示法。例如，图 1-23 中。在半集中表示中，机械连接线可以弯折、分支和交叉。

把一个项目中某些部分的图形符号在简图中分开布置，并使用项目代号（文字符号）表示它们之间关系的方法，称为分开表示法，也称为展开法。如图 1-24 所示。由于分开表示法中省去了图中项目各组成部分的机械连接线，查找各组成部分就比较困难，为了便于寻找其在图中的位置，分开表示法可与半集中表示法结合起来，或者采用插图、表格来表示各部分的位置。

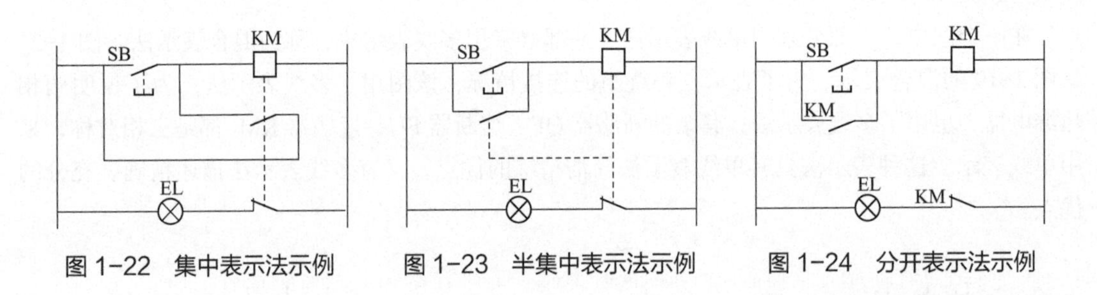

图 1-22　集中表示法示例　　图 1-23　半集中表示法示例　　图 1-24　分开表示法示例

采用集中表示法和半集中表示法绘制的元件，其项目代号只在图形符号旁标出并与机械连接线对齐，见图 1-22 和图 1-23 中的 KM。

采用分开表示法绘制的元件，其项目代号应在项目的每一部分自身符号旁标注，必要时，对同一项目的同类部件（如各辅助开关、各触点）可加注序号，如图 1-24 中接触器的两个触点可以表示为 KM_{-1}、KM_{-2}。

标注项目代号时应注意：

① 项目代号的标注位置尽量靠近图形符号。

② 图线水平布局的图、项目代号应标注在符号上方。图线垂直布局的图、项目代号标注在符号的左方。

③ 项目代号中的端子代号应标注在端子或端子位置的旁边。

④ 对围框的项目代号应标注在其上方或右方。

·第2章·

常用低压电器及电子元件

2.1 常用低压电器

2.1.1 自动空气断路器

自动空气断路器又称自动空气开关，常用塑壳式断路器外形如图 2-1 所示。自动空气断路器集控制和多种保护功能于一身，在正常情况下可用于不频繁地接通和断开电路以及控制电动机的运行。当电路中发生短路、过载及失压等故障时，能自动切断电路，保护线路和电气设备。

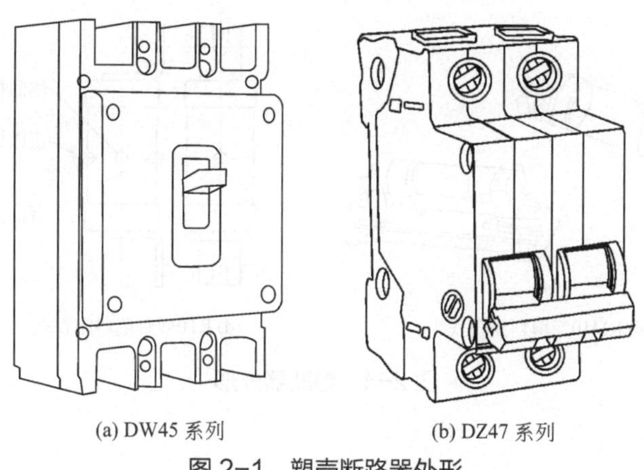

(a) DW45 系列　　(b) DZ47 系列

图 2-1　塑壳断路器外形

2.1.2 接触器

接触器的外形如图 2-2 所示。可用于频繁接通和断开电路，实现远控功能，并具有低电压保护功能。

2.1.3 热继电器

热继电器的外形如图 2-3 所示。主要用于电动机的过载保护、断相及电流不平衡运行的保护及其他电气设备发热状态的控制。辅助触点上面一对为动断触点，下面一对为动合触点。

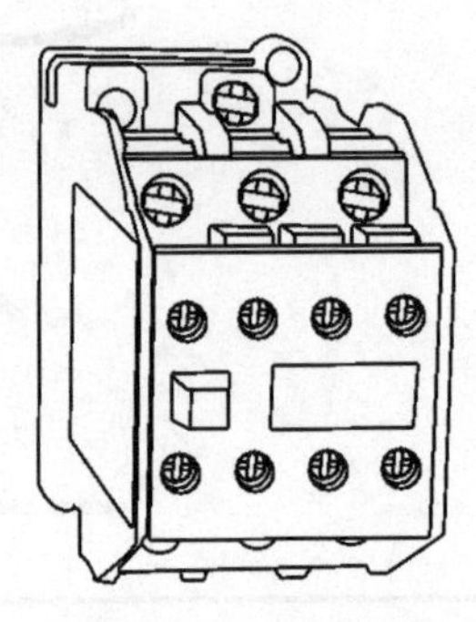

图 2-2　接触器外形

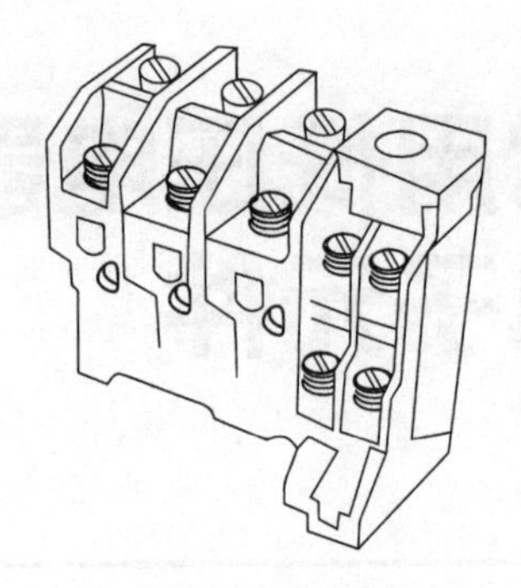

图 2-3　热继电器外形

2.1.4　熔断器

熔断器的外形如图 2-4 所示。作为短路保护元件，也常作为单台电气设备的过载保护元件。

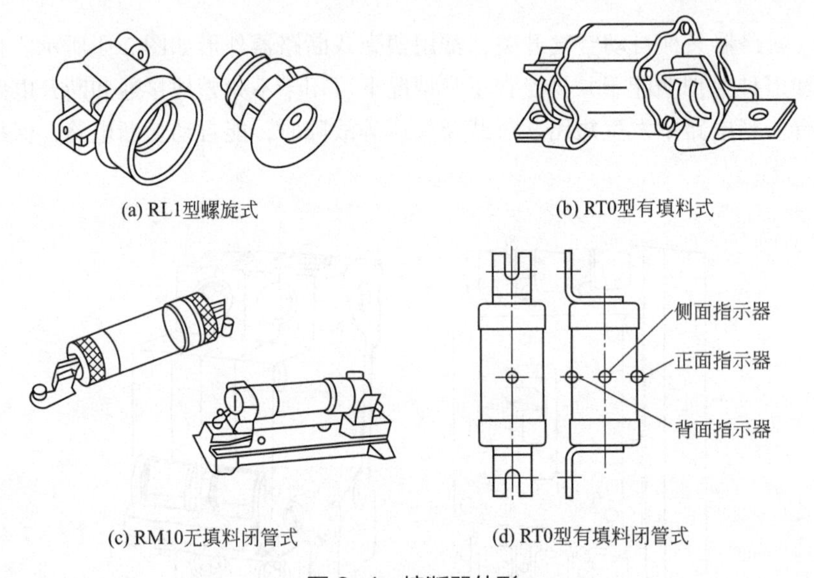

图 2-4　熔断器外形

2.1.5　按钮

按钮是一种短时间接通或断开小电流电路的手动控制器，一般用于电路中发出启动或停止指令，以控制电磁启动器、接触器、继电器等电器线圈电流的接通或断开，再由它们去控制主电路。按钮也可用于信号装置的控制。按钮外形如图 2-5 所示。

2.1.6　行程开关

行程开关又叫限位开关，其外形如图 2-6 所示。行程开关是实现行程控制的小电流（5A 以下）主令电器，其作用与控制按钮相同，只是其触点的动作不是靠手按动，而是利用机械运动部件的碰撞使触点动作，即将机械信号转换为电信号，通过控制其他电器来控制运动部件的行程大小、运动方向或进行限位保护。

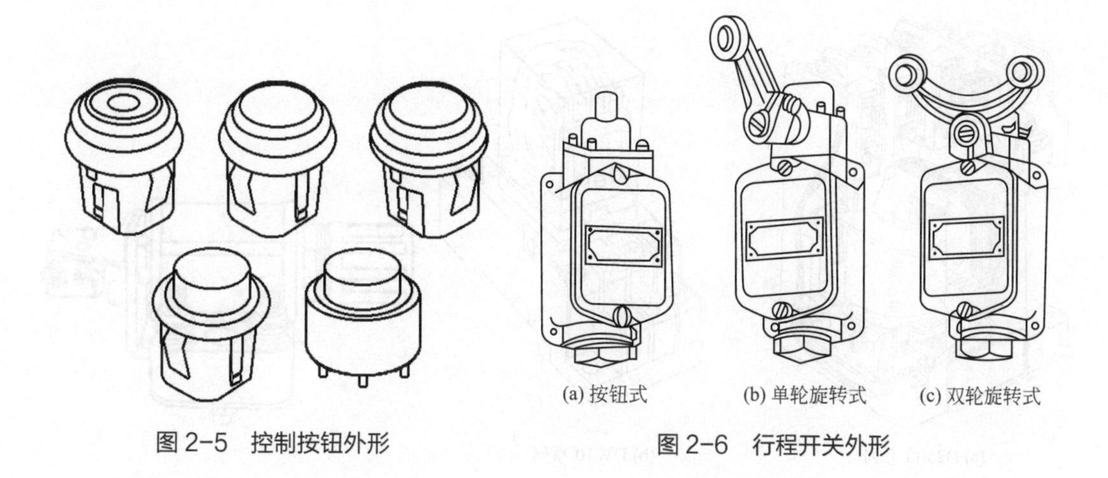

(a) 按钮式　(b) 单轮旋转式　(c) 双轮旋转式

图 2-5　控制按钮外形　　图 2-6　行程开关外形

2.1.7　时间继电器

时间继电器主要用于需用按时间顺序进行控制的电气控制电路中。有空气阻尼式、电动式、晶体管式。每种有通电延时型和断电延时型两种。时间继电器的外形如图 2-7 所示。

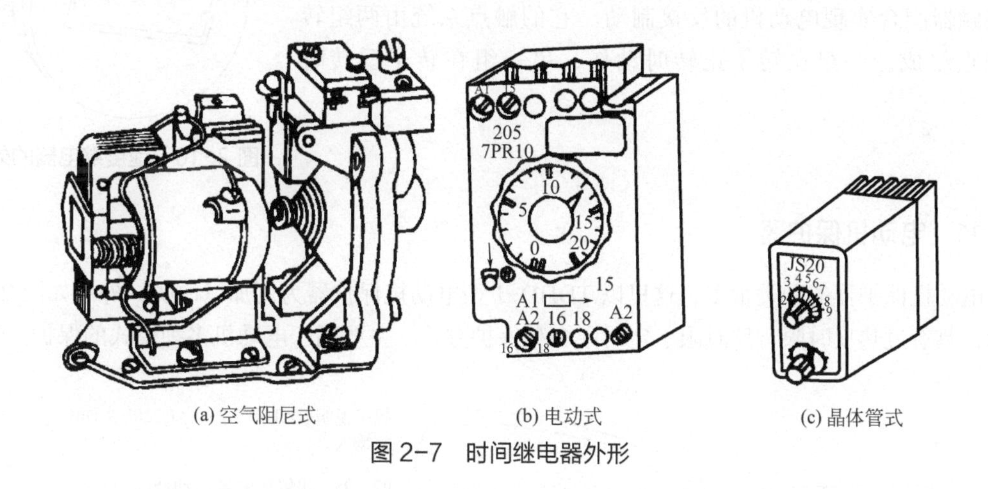

(a) 空气阻尼式　(b) 电动式　(c) 晶体管式

图 2-7　时间继电器外形

2.1.8　中间继电器

JQX-10F/3Z 系列中间继电器的外形如图 2-8 所示。它实质是一种接触器，但触点对数多，没有主辅之分。主要借助它来扩展其他继电器的触点对数，起到信号中继的作用。

2.1.9　过流继电器

JL5-20A 型过流继电器的外形如图 2-9 所示。用于频繁启动和重载启动的场合，作为电动机和主电路的过载和短路保护。该继电器具有一对动断触点。

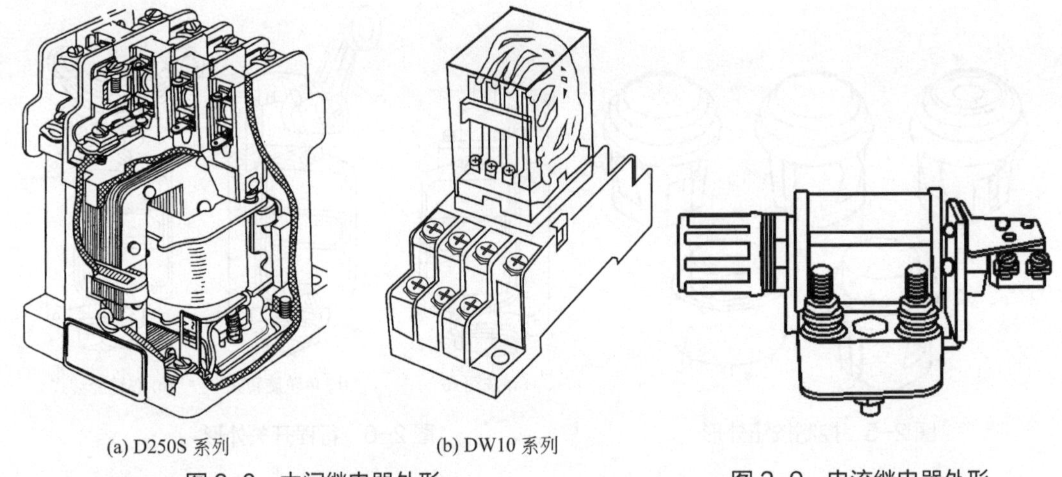
(a) D250S 系列　(b) DW10 系列

图 2-8　中间继电器外形　　图 2-9　电流继电器外形

2.1.10　速度继电器

速度继电器也称反接制动继电器，JY1 型速度继电器外形如图 2-10 所示。主要作用是以旋转速度的快慢为指令信号，与接触器配合实现电动机的反接制动。它的触点系统由两组转换触点组成，一组在转子正转时动作，另一组在转子反转时动作。

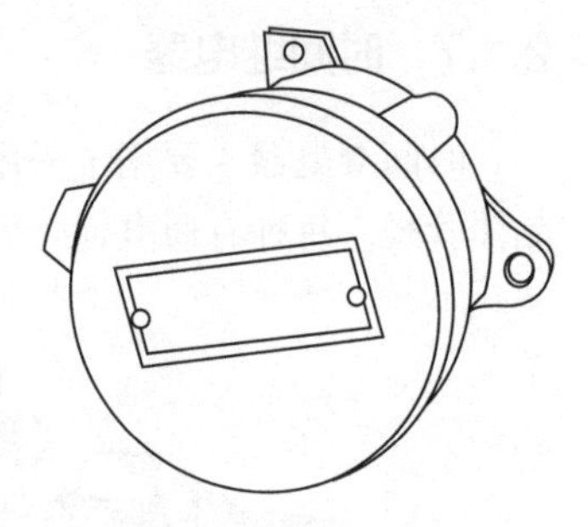
图 2-10　速度继电器的外形

2.1.11　电动机保护器

电动机保护器的种类很多，这里以 TDHD-1 型电动机保护器为例加以说明，外形如图 2-11 所示，具有过热反时限、反时限、定时限多种保护方式。主要用于电动机多种模式的保护。

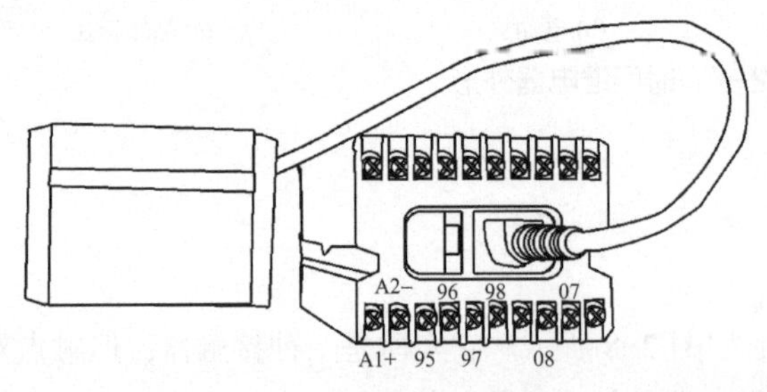

端子说明：A1+、A2−：AC220V工作电源输入；

97、98：报警输出端子(动合)；

07、08：短路保护端子(动合)；

Z1、Z2零序电流互感器输入端子；

TRX(+)、TRX(−)：RS485或4～20mA端子

图 2-11　电动机保护器外形及端子说明

2.1.12　可编程控制器

可编程控制器生产厂家比较多，其功能各不一样，这里以三菱 FX2N 系列可编程控制器加以说明。三菱 FX2N 系列可编程控制器外形及端子排列如图 2-12 所示。可编程控制器具有多种输入语言，用于电动机和各种自动保护系统。

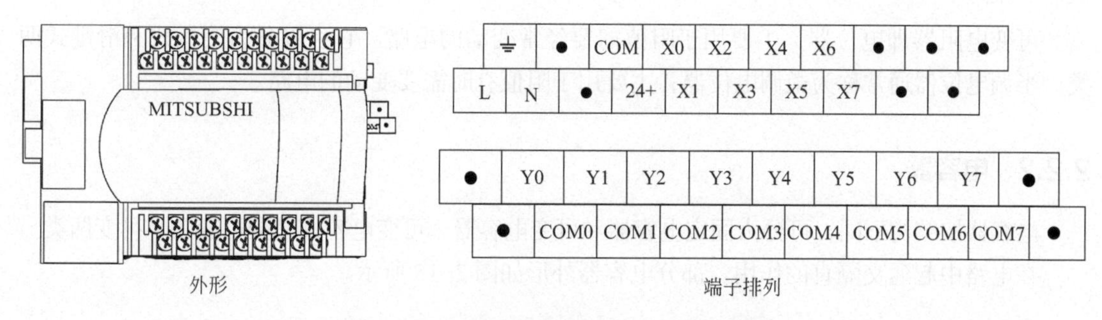

图 2-12　可编程控制器的外形及端子排列

2.1.13　变频器

变频器根据电动机的实际需要，通过改变电源的频率来达到改变电源电压的目的，进而达到节能、调速的目的。主要用于三相异步交流电动机，控制和调节电动机速度。富士 FRENI5000G11S 外形及端子排列如图 2-13 所示。

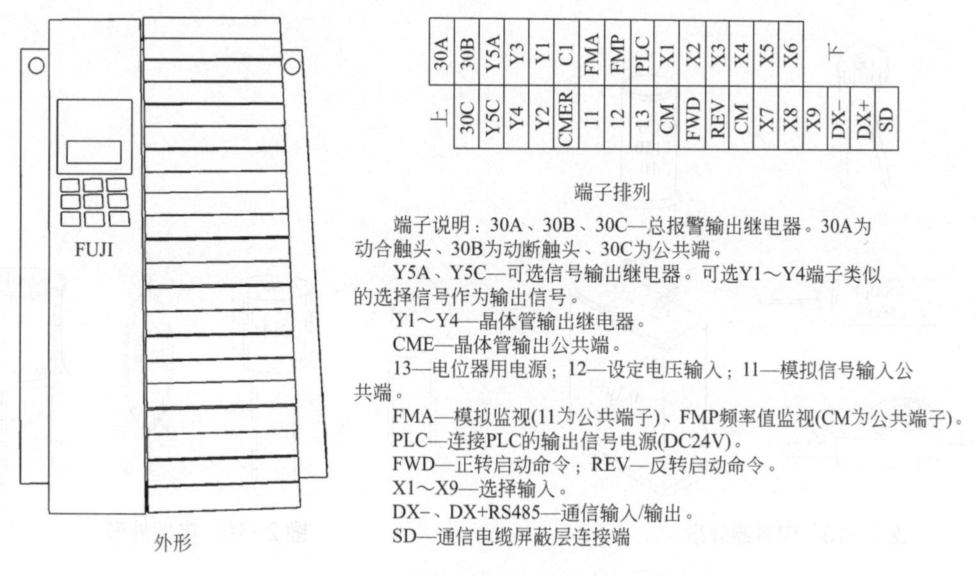

图 2-13　富士变频器的外形及端子排列

2.2　常用电子元件

2.2.1　线性电阻器

电阻器按结构形式可分为固定式和可变式两大类。外形如图 2-14 所示。

固定电阻器主要用于阻值不需要变动的电路。它的种类很多，主要有碳质电阻、碳膜电阻、金属膜电阻、线绕电阻等。

(a) 固定电阻器

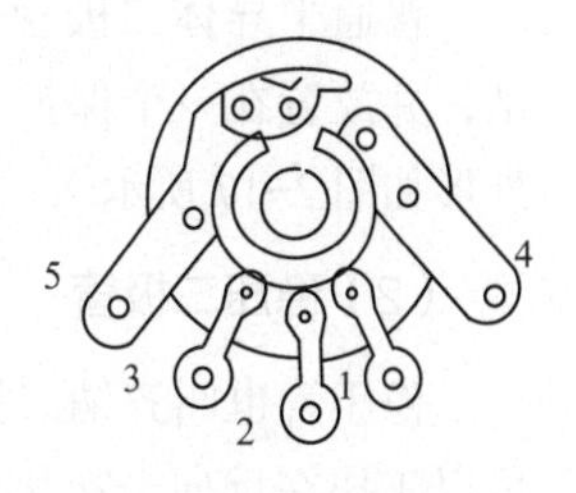

(b) 可变电阻器

图 2-14　电阻器外形

可变电阻器即电位器，主要用于阻值需要经常变动的电路。它可以分为旋柄式和滑键式两类。半调电位器通常称为微调电位器，主要用于阻值有时需要变动的电路。

2.2.2 电容器

电容器按结构不同，可分为固定电容器和可变电容器。可变电容器又分可变和半可变两类。在电路中起通交隔直的作用。部分电容器外形如图 2-15 所示。

2.2.3 电感

在交流电路中，线圈有阻碍交流电流通过的作用，而对稳定的直流却不起作用，所以线圈在交流电路里作阻流、降压、交连负载用。当线圈与电容配合时，可以作调谐、滤波、选频、分频、退耦等用。

线圈按用途分为高频阻流圈、低频阻流圈、调谐线圈、退耦线圈、提升线圈、稳频线圈等。常见电感器外形如图 2-16 所示。

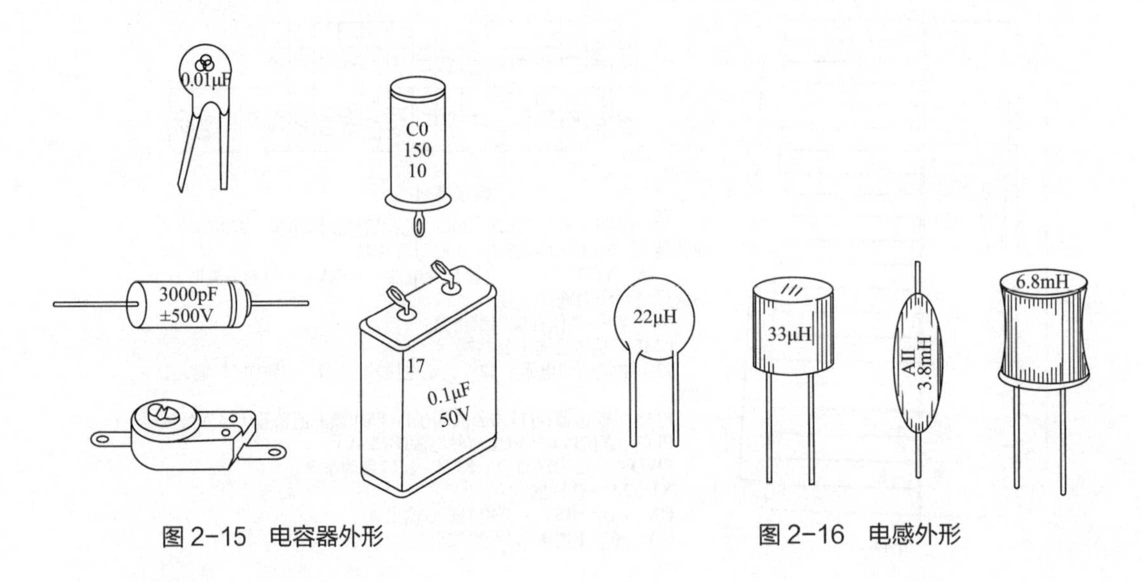

图 2-15 电容器外形

图 2-16 电感外形

2.2.4 半导体二极管

（1）普通半导体二极管

普通半导体二极管是由 P 型半导体和 N 型半导体组成的 PN 结，并放置在一个保护壳内。在电路中用来整流，部分二极管的外形如图 2-17 所示。

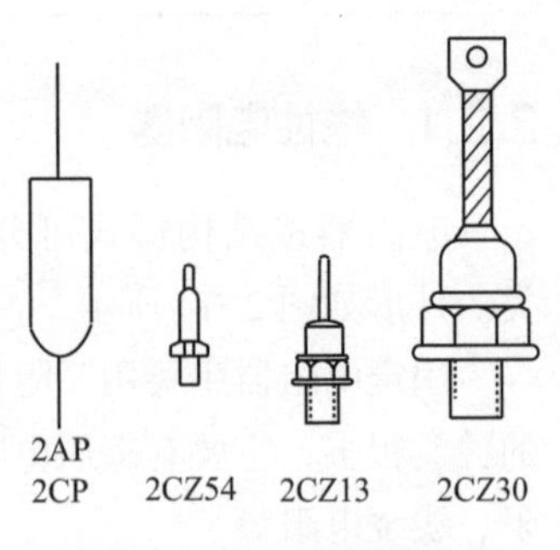

图 2-17 二极管外形

（2）稳压二极管

稳压管也叫齐纳二极管，这种二极管与普通二极管不同的是可以工作在反向击穿状态，而且为了具有电压稳定性能，它还必须工作在反向击穿状态。

（3）发光二极管

发光二极管主要用于指示电路。

（4）光敏二极管

光敏二极管是当其反偏置 PN 结受光照后，电流随光通量成线性变化，当光照不断变化时，光敏二极管两端便产生相应变化的电信号。

2.2.5　双极型晶体管

双极型晶体管内有两种载流子——空穴和电子，通常称为晶体三极管或晶体管。

晶体管的基本结构是由两个 PN 结组成，两个 PN 结是由三层半导体区构成，根据组成形式不同，可分为 NPN 型和 PNP 型两种类型晶体管。在电路中主要起信号放大作用。常见各类晶体管的外形如图 2-18 所示。

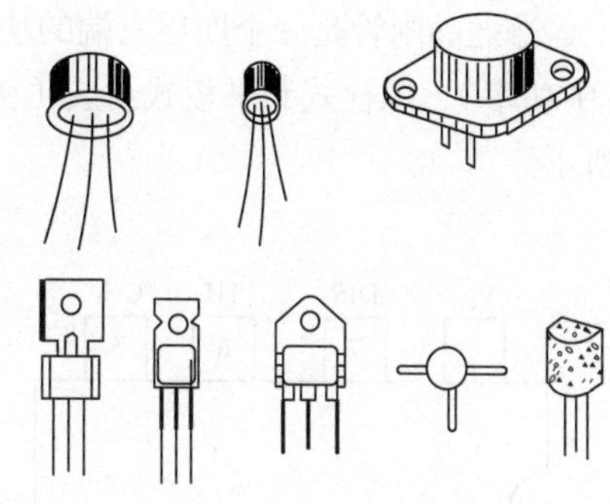
图 2-18　常见晶体管外形

2.2.6　场效应晶体管

场效应晶体管是用电场效应来控制电流的半导体器件，常见的有结型场效应晶体管和绝缘栅场效应晶体管。

结型场效应管按导电沟道不同分为 N 沟道和 P 沟道两种。

绝缘栅型场效应管的栅极处于绝缘状态，大大提高了输出电阻。由于这种半导体器件是用金属、氧化物和半导体材料制的，按各材料的英文缩写，可以简称为 MOS 晶体管。这两种结型场效应管的外形如图 2-19 所示。

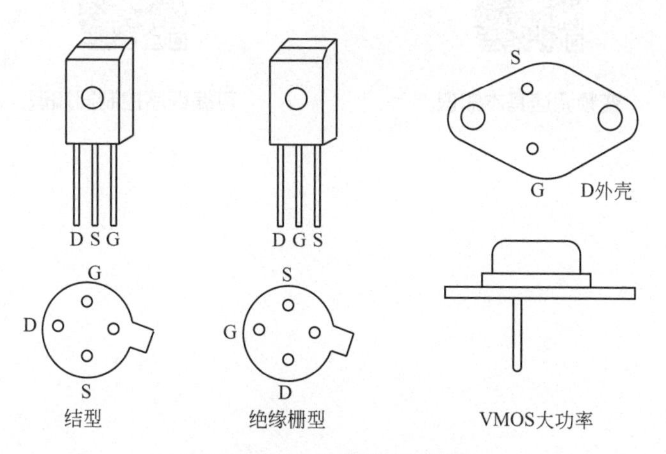

图 2-19　几种场效应晶体管

2.2.7　集成运算放大器

在模拟电子技术领域，常用的集成电路有很多，如运算放大器、模拟乘法器、宽频放大器、模拟锁相环、稳压电源及音像设备中的集成电路等单元或系统集成电路。其中，集成运算放大器是应用最广泛的单元电路，广泛地用来实现各种各样的模拟电路，已成为模拟电路中最基本的单元器件。集成运算放大器早期主要用来实现模拟量的数学运算而得名运算放大器，简称运放。常用的 NE555 型集成块外形如图 2-20 所示。

2.2.8 普通晶闸管

普通晶闸管是一个四层三端的功率半导体器件。外形有塑料封装（小功率）、金属外壳封装（中功率）、螺栓式和平板式封装（大功率），主要用于整流和斩波，常用晶闸管外形如图 2-21 所示。

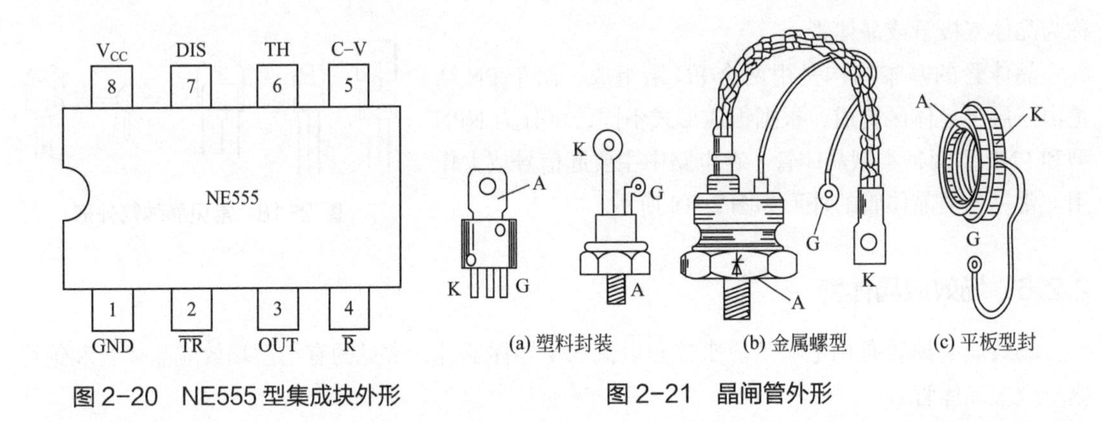

图 2-20　NE555 型集成块外形

图 2-21　晶闸管外形

知识拓展

变频调速基本知识

可编程序控制器知识

·第3章·

电气系统线路图识读

3.1 电气一次系统图识读

3.1.1 工厂企业供电方式

工厂企业供电方式一般分为二次降压供电方式和一次降压供电方式两种。对于某些用电负荷较大的工厂企业，往往由35kV或110kV的电力网进线，先将电压降到6kV或10kV，再降至380/220V，供给用电设备使用，这种供电方式称为二次降压供电方式。对于某些用电负荷较小的工厂企业，可由35kV或110kV的电力网进线，直接将电压降到380/220V，供给低压用电设备使用，这种供电方式称为一次降压供电方式。

工厂企业高压配电网络，一般有放射式、树干式和环状式三种。

（1）放射式接线方式

放射式接线方式又分为单回路放射式、双回路放射式和具有公共备用线的放射式接线。

图3-1为单回路放射式接线，它由总降变电站的6～10kV母线上引出一路直接向高压设备及车间变电站供电，沿途线路无分支。这种接线方式的特点是：各供电线路互不影响，一条支路出现故障时，只能影响本支路的供电，因此供电可靠性比较高，且便于装设自动装置，便于集中管理。但这种接线方式所用开关设备较多，一次性投资较大。当任一线路或高压网络发生故障或检修时，都将造成这条线路停电，供电可靠性不高，一般用于Ⅲ类负荷。

图3-1 单回路放射式接线

图3-2、图3-3为双回路放射式接线，这种供电方式当一条回路发生故障或检修时，另一

条回路可以继续供电，显然这种接线所需的高压设备多，投资更大，一般用于Ⅱ类负荷。

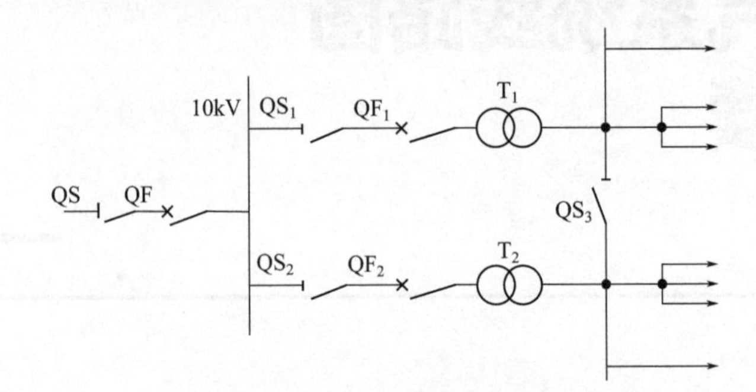

图 3-2　单电源双回路放射式接线

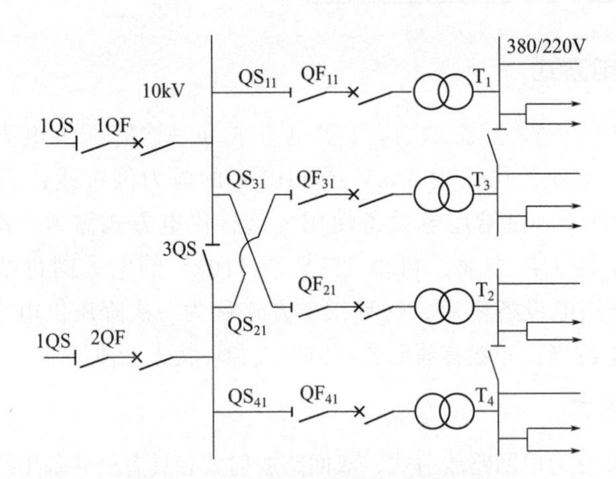

图 3-3　双电源双回路放射式接线

图 3-4 为具有公共备用线的放射式接线，10kV 母线采用分段式，公共备用线由另一电源供电，正常运行时处于带电状态。当任一线路发生故障或检修时，只要经过短时间操作即可由公共备用线路对原有线路所供给的设备进行供电，从而提高了供电的可靠性，一般用于Ⅱ类负荷。

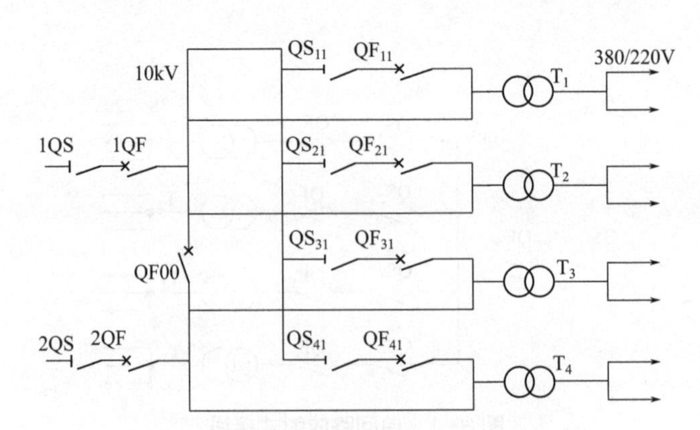

图 3-4　具有公共备用线的放射式接线

（2）树干式接线方式

树干式接线方式又分为直接连接树干式和链串型树干式两种。

图3-5为直接连接树干式接线，它由一条高压配电干线直接向车间变电站、杆上变压器或高压用电设备供电（分支数目一般不超过5个）。这种接线方式的优点是高压配电设备数目少，总降变电站出线少，设备简单总投资减少。缺点是供电可靠性差，主要用于Ⅲ类负荷。

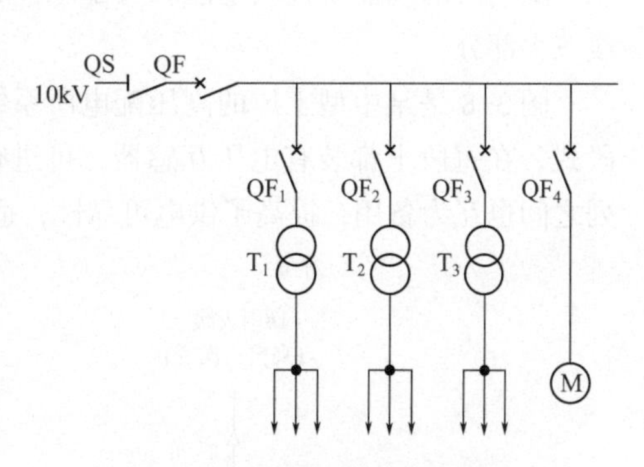

图3-5 直接连接树干式接线

为了提高供电可靠性，发挥树干式接线的优点，可采用图3-6的链串型接线。这种接线就是干线引入车间变电站高压母线上，然后从此车间变电站高压母线至另一车间变电站高压母线上，以此类推。干线进出两侧均安装隔离开关。当干线末端出现故障时，干线断路器QF跳闸，拉开隔离开关QS_{22}，则车间变电站T_1、T_2可以恢复送电，但是当QS_{11}发生故障时，该干线将全部停电。

（3）环状式接线方式

图3-7为环状式接线，其运行方式有开环运行和闭环运行两种。闭环运行时线路中的断路器、隔离开关均处于合位，线路中的任一线路发生故障，都将使1QF、2QF跳闸，造成全面停电。开环运行时QS_{32}断开，假使QS_{12}后侧故障，1QF跳闸，这时拉开QS_{12}、QS_{21}，合上QS_{32}，再重新送电，用2QF带T_2，使所有变电站都恢复。所以环状式接线更具有灵活性，供电可靠性更高。

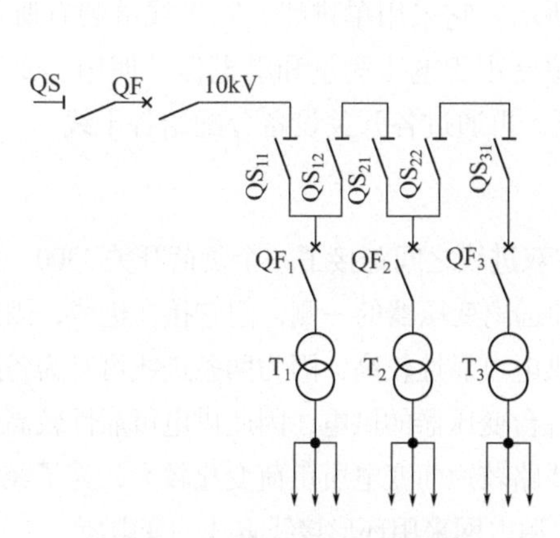

图3-6 链串型树干式接线

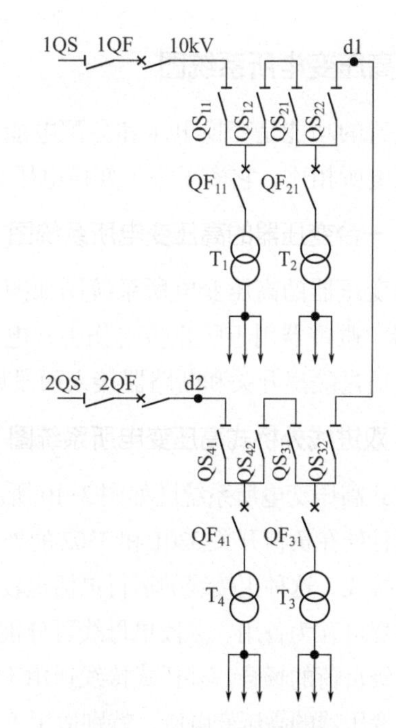

图3-7 环状式接线

3.1.2 配电所系统图

配电所的功能是接收电能和分配电能，所以其主接线比较简单，只有电源进线、母线和出线三大部分。

图 3-8 是某中型工厂的高压配电所系统图。电源采用双进线电缆引入，母线采用双母线分段式，在每段上都装有电压互感器，可进行电压测量和绝缘监视。两段之间互为备用，每段两列之间也互为备用，提高了供电可靠性，适用于Ⅰ级负荷。

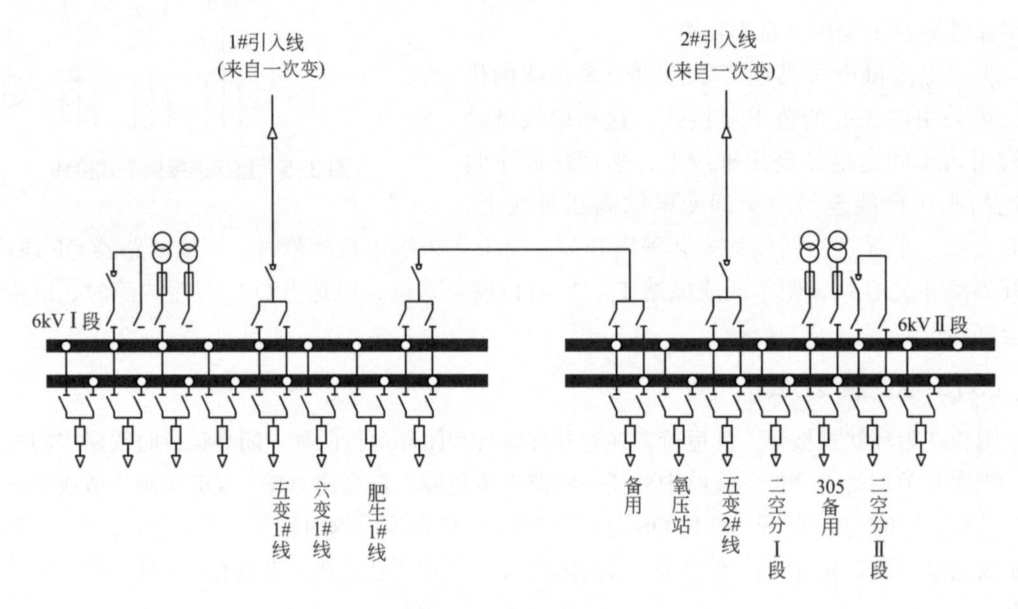

图 3-8 配电所系统图

3.1.3 高压变电所系统图

变电所的功能是变换电压和分配电能，由电源进线、电力变压器、母线和出线四大部分组成。与配电所相比，它多了一个变换电压等级。

（1）一台变压器的高压变电所系统图

一台变压器的高压变电所系统图如图 3-9 所示。它采用单进线，在进线端装有避雷器和电压互感器，避雷器用于防止雷击伤害，电压互感器用于电压测量和继电保护使用。变压器二次侧输出端通过隔离开关和断路器接入两段单母线，再通过各开关设备分配给各干线。

（2）双进线外桥式高压变电所系统图

外桥式高压变电所系统图如图 3-10 所示。在双进线之间跨接了一个负荷开关 3300，犹如一座桥梁，而且处在负荷开关 3301 和 3302 的外侧，即远离变压器的一侧，但它接在进线，因此称它为外桥式主接线。这种主接线的运行灵活也较好，供电可靠性较高，因为两条进线可互为备用，Ⅰ主变和Ⅱ主变可互为备用。分段单母线可分别用于各台变压器的供电，因此供电可靠性较高，它适用于Ⅰ、Ⅱ级负荷的场合。外桥式接线适用于电源线路较短而变电所负荷变化较大，为了经济运行需经常切换变压器的高压变电所，特别适用于一次电源电网采用环形接线方式的变电所。

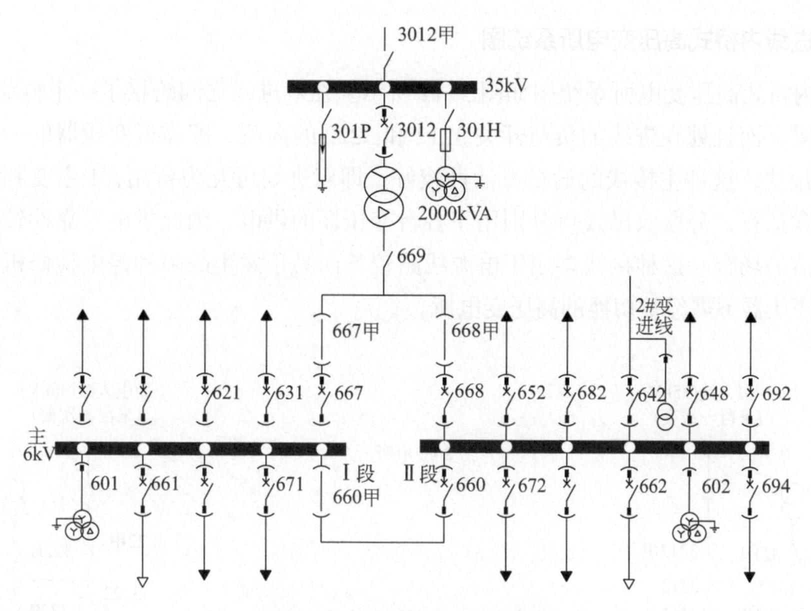

图 3-9　高压变电所系统图

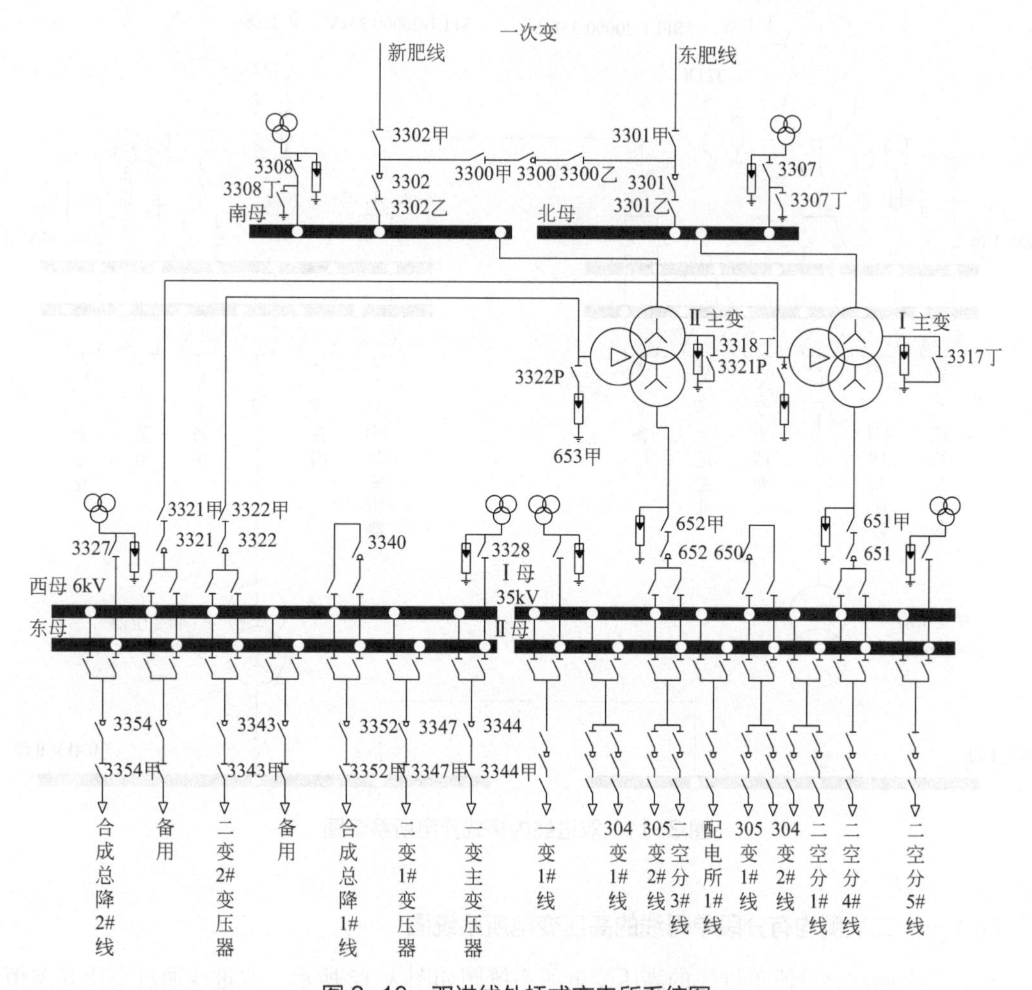

图 3-10　双进线外桥式变电所系统图

（3）双进线内桥式高压变电所系统图

双进线内桥式高压变电所系统图如图 3-11 所示。在双进线之间跨接了一个负荷开关 3200，犹如一座桥梁，而且处在进线的负荷开关 3212 和 3222 的内侧，即靠近变压器的一侧，因此称为内桥式主接线。这种主接线的运行灵活性较好，即双进线可互为备用，1 主变和 2 主变可互为备用或并联运行，分段双母线可分别用于各台变压器的供电，因此供电可靠性较高，适用于Ⅰ、Ⅱ级负荷的场合。这种接线多用于电源线路较长而易于发生故障和停电检修机会较多，并且变电所的变压器不需经常切换的高压变电所。

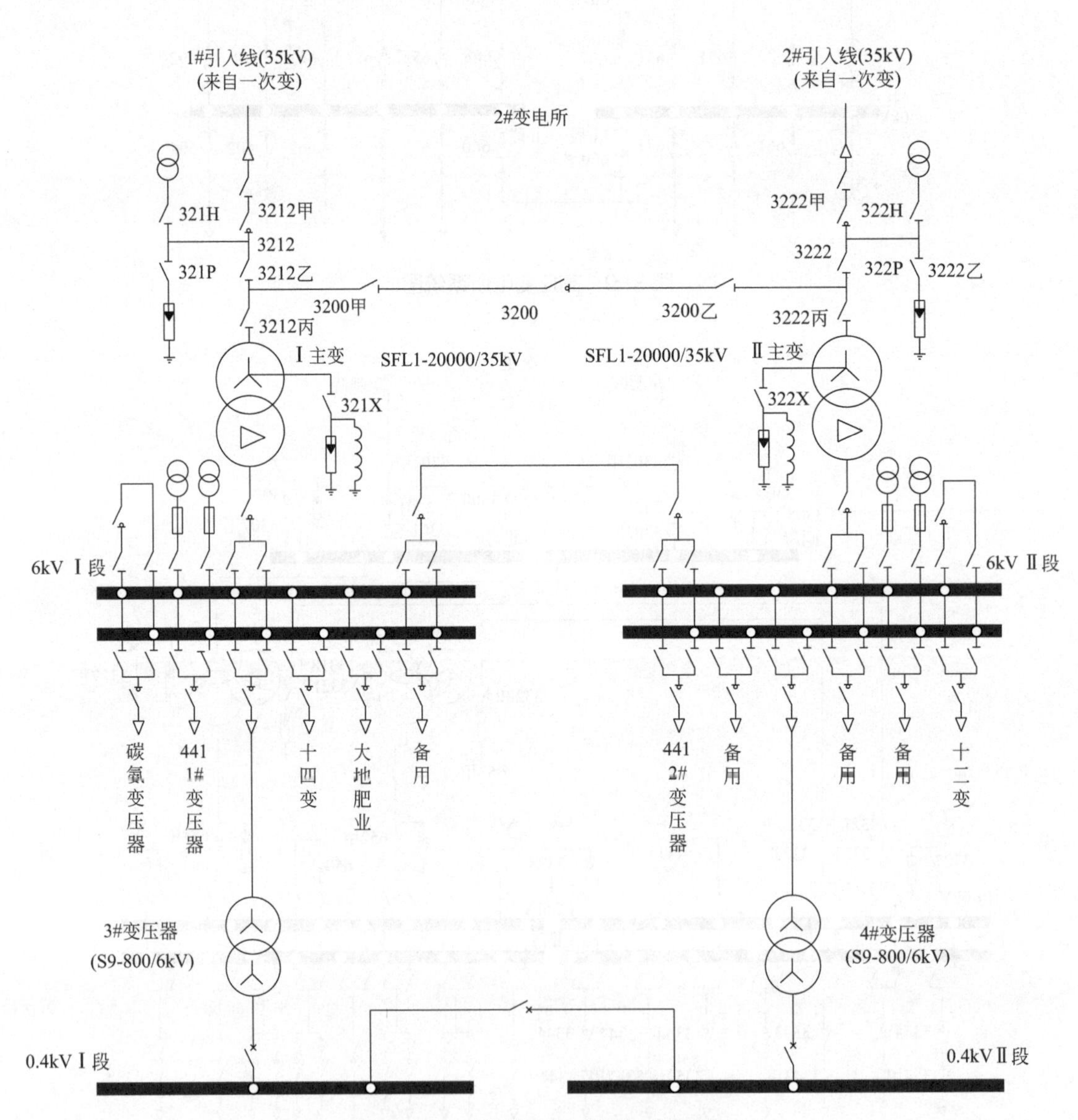

图 3-11　双进线内桥式变电所系统图

（4）一、二次侧均有分段单母线的高压变电所系统图

一、二次侧均有分段单母线的高压变电所系统图如图 3-12 所示。双进线通过高压开关柜分

别接各段母线，通过断路器124来联络，由母线分别接入四台变压器。变压器的二次侧分别接入二次侧的分段母线上，并且变压器TR1A和TR1B、TR2A和TR2B互为备用。这种接线方式同样具有内、外桥接线方式运行灵活的特点，其供电可靠性较高，适用于Ⅰ、Ⅱ级负荷的场合。一般适用于一、二次侧进出线比较多的高压变电所。

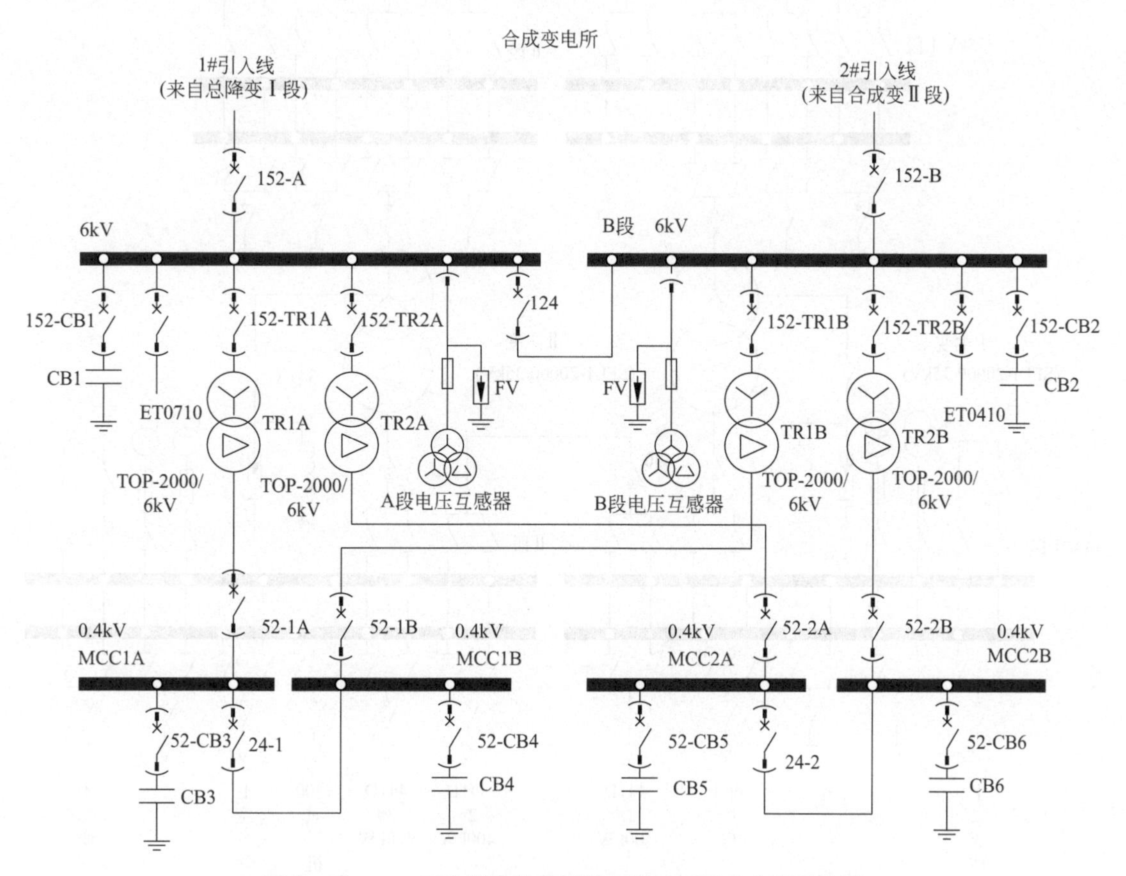

图3-12　一、二次侧均有分段单母线的高压变电所系统图

（5）一、二次侧均有双母线的高压变电所系统图

一、二次侧均有双母线的高压变电所系统图如图3-13所示。它采用双进线、双母线、双变压器，其中双母线采用了负荷开关3400和640联络、二次两列之间也通过负荷开关联络，各自间互为备用，大大提高了供电可靠性，且运行灵活性好。但其开关设备、母线的用量大大增加，空间增加，投资增加很大，因此这种接线方式一般用于电力系统枢纽变电站。

（6）一、二次侧单母线分段、二次有公用母线的变配电所系统图

一、二次侧单母线分段、二次有公用母线的变配电所系统图如图3-14所示。它采用双进线、一次侧单母线分段、双变压器、二次侧单母线分段且有公用段，其中一次侧采用负荷开关3020联络，二次两段之间也通过负荷开关620联络、每段与公用段之间也有负荷开关联络，各自间互为备用，大大提高了供电可靠性，且运行灵活性好。但其开关设备、母线的用量大大增加，空间增加，投资增加很大，因此这种接线方式一般用于电力系统枢纽变电站。

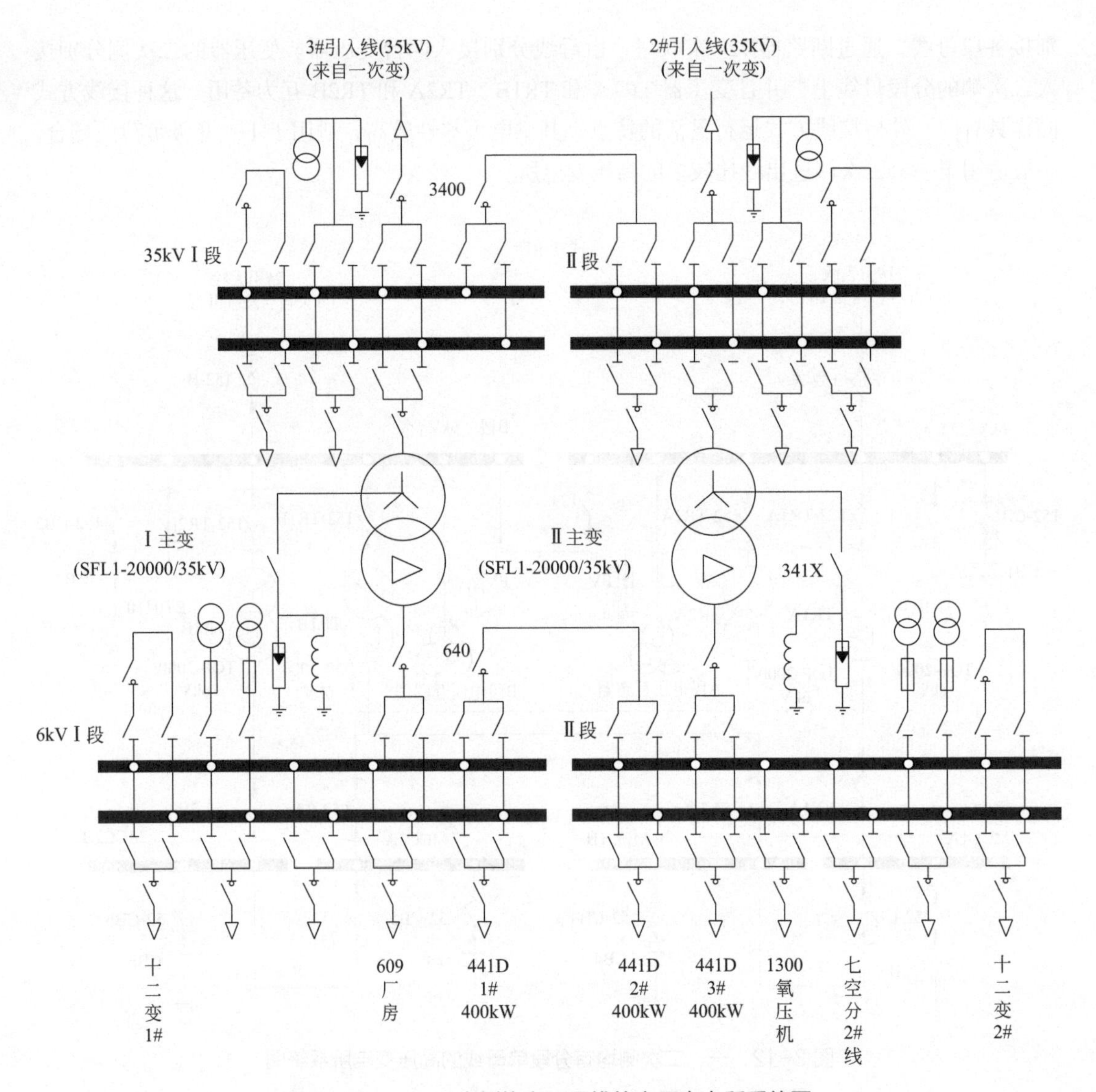

图 3-13 一、二次侧均有双母线的高压变电所系统图

3.1.4 低压变电所系统图

低压变电所是指二次侧的电压为负荷额定电压 380/220V 的变电所，这种变电所的进线电压一般为 6 ～ 10kV，出线电压为 380/220V。

（1）高压侧采用负荷开关和熔断器的变电所系统图

图 3-15 是高压侧采用负荷开关和熔断器的变电所系统图，进线端装有负荷开关和熔断器。负荷开关可切除负荷电流，不存在带负荷合闸的危险，停、送电操作简单灵活。负荷开关与继电保护装置配合，可以切除过载电流，进行过载保护。而短路保护由熔断器来完成。但在熔断器熔断之后，更换熔件需用一定时间，会延误恢复时间，供电可靠性不高。这种接线只要进线或变压器出现故障或检修，整个变电所都得停电。

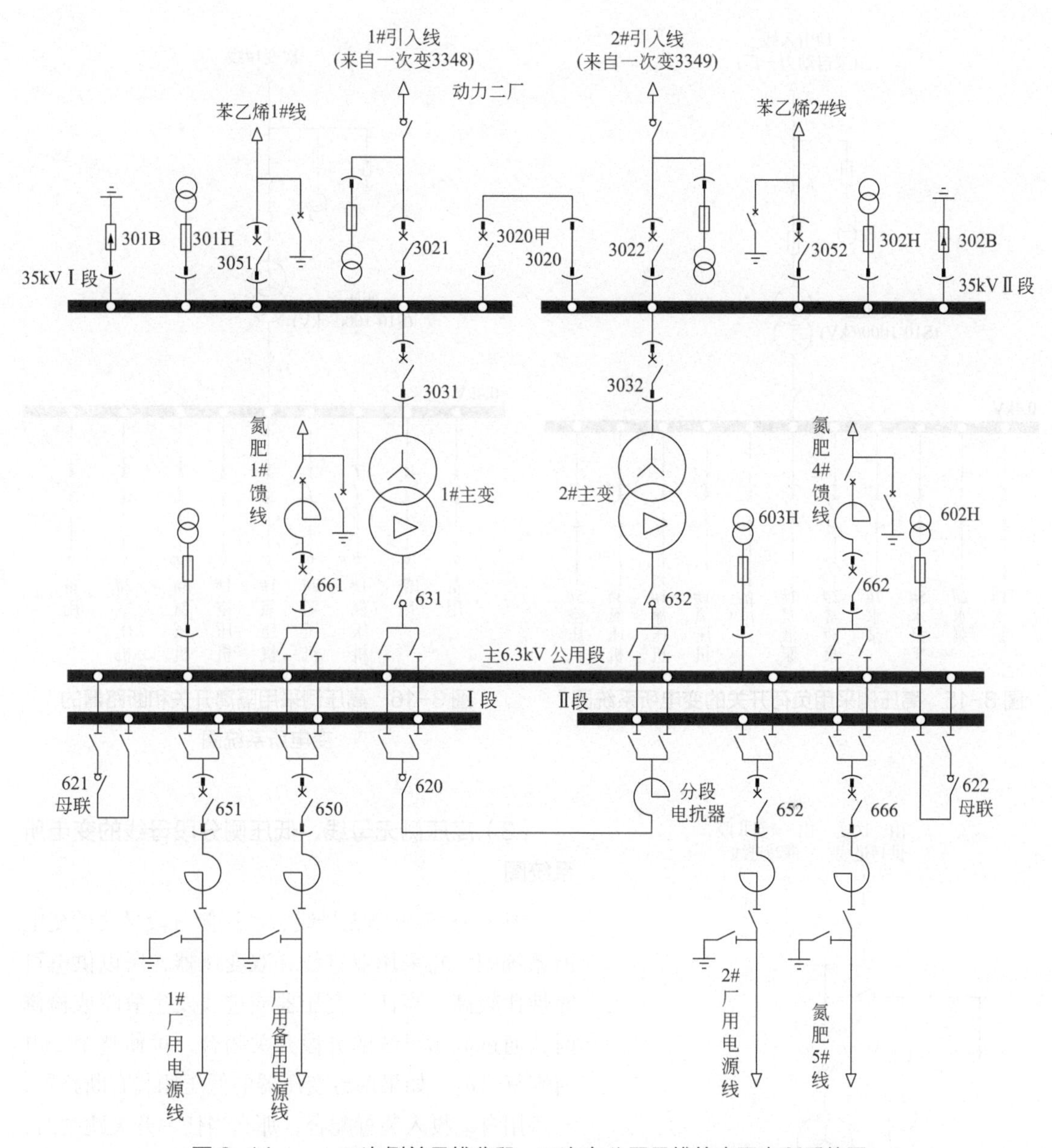

图 3-14 一、二次侧单母线分段、二次有公用母线的变配电所系统图

（2）高压侧采用隔离开关和断路器的变电所系统图

图 3-16 是高压侧采用隔离开关和断路器的变电所系统图。它在进线端装有隔离开关、断路器、避雷器和电压互感器，停、送电操作比较灵活方便。它与保护装置配合，当发生过载或短路故障时，均能自动跳闸，而且一旦故障排除之后，可直接合闸，恢复时间短。但是，它只有一路进线，一旦进线、高压侧开关设备和变压器出现故障或检修，整个变电所也都得停电，因此它只能适用于Ⅲ级负荷的场合。如果采用双进线（即一条为工作电源线，另一条为邻近单位的联络线，如图 3-17 所示），适用于具有Ⅱ级负荷的场合。

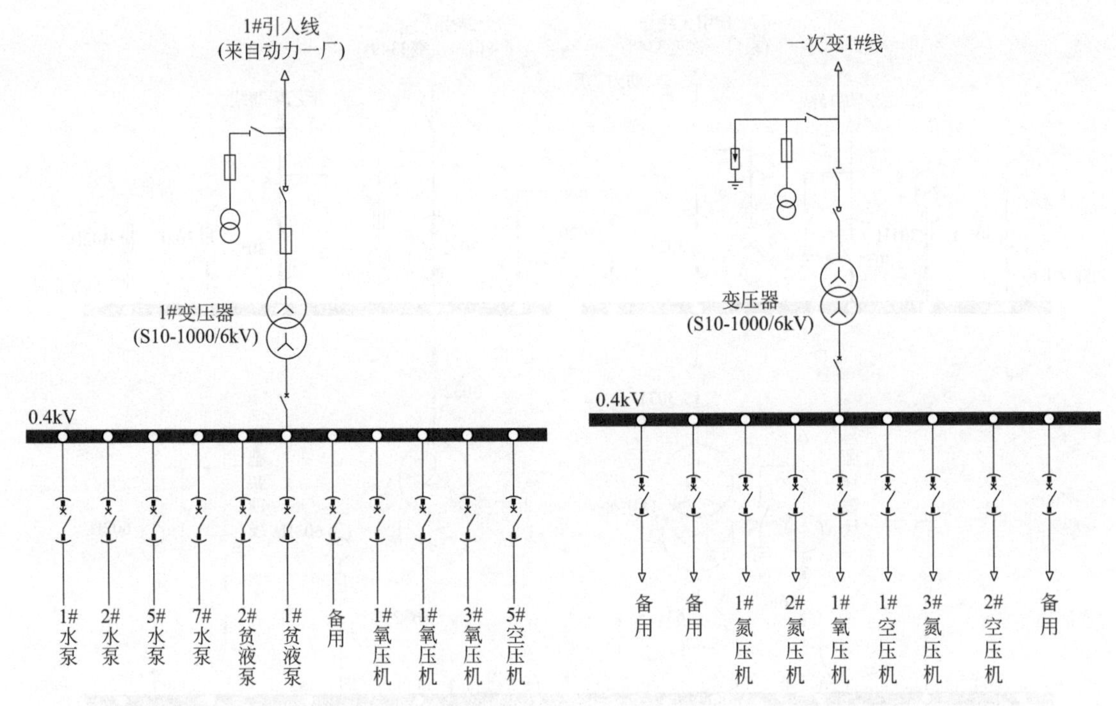

图 3-15 高压侧采用负荷开关的变电所系统图

图 3-16 高压侧采用隔离开关和断路器的变电所系统图

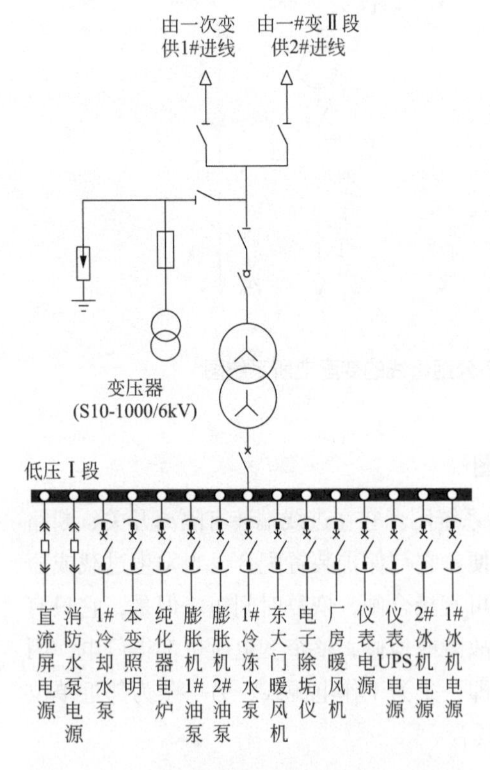

图 3-17 双电源高压侧采用隔离开关和断路器的变电所系统图

（3）高压侧无母线、低压侧分段母线的变电所系统图

图 3-18 高压侧无母线、低压侧分段母线的变电所系统图。它采用双进线、双变压器，所以供电可靠性比较高。当任一变压器或进线发生故障或检修时，通过低压母线的分段开关闭合，可使整个变电所恢复供电。如果两台变压器的低压侧装有断路器，与备用自动投入装置配合，那么当任一开关跳闸时，另一开关就会自动合闸，大大提高了供电的有效性，它适用于Ⅰ、Ⅱ级负荷的场合。

（4）高压侧单母线、低压侧单母线分段的变电所系统图

图 3-19 是高压侧单母线、低压侧单母线分段的变电所系统图。电源进线通过隔离开关进入高压母线，再通过开关设备分配给变压器。这种高压配电所分配的支线少，只有两条。若在高压母线上接入一条联络线，可提高该变电所的供电可靠性，变压器二次侧通过低压负荷开关各自接入对应段母线上。

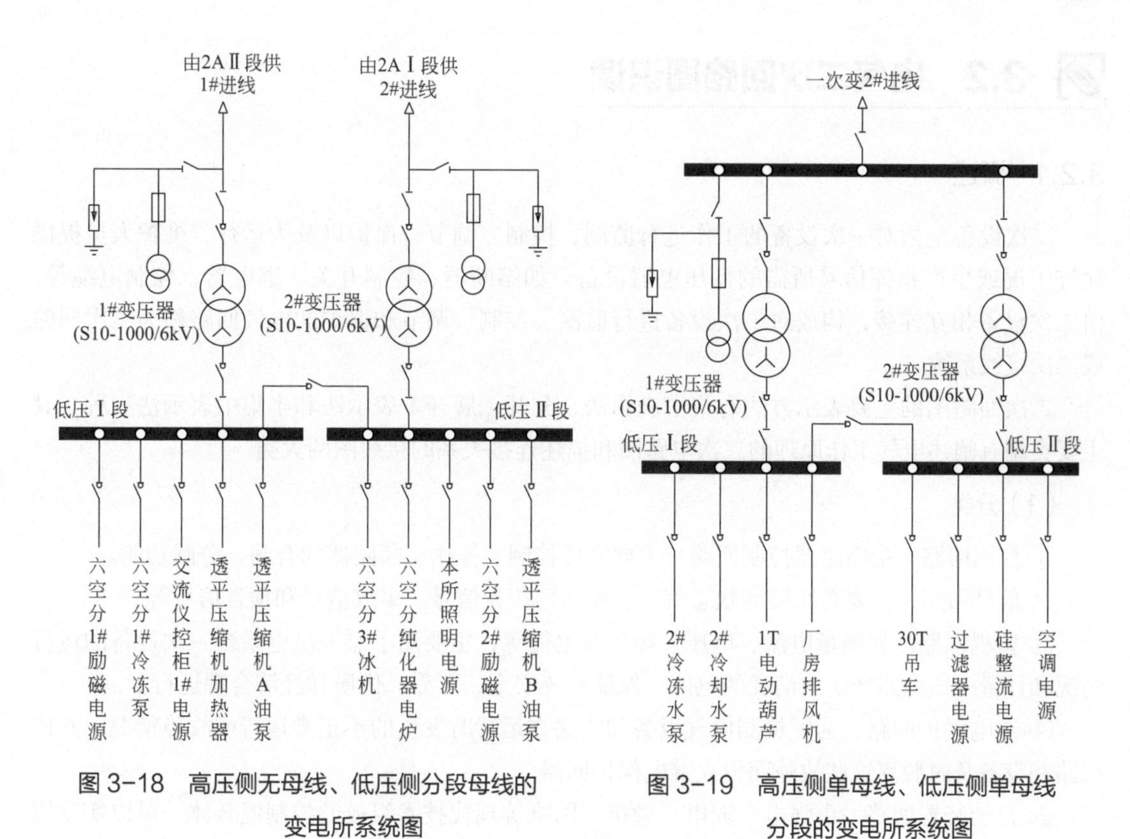

图 3-18　高压侧无母线、低压侧分段母线的变电所系统图

图 3-19　高压侧单母线、低压侧单母线分段的变电所系统图

（5）高压、低压侧均采用分段母线的变电所系统图

图 3-20 是高压、低压侧均采用分段母线的变电所系统图。该变电所采用了联络线，类似于双进线、双变压器、分段母线的变电所，所以供电可靠性很高，可适用于Ⅰ、Ⅱ级负荷的场合。

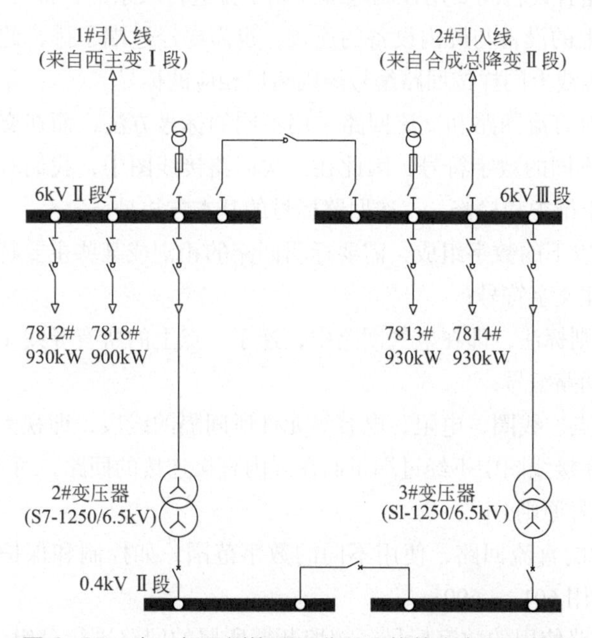

图 3-20　高、低压侧均采用分段母线的变电所系统图

3.2 电气二次回路图识读

3.2.1 概述

二次设备是指对一次设备的工作进行监测、控制、调节、保护以及为运行、维护人员提供允许工况或生产指挥信号所需的低压电器设备。如熔断器、控制开关、继电器、控制电缆等，由二次设备相互连接，构成对一次设备进行监测、控制、调节和保护的电气回路称为二次回路或二次接线系统。

二次回路图的主要表示方法有集中表示法、分开（展开）表示法和半集中表示法三种。其主要类型有阐述电气工作原理的二次电路图和描述连接关系的接线图两大类。

（1）分类

① 控制回路　指断路器控制回路，主要完成控制（操作）断路器的合闸、分闸功能。

② 信号回路　主要有线路的状态信号、断路器位置信号、事故信号和预告信号等。

③ 监视回路　如测量电流、电压、频率及电能等，主要用于监视供电系统一次设备的运行情况和计量一次电路产生或消耗的电能，保证系统安全、可靠、优质和经济合理运行。

④ 继电保护回路　为了检测电气设备和线路在运行时发生的不正常运行或故障情况，并使线路和设备及时脱离这些故障而设立继电保护回路。

⑤ 自动装置回路　由强电、弱电、微机、网络等现代技术组成的控制混合体，可以实现遥测、遥信、遥控和无人值班的整体装置。

（2）二次回路标注规则

为了便于安装、运行和维护，在二次回路中的所有设备间的连线都要进行标号，这就是二次回路的标号。标号一般采用数字或数字与文字的组合，它表明了回路的性质和用途。回路标号的基本原则是：凡是各设备间要用控制电缆经端子排进行联系的，都要按回路原则进行标号。此外，某些装在屏顶上的设备与屏内设备的连接，也需要经过端子排，此时屏顶设备可看作是屏外设备，而在其连接线上同样按回路编号原则给以相应的标号。

为了明确起见，对直流回路和交流回路采用不同的标号方法，而在交、直流回路中，对各种不同的回路又赋予不同的数字符号，因此在二次回路接线图中，我们看到标号后，就能知道这一回路的性质而便于维护和检修。二次回路标号的基本方法是：

① 用 3 位或 3 位以下的数字组成，需要标明回路的相别或某些主要特征时，可在数字符号的前面（或后面）增注文字符号；

② 按等电位的原则标注，即在电气回路中，连于一点上的所有导线（包括接触连接的可折线段）需标以相同的回路编号；

③ 电气设备的触点、线圈、电阻、电容等元件所间隔的线段，即视为不同的线段，一般给以不同的编号；对于在接线图中不经过端子而在屏内直接连接的回路，可不标号。

1）直流回路的标号原则

① 对于不同用途的直流回路，使用不同的数字范围，如控制和保护回路用 001 ～ 099 及 100 ～ 599，励磁回路用 601 ～ 699；

② 控制和保护回路使用的数字标号，按熔断器所属的回路进行分组，每一百个数为一组，

如 101 ～ 199、201 ～ 299、301 ～ 399……其中每段里面先按正极性回路（编为奇数）由小到大，再编负极性回路（偶数）由大到小 101、103、105……141、142、140、138……；

③ 信号回路的数字标号，按事故、位置、预告、指挥信号进行分组，按数字大小接线排列；

④ 开关设备、控制回路的数字标号组，应按开关设备的数字序号接线选取，例如有 3 个控制开关 1KK、2KK、3KK，则 1KK 对应的控制回路数字标号选 101 ～ 199，2KK 所对应的选 201 ～ 299，3KK 对应的选 301 ～ 399；

⑤ 正极回路的线段按奇数标号，负极回路的线段按偶数标号，每经过主要压降元（部）件（如线圈、绕组、电阻等）后，即可改变其极性，其奇偶顺序随之改变，对不能标明极性或其极性在工作中改变的线段，可任选奇数或偶数；

⑥ 对于某些特定的主要回路通常给予专用的标号组，例如：正电源为 101、201，负电源为 102、202；合闸回路中的绿灯回路为 105、205、305、405；跳闸回路中的红灯回路标号为 35、135、235……。

2）交流回路的标号原则

① 交流回路按相别顺序标号，它除用 3 位数字编号外，还加有文字标号以示区别，例如：U411、V411、W411，见表 3-1。

② 对于不同用途的交流回路，使用不同的数字组，见表 3-2。

表 3-1　交流回路的文字标号（1）

类别	相别					
	L_1 相	L_2 相	L_3 相	中性	零	开口三角形电压互感器的任一相
文字标号	U	V	W	N	L	X
脚注标号	u	v	w	n	l	x

表 3-2　交流回路的文字标号（2）

回路类别	控制、保护、信号回路	电流回路	电压回路
标号范围	1 ～ 399	400 ～ 599	600 ～ 799

电流回路的数字标号，一般以十位数字为一相，如 U401 ～ U409、V401 ～ V409、W401 ～ W409……U591 ～ U599、V591 ～ V599。若不够亦可以 20 位数为一组，供一套电流互感器之用。

几组相互并联的电流互感器的并联回路，应先取数字组中最小的一组数字标号。不同相的电流互感器并联时，并联回路应选任何一相电流互感器的数字组进行标号。

电压回路的标号，应以十位数字为一组，如 U601 ～ U609、V601 ～ V609、W601 ～ W609、U791 ～ U799……以供一个单独互感器回路标号之用。

③ 电流互感器和电压互感器的回路，均需在分配给它们的数字组范围内，自互感器引出端开始，按顺序编号，例如“TA”的回路标号用 411 ～ 419，“2TV”的回路标号用 621 ～ 629 等。

④ 某些特定的交流回路（如母线电流差动保护公共回路、绝缘监察电压表的公共回路等）给予专用标号组。

（3）看图方法

由于二次回路图比较复杂，也难以看懂，因此看二次回路图时，通常掌握以下要领。

① 概略了解图的全部内容，例如图的名称、设备或元件表及其对应的符号、设计说明等，然后粗略纵观全图。重点要看主电路以及它与二次回路之间的关系，以准确地抓住该图所表达的主题，抓住了主题，在分析图中的细节时就会做到心中有数，有目标，有方向。

例如，断路器的控制回路电路图主要表达该电路是怎样使断路器进行合闸、分闸动作的，所以应抓住这个问题来分析；同样的信号回路电路图表达了发生事故或不正常运行情况时怎样发出声光报警信号；继电保护回路表达了怎样检测出故障特征的物理量及怎样进行保护的等等。抓住了主题后，一般采用逆推法，就能分析出各回路的工作过程或原理。

② 电路图中各触点元件都是在没有外来激励的情况下的原始状态。例如按钮没有按下、开关未合闸、继电器线圈没有电、温度继电器在常温状态下、压力继电器在常压状态下等。在分析图时必须假定某一激励，例如按钮被按下，将会产生什么样的一个或一系列反应，并以此为依据来分析。

③ 在电路图中，同一设备的各个元件位于不同回路的情况比较多，用分开法表示的图中往往将各个元件画在不同的回路，甚至不同的图纸上，看图时应从整体观念出发，去了解各设备的功能。例如，断路器的辅助触点状态应从主触点状态去分析，继电器触点的状态应从继电器线圈带电状态或其他感受元件的工作状态去分析。

④ 任何一个复杂的电路都是由若干基本电路、基本环节构成的，看复杂电路图时一般要化整为零，把它分成若干个基本电路或部分，然后先看主电路，后看二次回路，由易到难，层层深入，分别将各部分、各个回路看懂，最后将其贯穿，电路的工作原理或过程就历历在目了。

⑤ 集中式二次电路图、分开式二次电路图、半集中式二次电路图以及二次接线图等，是从不同的角度和侧面对同一对象采用不同的描述手段，它们之间存在着内部联系，因此，读各种二次图时应将各种图联系起来。例如，读集中式电路图可与分开式电路图相联系，读接线图可与电路图相联系。

3.2.2 断路器控制回路

（1）高压断路器控制回路

图 3-21 是电磁操作机构的断路器控制回路电路图，其控制过程为：当绿灯亮时，说明断路器处于分闸位置，这时没有发生自动跳闸情况，所以闪光信号小母线 WF+ 的脉冲电源电压加不到绿灯上。当 SA 向右转 45° 时，①与②接通，合闸接触器 KO 通电［其中断路器的动断触点 QF（1—2）原已闭合好］，断路器 QF 合闸。合闸后，切换开关 SA 自动返回，①与②断开。同时断路器的动断触点打开，切断合闸回路，断路器的动合辅助触点 QF（3—4）闭合，使红灯 RD 亮，指示断路器已经合闸。

若欲使断路器分闸，把控制开关 SA 向左转 45°，这时⑦与⑧接通，YR 分闸接触器得电，使断路器 QF 分闸。分闸完成后，控制开关 SA 自动返回，⑦与⑧断开，同时 QF（3—4）也打开，切断了分闸回路。这时，③与④接通，断路器的动断辅助触点 QF（1—2）也接通，使绿灯 GN 亮，指示断路器处于分闸位置。

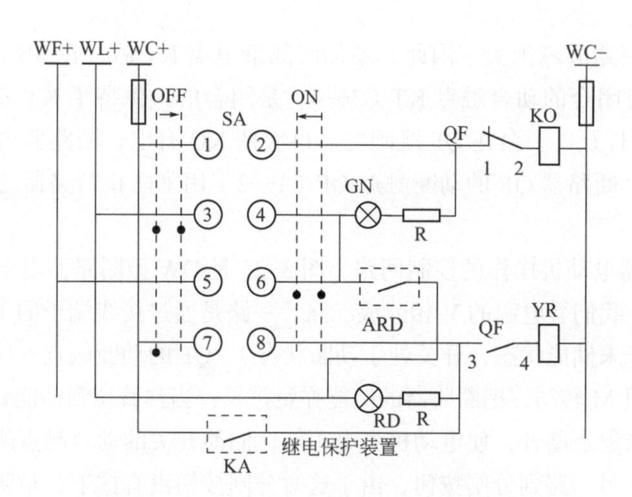

图 3-21 电磁操作机构的断路器控制回路

当一次电路发生过流短路故障时，继电保护装置的出口执行继电器 KA 动作，它的动合触点闭合，使分闸接触器 YR 有电，断路器跳闸，断路器的 QF（3—4）打开，红灯 RD 灭，而 QF（1—2）闭合。这时 SA 的⑤与⑥原已接通，使得闪光信号小母线 WF+ 上的脉冲电压加到绿灯 GN 上，使其闪光，指示断路器自动跳闸。

当重合闸装置 ARD 动作时（见图 3-28 重合闸装置电路图），合闸完成之后，QF（3—4）闭合，使得闪光信号小母线的脉冲电压加到红灯上，使其闪光，指示断路器是自动合闸。

（2）低压断路器控制回路

① DW 型断路器的电磁操作控制回路　图 3-22 是 DW 型断路器的交直流电磁合闸电路。电路的控制过程是：当按下合闸按钮 SB 时，合闸接触器 KO 得电，同时时间继电器 KT 也得电，KO 的主触点闭合，使合闸电磁铁线圈 YO 得电，断路器合闸，同时 KO 的辅助触点 KO（1—2）自锁。当 KT 的延时时间到时，KT 的动断触点断开，使 KO 线圈失电，其动合触点断开，切断合闸回路，使合闸线圈断电时间为 KT 的延时时间。这里设置时间继电器的作用有两个：防止合闸线圈 YO 长时间通电而过热烧毁，用 KT 的动合触点来“防跳”。

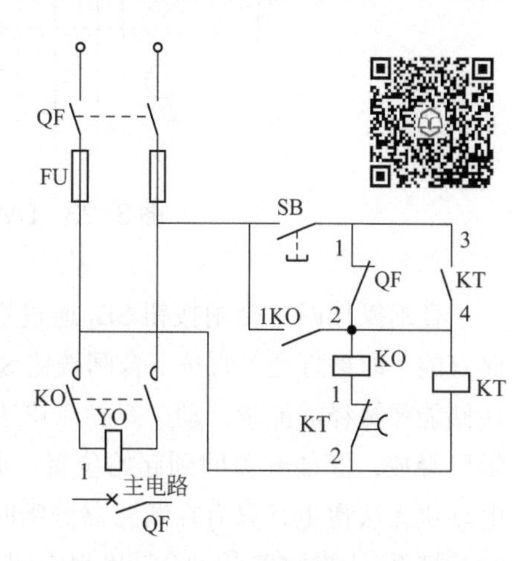

图 3-22 DW 型断路器的电磁操作控制回路

KT 动合触点的“防跳”过程：当合闸按钮 SB 按下不返回或被粘住，而断路器 QF 所在的电路存在着永久性短路时，则继电保护装置就会使断路器 QF 跳闸，这时断路器的动断触点 QF（1—2）闭合。假如没有这个时间继电器 KT 及其动断触点 KT（1—2）和动合触点 KT（3—4），则合闸接触器 KO 将再次自动通电动作，使合闸线圈 YO 再次通电，断路器 QF 再次自动合闸。由于是永久性短路，继电保护装置又要动作，使断路器再次跳闸。这时 QF 的动断触点又闭合，又要使 QF 再一次合闸。如此反复地在短路状态下跳闸、合闸（称之为“跳动”现象），将会使断路器的触点烧毁而熔焊在一起，使短路故障扩大。因此，增加时间继电器 KT 后，在 SB 不返回或被粘住时，时间继电器 KT 瞬时闭合的动合触点 KT（3—4）是闭合的，保持了 KT 有电。这样 KT 的动断触点 KT（1—2）打开，不会在 QF 跳闸之后再次使 KO 有电，断路器再次合闸，从而达到了“防跳”的目的。断路器 QF 的动断触点 QF（1—2）用来防止断路器已经处于合闸位置时的误合闸操作。

② DW 型断路器电动机操作的控制回路　图 3-23 是 DW 型断路器电动机操作的电路和接线两种形式混合图。我们看电源的 V 相分成三路：一路是通过接线端子的 1 号，通过操作电动机、储能开关（处于未储能状态，开关处于动断状态）、QF 的动断触点 6 回到端子排 2 号，与 W 相相连，使电动机 M 转动，把断路器的储能弹簧拉长；当弹簧拉到储能要求的长度时，储能开关受压动作，动断触点断开，使电动机失电不转；储能开关的动合触点闭合，黄灯亮，指示断路器已经储好能。另一路到分闸按钮，由于这时分闸按钮没有按下，是闭合的，使失压线圈有电，锁扣机构释放，允许合闸操作；如果电压太低或失压，失压线圈吸不住衔铁，锁扣机构无法释放，就不允许合闸操作。第三路通过绿灯和 QF 的辅助动断触点回到 W 相上，这时绿灯亮，指示断路器处于分闸位置。

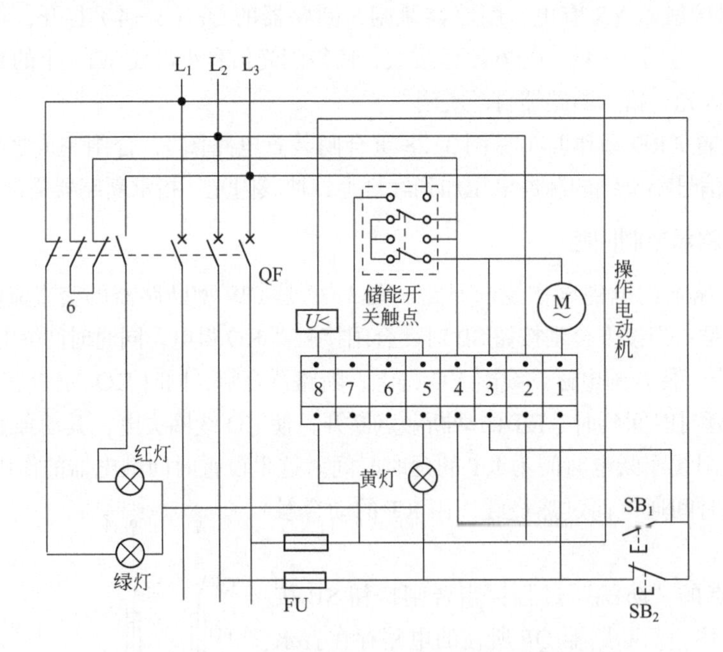

图 3-23　DW 型断路器电动机操作的控制回路

合闸操作时，合闸按钮 SB_1 通过端子排 3、4 号，与储能开关的动断触点并联，所以要在储好能（即黄灯亮）时按下合闸按钮 SB_1，使电动机的电源接通，电动机转动，带动合闸机构，使储能弹簧释放能量，动、静触点快速闭合，完成合闸操作。一旦合上闸之后，储能弹簧的能量已释放，储能开关回到起始位置，必须使电动机再次得电。这时 QF 的动断触点 6 已断开，电动机无法得电，只有在断路器分闸时才能储能。因为 QF 的动断触点 6 已断开这个回路，此时黄灯灭。同时 QF 的动合辅助触点闭合，红灯亮，指示断路器处于合闸位置。

分闸操作时，按下分闸按钮 SB_2，使失压线圈失电，带动脱扣机构，使断路器分闸。

3.2.3 信号回路

信号回路的作用是表征电气设备或装置、线路的工作状况，对已发生事故或将要发生的事故发出报警，以便维修、值班人员掌握电气设备或装置的工作情况和线路、电气设备的故障类型、故障位置等情况。一般线路、电气设备的工作状态指示信号都是由设备的控制回路来控制的，例如上述断路器的闭合、断开状态都由控制回路来控制指示信号。而事故和预告信号都汇总在一起，构成一个中央信号装置，安装在值班室或控制室中，以告知值班人员设备或线路发生或将要发生故障。

中央信号装置按操作电源来分，可分为直流操作和交流操作，即信号小母线采用直流电制和交流电制两种。

（1）中央事故信号装置

① 不能重复动作的中央复归式事故音响信号装置　如图 3-24 所示。它由电笛 HA、中间继电器 KM、控制开关 SA_1、断路器的辅助动断触点、信号小母线、事故音响信号小母线等组成。

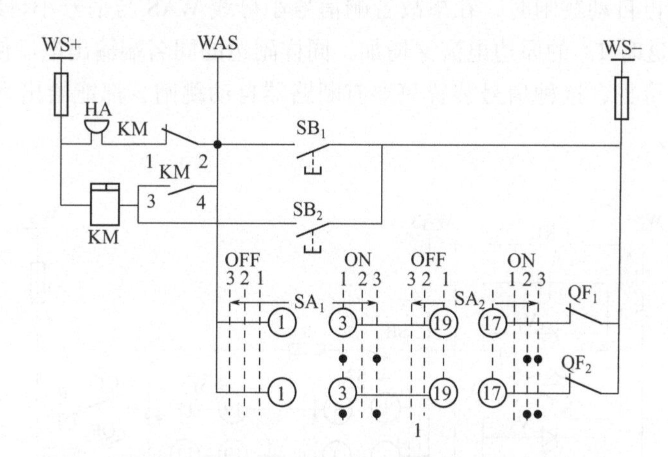

图 3-24　不能重复动作的中央复归音响信号装置回路

工作过程：当任一断路器自动跳闸后，它的动断辅助触点 QF_i（i = 1、2……）回到闭合状态，通过控制开关 SA（这时 SA 是处于合闸后位置，①与③、⑲与⑰都接通）把事故音响信号小母线 WAS 与信号小母线 WS- 连接起来，使电笛 HA 得电，发出声响。值班人员得知事故信号后，按下消音按钮 SB_2，使 KM 得电，其动合触点 KM（3—4）闭合，起到自锁作用；动断的触点 KM（1—2）断开，使 HA 失电，解除了音响信号。如果此时还有一断路器发生自动跳闸现象，那么虽然事故音响信号小母线已连通，也不能使电笛 HA 再次发出声音，因为中间继电器 KM 在第一次消音过程中已使本身自锁住了。只能使控制开关 SA 回到预备合闸位置（即复归到起始位置），才能解除 KM 自锁。故称之为不能重复动作的复归式中央事故信号装置。图中 SB_1 是音响信号的试验按钮。

② 重复动作的中央复归式音响信号装置　如图 3-25 所示。像这种含有组合单元图的图纸，首先要弄清楚组合单元的工作原理。从图中可见，KU 是一个组合单元，被称为 ZC-23 型冲击继电器，它由脉冲变换器、中间继电器等组成。当脉冲变换器 TA 的原边通有电流时，其副边同名端就有正电压输出，使干簧继电器 KA 动作，它的动合触点控制中间继电器 KM_1。

当脉冲变换器 TA 的原边电流减少时，其副边就会产生一个感应电动势来阻止其减少，这时感应电动势由异名端输出，被二极管 V_2 旁路，不会加到 KA 上。原边的电容和二极管 V_1 用于抗干扰。

工作过程：假设某一台断路器跳闸，以断路器 QF_1 为例，由于 QF_1 的动断触点闭合，而控制开关 SA_1 处于合闸后状态，即①与③、⑲ 与 ⑰ 接通，这样事故音响信号小母线 WAS 与信号小母线 WS- 接通，KU 中的脉冲变换器 TA 的原边电流开始增加，那么副边同名端就输出一个感应电动势，使干舌簧继电器 KA 动作。KA 的动合触点闭合，使 KM_1 得电，其动合触点 KM_1（1—2）闭合自锁；而 KM_1（3—4）闭合使电笛 HA 得电，发出断路器自动跳闸声音信号；KM_1（5—6）闭合，使时间继电器 KT 得电。若在延时时间内值班人员知道断路器跳闸，可通过消音按钮 SB_2，使 KM_1 失电，消除音响。在 KT 的延时时间过后，其延时动合触点闭合，使 KM_2 得电，KM_2 动断触点打开，使 KM_1 失电，而停止 HA 音响，时间继电器 KT 和中间继电器 KM_2 也复位。这时势必使 KM_1 再次获电，但此时 KA 早已失电，这是因为脉冲变换器原边的电流上升到稳定时，TA 铁芯中没有变化的磁通，所以副边就没有感应电动势。当有另一台断路器再自动跳闸时，在事故音响信号小母线 WAS 与信号小母线 WS- 之间增加了一条并联支路，这时 TA 的原边电流又增加，同样副边的同名端输出电压使 KA 动作，又发出音响报警信号。可见，这种信号装置只要有断路器自动跳闸，都能给出音响信号，它是可“重复动作”的。

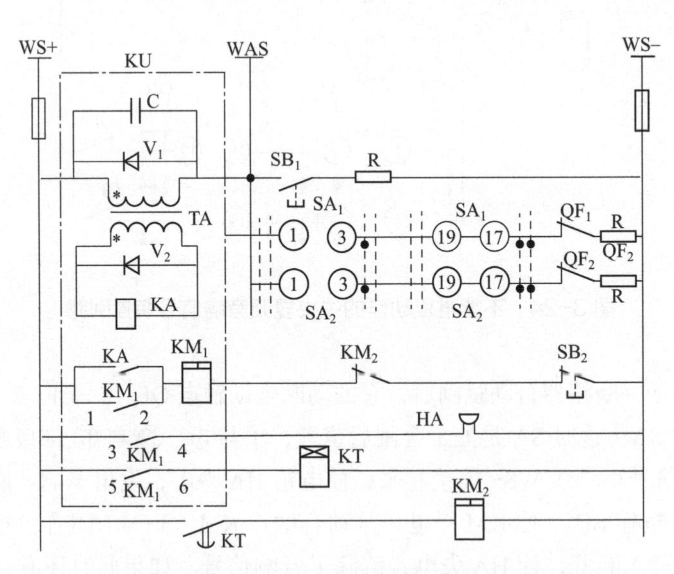

图 3-25 重复动作的中央复归式事故音响信号装置电路

（2）中央预告信号装置

在变配电所中，中央预告信号装置就是当供电系统发生故障或不正常工作状态，但又不需要立即跳闸时，发出报警音响信号并给出故障性质和地点的指示信号（灯光或光字牌指示）。为了与事故信号相区别，一般采用电铃作为发声音响，同时这种装置也装有手动或自动复位。

图 3-26 是不能重复动作的中央复归式预告音响信号装置的电路图。工作过程：当供电系统工作不正常时，继电保护装置的预告环节就使出口执行元件 KA_1 动作，使预告音响信号（电铃）

HA 得电，发出音响，且光字牌 HL_1 灯亮，指出故障性质和位置。当值班人员得知预告信号后，可按下消音按钮 SB_2，使中间继电器 KM 得电，它的动断触点 KM（1—2）断开、消音。同时 KM（3—4）自锁，KM（5—6）使黄灯亮，指示系统发生过不正常运行情况，而且还没有消除。当不正常工作状态消除之后（如发生过载预告，已对不重要负荷停止供电），继电保护触点 KA_1 返回，光字牌 HL_1 的灯和黄灯也同时熄灭。如果头一次的不正常运行状态没有消除时，又发生了另一个不正常运行工作状态（KA_2 动作），电铃 HA 不会再次发出音响，但光字牌 HL_2 的灯会发亮，指示出另一个不正常运行情况。

3.2.4　继电保护回路

继电保护回路实际上是一种电力系统的反事故自动装置。没有继电保护装置，电力系统就无法可靠安全地运行。继电保护装置（回路）包括测量部分、定值调整部分、逻辑部分和执行部分。测量部分就是把能反映故障或不正常运行的特征的物理量检测出，并与保护的整定值进行比较。当其值达到整定动作值时，逻辑部分将根据被测量物理量的大小、性质、出现的顺序或它们的组合，使保护装置按一定的逻辑关系确定应有的动作行为，执行部分立即或延时发出报警信号或跳闸信号。

图 3-27 是带时限过流保护回路的电路图。工作过程：当线路或设备处于正常运行状态，流过的电流小于整定的动作值，各过流继电器都不动作，时间继电器 KT 无法获得电源，那么出口继电器无法获电，跳闸线圈 TQ 无电，断路器 QF 处于闭合状态。当线路或设备过载时，电路中流过的电流大于整定动作值，电流继电器 KA 就动作，它的动合触点闭合，使时间继电器 KT 得电。若在延时时间内负荷没有减少（即过载继电器 KA 无返回），那么 KT 的延时闭合触点闭合，使信号继电器 KS 和出口继电器 KM 有电，KS 的动合触点闭合，给出报警信号，而 KM 的触点闭合，使断路器跳闸线圈 TQ 有电，断路器 QF 跳闸，切除故障线路或设备。

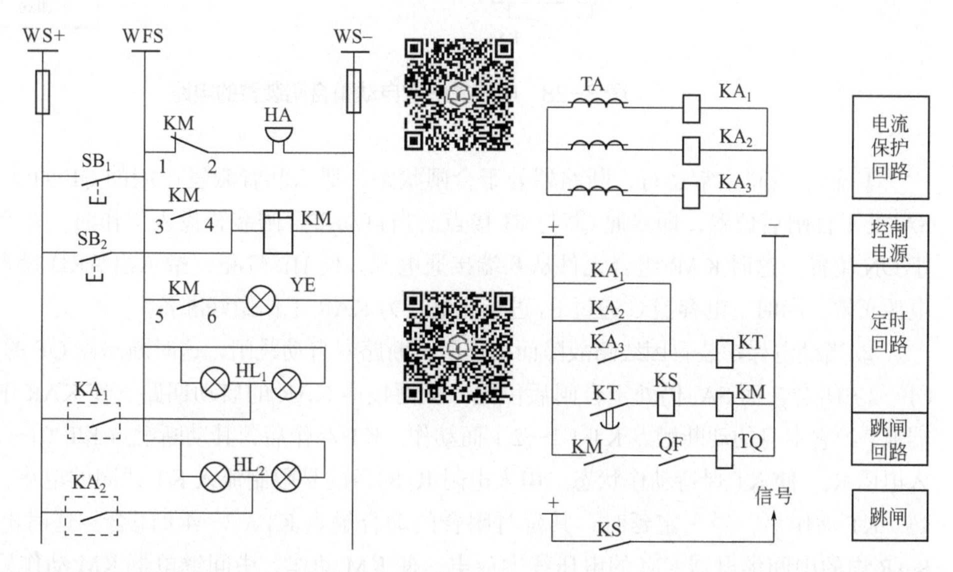

图 3-26　不能重复动作的中央复归式预告音响信号装置回路　　图 3-27　带时限过流保护回路的电路

3.2.5 自动重合闸装置电路

常用的单侧电源线路三相一次自动重合闸装置，图 3-28 是 DH-2 型重合闸继电器控制的电气式一次自动重合闸装置的电路图（图中仅给出了 ARD 有关的部分）。

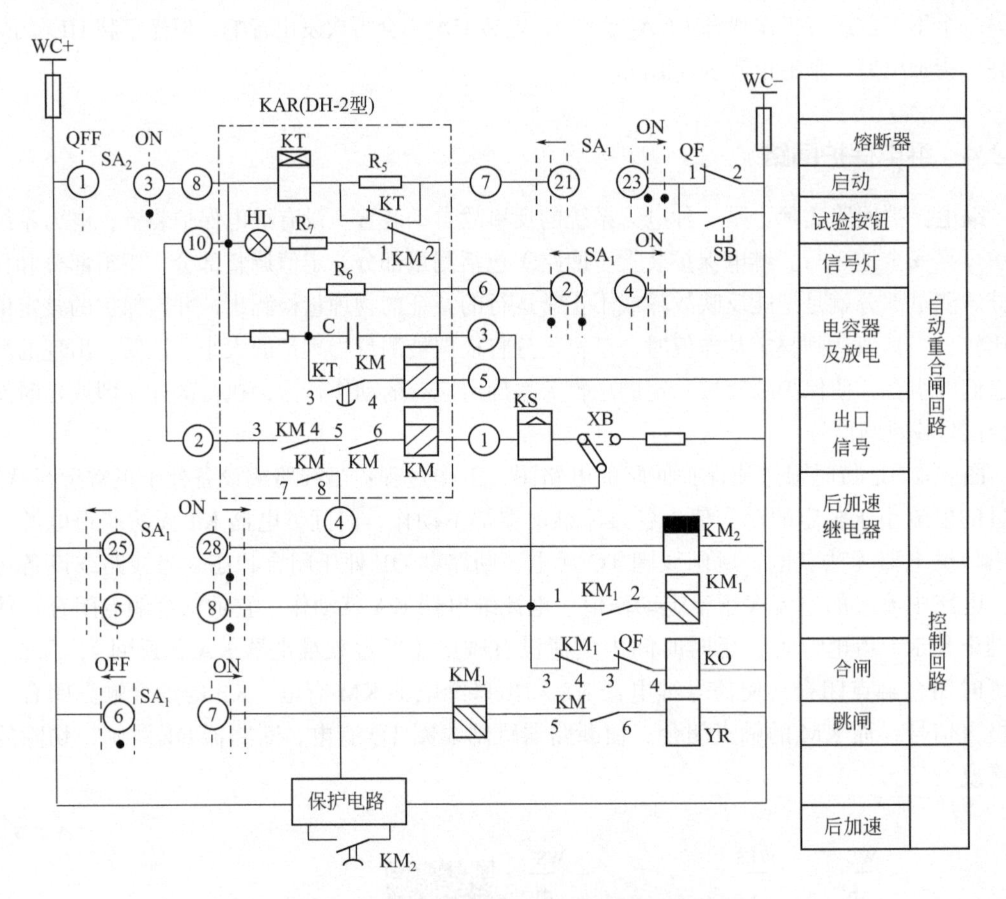

图 3-28 电气式一次自动重合闸装置的电路

① 假定线路正常运行，断路器处于合闸状态，那么起着激发作用的 QF 的动断触点打开，SA_1 处于合闸后位置，即接通 ㉑ 与 ㉓ 接点。当自动重合闸装置投入工作时，控制开关 SA_2 处于 ON 位置。这时 KAR 组合元件从⑧端接通电源，使 HL 灯亮，指示出 ARD 投入工作，控制电源正常。同时，电容器 C 通过 R_4 进行充电，为 KAR 工作做好准备。

② 当继电保护装置因线路故障而动作时，断路器自动跳闸，这时断路器 QF 的动断触点 QF（1—2）闭合，而 SA_1 仍处于合闸后位置，从而接通 KAR 的启动回路，使 KAR 中的时间继电器 KT 经它本身的动断触点 KT（1—2）而动作。KT 动作后，其动断触点 KT（1—2）断开，串入电阻 R_5，使 KT 保持动作状态。串入电阻 R_5 的目的是限制流入 KT 线圈的电流，避免线圈过热。KT 动作后，经一定延时，其延时闭合的动合触点 KT（3—4）闭合。这时电容器 C 就对 KAR 中的中间继电器 KM 的电压线圈放电，使 KM 动作。中间继电器 KM 动作后，其动断触

点 KM（1—2）断开，使 HL 熄灭。这表示 KAR 已经动作，其出口回路已经接通。这样，合闸接触器 KO 由控制母线 WC+ 经 SA_2、KAR 的⑧、⑩、②端点、内部的 KM（3—4）和 KM（5—6）两对触点、KM 的电流线圈、信号继电器 KS 线圈、连接片 XB 和 KM_1（3—4）及断路器辅助动断触点 QF（3—4），而获得电源，使断路器操作装置动作，断路器 QF 重新合闸。重合闸成功之后，QF 的动断触点断开，使 KT 复位，合闸接触器 KO 失电，同时 KAR 中的中间继电器 KM 失电，复位，电容器 C 又重新开始充电，为下一次重合闸做准备。

③ 当线路发生永久性故障时，经上述重合闸后，由于是永久性故障，这时继电保护装置再次动作，使断路器 QF 又跳闸。但是由于这次跳闸距上次合闸后的时间很短，只有 KT 的延时时间，C 无法充到 KM 电压线圈所需的电压，无法使 KM 动作，故 KAR 无法再次动作，从而保证了当发生永久性故障时该装置只能让断路器重合闸一次，而不会多次重合闸，起到“防跳”作用。

为了防止重合闸后永久性故障的扩大，在本电路中串入一个后加速继电器 KM_2。当进行第一次重合闸时，KM（7—8）接通了后加速继电器 KM_2，KM_2 的延时断开的触点短接继电保护回路中延时回路，使之变成速断保护。这样，在永久性故障时，一旦第一次重合闸后线路立即出现故障电流，继电保护回路会进行速断保护，使断路器立即跳开，有效防止永久性故障的进一步扩大。

④ 手动合闸操作把 SA_1 打到正在合闸位置时，接通了⑤与⑧端子，使合闸接触器 KO 得电。另外 SA_1 的 ㉕ 与 ㉘ 接通，使后加速继电器 KM_2 得电，继电保护回路的延时回路短接。若这时线路存在永久性故障，就能加速继电保护，防止事故进一步扩大。

⑤ 本电路具有两种防跳措施。一种是在 KAR 的中间继电器 KM 的电流线圈回路（即其自锁回路）中串接了其自身的两对动合触点 KM（3—4）、KM（5—6），这样万一其中一对动合触点被粘住，另一对动合触点仍然正常工作，不至于发生断路器“跳动”现象。另一种是为了防止 KM 的两对触点 KM（3—4）、KM（5—6）同时被粘住时，断路器仍有可能“跳动”的情况出现，在断路器的跳闸线圈 YR 回路中串接入防跳继电器 KM_1 的电流线圈。在断路器跳闸时，KM_1 的电流线圈同时有电，使 KM_1 动作，它的动断触点 KM_1（3—4）断开，切断了 KO 回路，以防止断路器在永久性故障情况下发生“跳动”情况。

3.2.6　备用电源线路自动投入装置

在要求供电可靠性比较高的变配电所，通常设有两路或两路以上的电源进线，一路作为正常工作进线，另一路为备用进线。当正常工作进线发生故障时，备用线路就应该自动投入使用，使变配电所不停电，保证该供电区域继续供电。

图 3-29 是高压双电源互为备用的自动投入装置的电路图，假定电源线路 WL_1 在工作，WL_2 为备用，即 QF_1 在合闸位置，QF_2 在跳闸位置。控制开关 SA_1 在“合闸后”位置，SA_2 在“跳闸后”位置，由表 3-3 可知，它们的触点（5—8）和（6—7）均断开，触点 SA_1（13—16）接通，而触点 SA_2（13—16）断开。指示灯 RD_1 通过 QF_1 的动合触点（5—6）和跳闸线圈 YR_1 接通电源并发光，指示断路器 QF_1 在合闸位置。

表 3-3 LW2-Z-1a.4.6a.40.20.20/F8 行控制开关触点表

手柄和触点类型	F8	1a		4		6a			40			20			20		
触点号		1—3	2—4	5—8	6—7	9—10	9—12	10—11	13—14	14—15	13—16	17—19	17—18	18—20	21—23	21—22	22—24
位置 跳闸后	←		×					×		×				×			
位置 预合闸	↑	×				×			×				×				
位置 合闸	↗			×			×				×	×			×		
位置 合闸后	↑										×	×			×		
位置 预跳闸	←		×					×	×				×			×	
位置 跳闸	↙				×			×		×				×			×

注：× 表示触点接通。

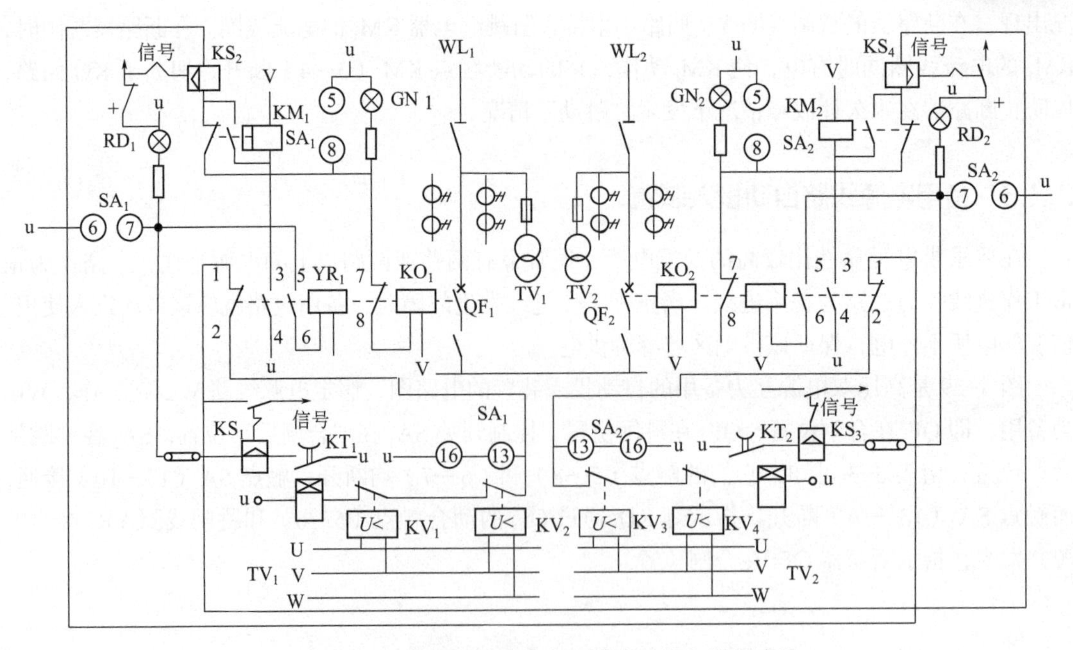

图 3-29 双电源线路互为备用的自动投入装置电路

当工作电源 WL_1 断电时，失压继电器 KV_1 和 KV_2 动作，其触点返回闭合状态，接通时间继电器 KT_1。KT_1 延时动合触点闭合，接通信号继电器 KS_1 和跳闸线圈 YR_1，使断路器 QF_1 跳闸，同时给出跳闸信号。红灯 RD_1 因触点 QF_1（5—6）断开而熄灭，绿灯 GN_1 因触点 QF_1（7—8）闭合而发光，指示出 QF_1 在跳闸位置。与此同时，因 QF_1 的动断触点（1—2）闭合，使得断路器 QF_2 的合闸线圈 KO_2 通电（通电回路：u 相→ SA_2 的 16、13 → QF_1 的 1、2 → KS_4 → KM_2 的动断触点→ QF_2 的动断触点 7、8 → KO_2 → V 相），QF_2 合闸，使备用电源 WL_2 自动投入，恢复变配电所的供电，同时红灯 RD_2 亮，绿灯 GN_2 灭。

该电路具有互为备用自动投入功能，当 WL_2 失电时，也能自动投入 WL_1。

3.3　测量电路图识读

3.3.1　电流测量电路

（1）电流表基本电路

基本电路如图 3-30 所示。

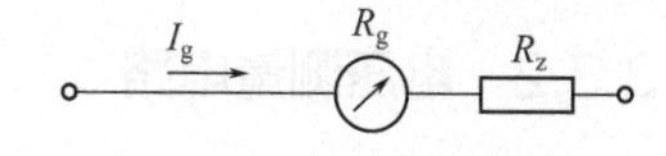

图 3-30　电流表的基本电路

电流表必须与被测电路串联。测量直流电流时，需注意表头“+”端旋钮接电流的流入端，“-”端旋钮接电流的流出端。在实际看图时，也可借助图纸中表头的“+”或“-”标识来判明直流电路和电流的流向。

（2）电流表量程扩大电路

① 直流电流表量程扩大电路　要扩大直流电流表的量程，即测量超过电流表实际最大测量范围值以外的值，可在表头两端并联一个分流电阻，使电流进行分流，从而起到保护直流电流表的作用。使用分流器扩大电流表量程的电路如图 3-31 所示。注意这时负载的电流等于仪表电流与分流器电流之和。

② 交流电流表量程扩大电路　使用互感器扩大电流表量程的电路如图 3-32 所示。实际数值是把副绕组中通过的电流值乘以电流互感器的电流比，即为电路中的实际电流。例如使用 300/5 互感器，若图 3-32 中实际测出通过电流表表头的电流为 2.5A 时，其反映一次系统中通过的电流值即为 2.5 × 300/5=150（A）。

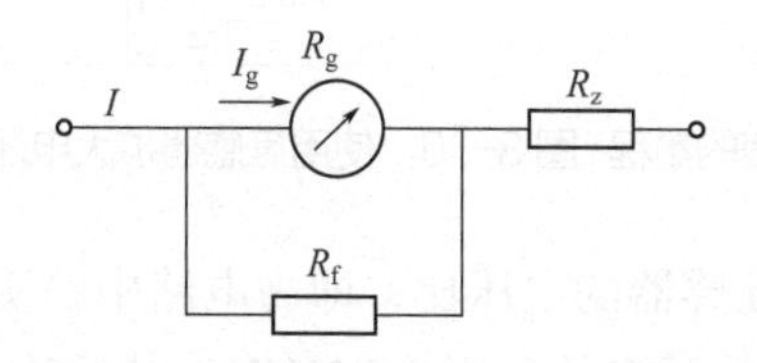

图 3-31　使用分流器扩大电流表量程

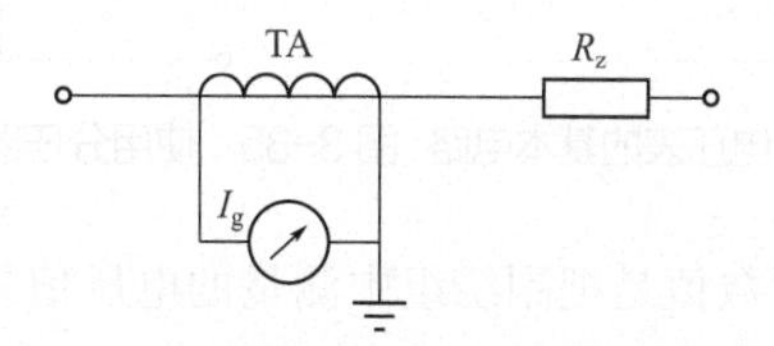

图 3-32　使用互感器扩大电流表量程

（3）三相交流电流测量电路

图 3-32 为使用一组电流互感器测量一相交流回路电流电路。可以说是在三相交流回路任意一相线路中安装 1 个电流互感器，电流表串接在电流互感器的二次侧，利用电流互感器测量这

一相电流。这种接线方式，适用于三相平衡电路。

图 3-33（a）所示为两组电流互感器 V 形接线测量电路。在两相电路中接有两个电流互感器，组成 V 形接线。3 只电流表分别串接在两个电流互感器的二次侧。这种接法也叫两相不完全星形接线。与两个电流互感器二次侧直接连接的电流表 PA_1 和 PA_2，测量这两相 U 相和 W 相线路的电流；另一只电流表 PA_3 所测量的电流是这两个互感器二次侧电流的向量和，此值恰好是未接电流互感器那相（即图中的 V 相）的二次电流。这样，只使用 2 只电流互感器和 3 只电流表就可分别测量出三相电流。

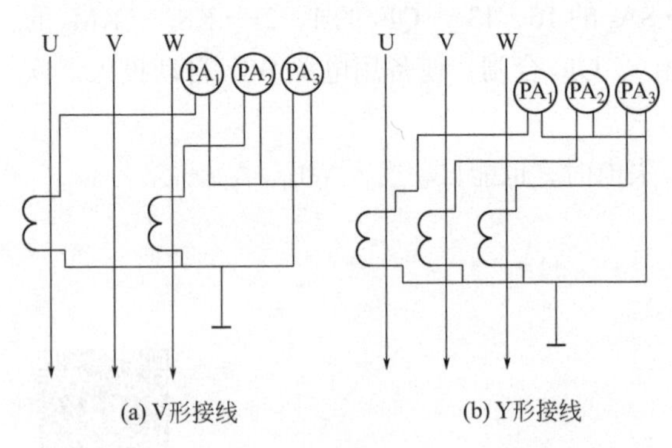

(a) V形接线　(b) Y形接线

图 3-33　利用电流互感器测量三相电流的接线图

图 3-33（b）所示为利用三组电流互感器和 3 只电流表测量电路。这种接法也叫三相星形接线。3 只电流表分别与三相电流互感器的二次侧连接，分别测量三相电流。

3.3.2　电压测量电路

（1）电压表基本电路

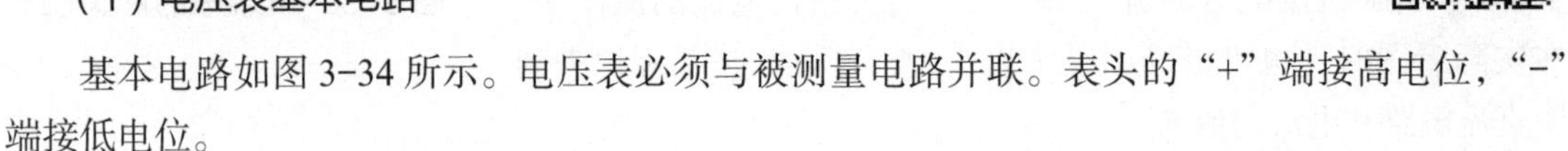

基本电路如图 3-34 所示。电压表必须与被测量电路并联。表头的“+”端接高电位，“−”端接低电位。

（2）电压表量程扩大电路

① 直流电压表量程扩大电路　要扩大直流电压表的量程，即测量超过电压表实际最大测量范围值以外的值，可在表头两端串联一个分压电阻，使电压进行分压，从而起到保护直流电压表的作用。使用分压电阻扩大电压表量程的电路如图 3-35 所示。注意这时负载的电压等于仪表电压与分压电阻之和。

② 交流电压表量程扩大电路　使用电压互感器扩大交流电压表量程的电路如图 3-36 所示。

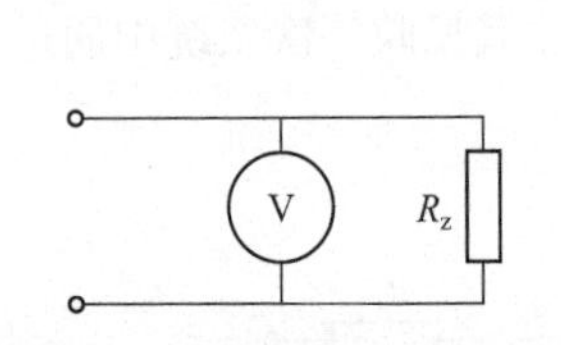

图 3-34　电压表的基本电路

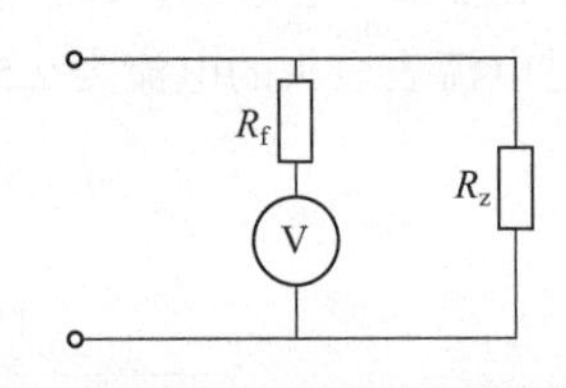

图 3-35　使用分压器扩大电压表的量程

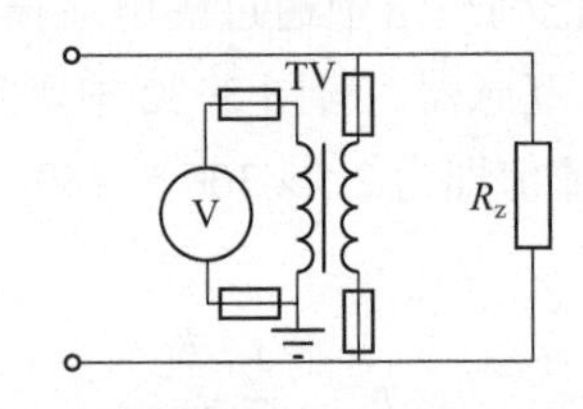

图 3-36　使用互感器扩大电压表的量程

实际数值是把副绕组中测量的电压值乘以电压互感器的电压比，即为电路中的实际电压。例如，使用 6000/100 互感器，若图 3-36 中实际测出电压表的电压为 95V 时，其反映一次系统中通过的电压值即为 95×6000/100=5900（V）。

（3）三相电压测量电路

图 3-36 为使用一组电压互感器测量一相交流回路电压电路。可以说是在三相交流回路任意一相线路中安装 1 个电压互感器，电压表并接在电流互感器的二次侧，利用电压互感器测量这

一相压流。这种接线方式，适用于三相平衡电路。

图 3-37（a）所示为两个单相电压互感器的 V/V 形接线，能测量相间线电压，但不能测量相电压。电压表 V_1、V_2、V_3 分别测量的是 U_{UV}、U_{VW} 和 U_{UW} 线电压。

图 3-37（b）所示为三个单相电压互感器接成 Y_0/Y_0 形接线。此类接线可以很方便地测量出线电压和相电压。电压表 V_1、V_2、V_3 分别测量的是 U、V 和 W 相电压值，而电压表 V_4 测量的是 U_{UV} 线电压。

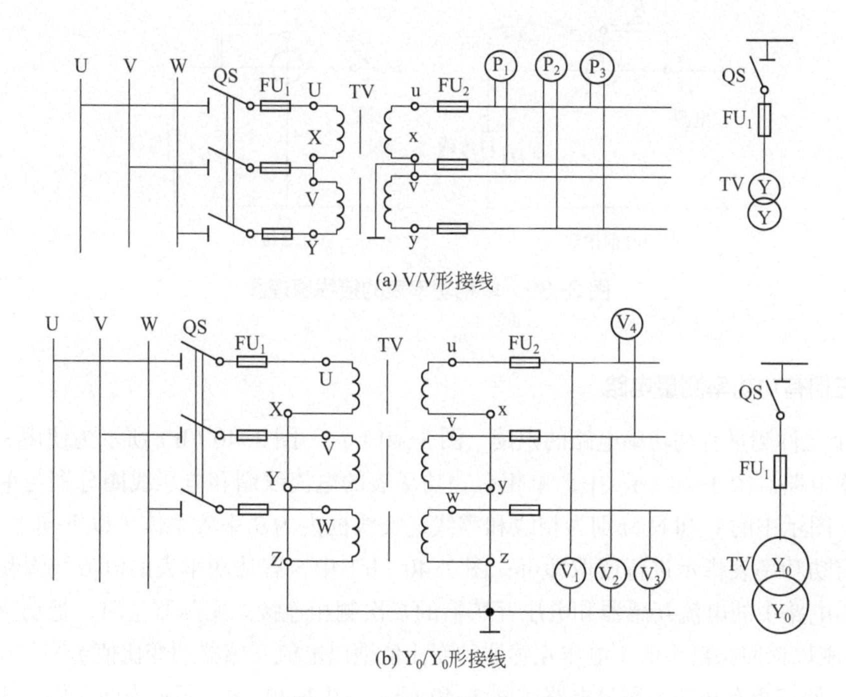

图 3-37　电压互感器的接线图

3.3.3　功率测量电路

（1）功率表基本测电路

功率表的基本电路如图 3-38 所示。

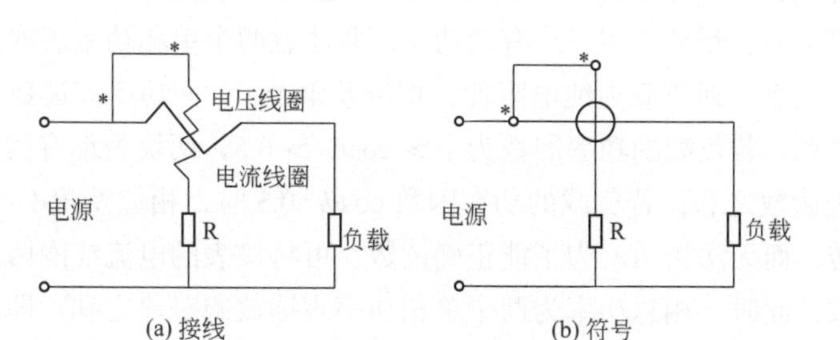

图 3-38　功率表的接线和符号

图 3-38 功率表头中粗实线表示电流线圈，垂直的细线表示电压线圈；电压线圈和电流线圈上各有一端标有“*”号称为电源端钮，表示电流从这一端钮流入线圈。

电压线圈的“*”号电源端钮或与电流线圈电源端连接（前接法）见图 3-39（a），与电流线圈负载端连接（后接法）见图 3-39（b），应该根据负载电阻的大小和功率表的参数确定。如果负载电阻比功率表电流线圈电阻大得多，可实行前接法；如果负载电阻比功率表电压支路电阻小得多，可实行后接法。在实际测量中，如果功率表接线正确，而指针反向，这表明功率输送的方向与预期的相反，此时将电流回路端钮换接即能正常。

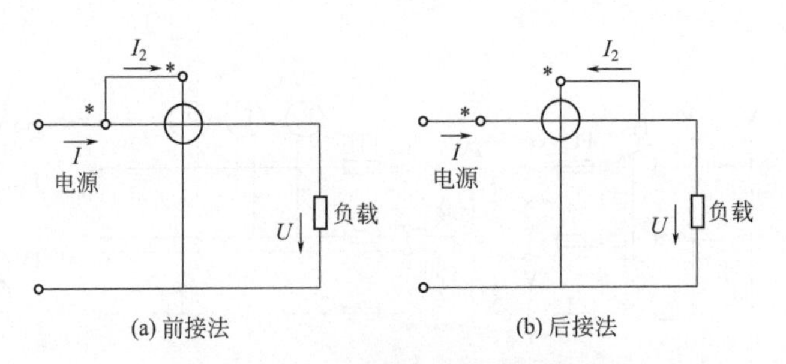

图 3-39　单相功率表的接线原理图

（2）三相有功功率测量电路

① 一个元件测量有功功率电路的识读　图 3-40（a）、图 3-40（b）所示为使用一个元件测量有功功率电路。图 3-40（a）中，单相有功功率表的电流线圈和电压线圈分别与单相电路串联和并联，图示中的 L 和 N 分别为相线和零线，实线框内为功率表整体（以下同）。读数时可直接通过有功功率表指示进行读取即可；图 3-40（b）中，有功功率表的电流线圈和电压线圈分别与三相电路中的电流互感器和电压互感器的二次侧相连接。实际测量时，把功率表的读数乘以 3，再乘以该回路倍率值（电压互感器的变比值乘以电流互感器的变比值）。

② 两元件三相有功功率测量电路　图 3-40（c）、图 3-40（d）所示为两元件三相有功功率测量电路。图 3-40（c）中，两元件三相有功功率表的两个电流线圈任意串联在三相电路的两条相线上，如图示中的 U 相和 W 相；两个电压线圈的输入端接在与同元件电流线圈所接地相同相线上；两元件电压线圈的另一端共同接在未接电流线圈的相线上，如图示中的 V 相。图 3-40（d）中，两元件三相有功功率表的电流线圈和电压线圈分别与电流互感器和电压互感器的二次侧连接，特别要引起注意的是，虽然测量元件的电压线圈是接在电压互感器二次侧，而同一个测量元件的电流线圈是接在电流互感器的二次侧，但它们仍然是同相位的。

采用两个单相功率表测量三相三线有功功率，要注意两个单相功率表的读数与不同负载功率因数之间有下列关系，即负载为纯电阻性，相位差角ϕ=0，两功率表读数相等，则三相总功率为两块表读数之和；若负载的功率因数为 1 ＞ cosϕ ＞ 0.5，两块表都有读数，但不相等，三相总功率仍为两表读数之和；若负载的功率因数 cosϕ=0.5 时，相位差角ϕ= ± 60° ，将有一个功率表的指针反转，而无法指示。为了能正确读数，可将该表的电流线圈两个端钮对换，而将此表读数记为负数，此时三相总功率为两个单相功率表读数绝对值之和，即不考虑读数为负数时，仍是两块功率表读数之和。

③ 三元件三相有功功率表测量电路　图 3-40（e）～图 3-40（g）所示为三元件三相有功功率表测量电路。图 3-40（e）中，三相电源进线分别接在三元件三相有功功率表的电压线圈和电流线圈的并联端子上，负载接在电流线圈的输出端子上，三相电压线圈的公共端接在 N 线上。

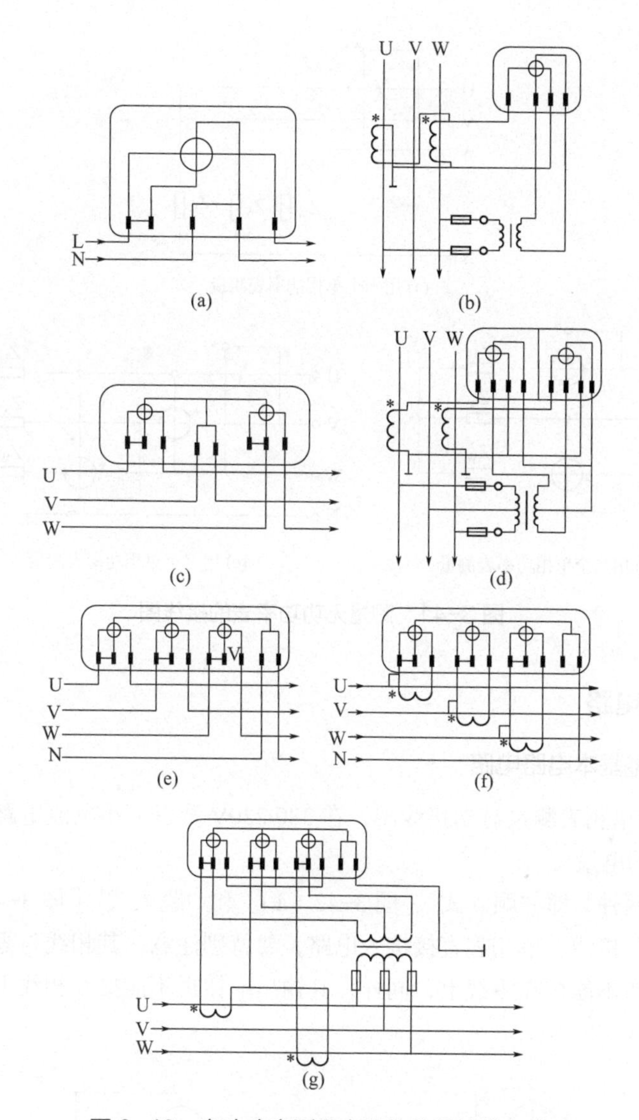

图 3-40　有功功率测量电路的几种接线方式

图 3-40（f）所示线路上只接有电流互感器，用以扩大功率表的量程，有功功率表的电流线圈和电压线圈有公共输入端，电流互感器的二次线圈不能接零或接地。图 3-40（g）所示线路中接有电流互感器和电压互感器。

（3）三相无功功率测量电路

① 用单相功率表测量三相无功功率　接线如图 3-41（a）所示。读数乘以 $\sqrt{3}$，即为三相电路无功功率的数值。

② 用两个单相功率表测量无功功率　接线如图 3-41（b）所示。两表测量值之差的绝对值乘以 $\sqrt{3}$，即为三相电路无功功率的数值。

③ 用三个单功率表测量无功功率　其接线图如图 3-41（c）所示。由于每个功率表测量的有功功率是该相无功功率的 $\sqrt{3}$ 倍；三个功率表读数总和为三相无功功率总和的 $\sqrt{3}$ 倍。因此，将三个功率表的读数之和除以 $\sqrt{3}$，即为三相电路无功功率数值。

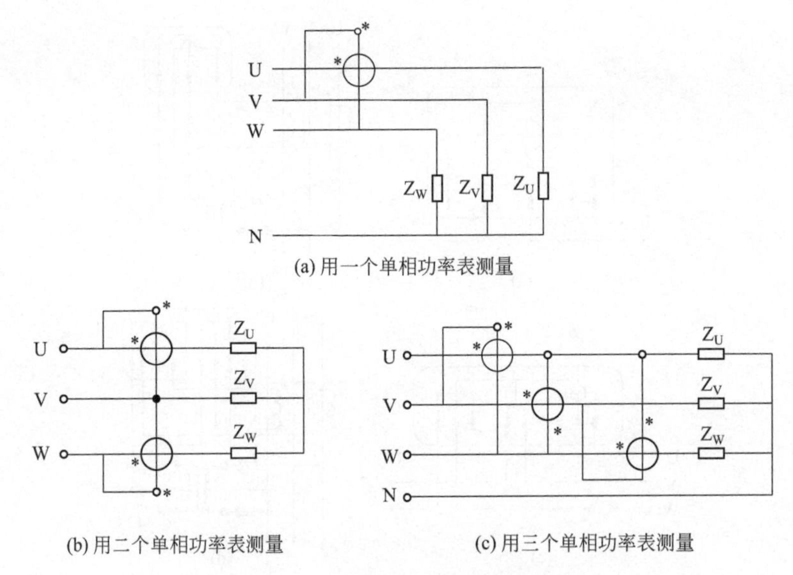

图 3-41 测量无功功率表的接线图

3.3.4 电能测量电路

(1) 电能表测量基本电路电路

图 3-42 所示为单相表测量有功接线图，在 380/220V 及以下小电流电路中，用单相表直接接在电路上计量有功电量。

其接线方式有两种，即“顺入式”[图 3-42（a）] 和“跳入式”[图 3-42（b）]，一般国产表多采用“跳入式”接线。单相表直接接入电路，要特别注意，其相线与零线绝不能对调，即电能表中的输入端钮不能接在零线上，同样，其输出端钮也不能接在相线上，否则容易造成触电及漏计的后果。

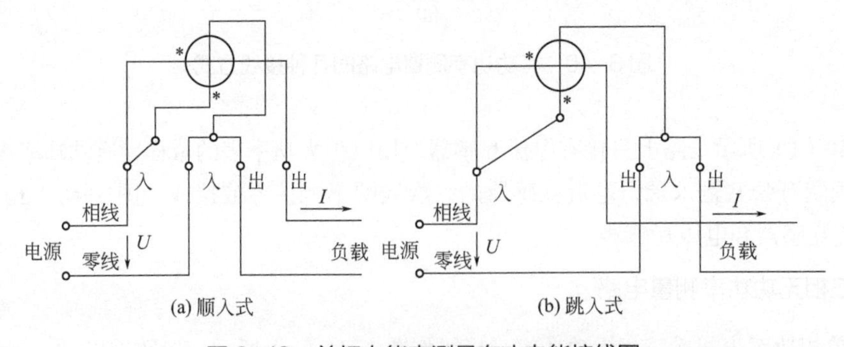

图 3-42 单相电能表测量有功电能接线图

如果负载电流超过表的额定电流时，电流线圈须经电流互感器后接入电路。此时要注意，表电流线圈通过的电流是电流互感器二次电流，因此应变换到一次电流，即表的读数应乘以电流互感器电流比后才是实际消耗的数。如图 3-43 所示。

(2) 三相有功电能测量电路

① 三相三线电路有功电能测电路 三相三线电路中，无论三相电压、电流是否对称，一般

多采用三相两元件表计量有功电能，其接线如图 3-44 所示。

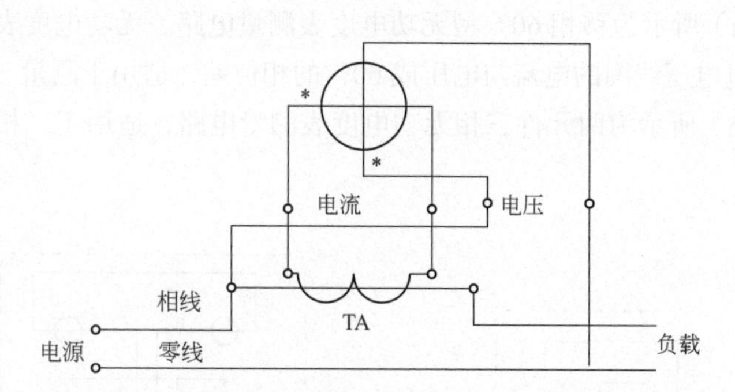

图 3-43 经电流互感器接入电路的单相电能表接线图

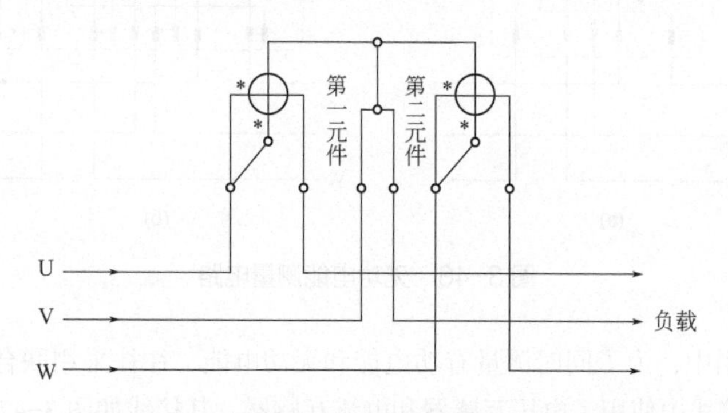

图 3-44 三相两元件电能表测量有功电能接线图

② 三相四线电路有功电能测量电路　三相四线电路中，采用三相三元件表计量比较方便，三个读数之和即为三相有功实际数值，其接线如图 3-45 所示。图 3-45（b）为需测量大电流负载回路，而经电流互感器接入。

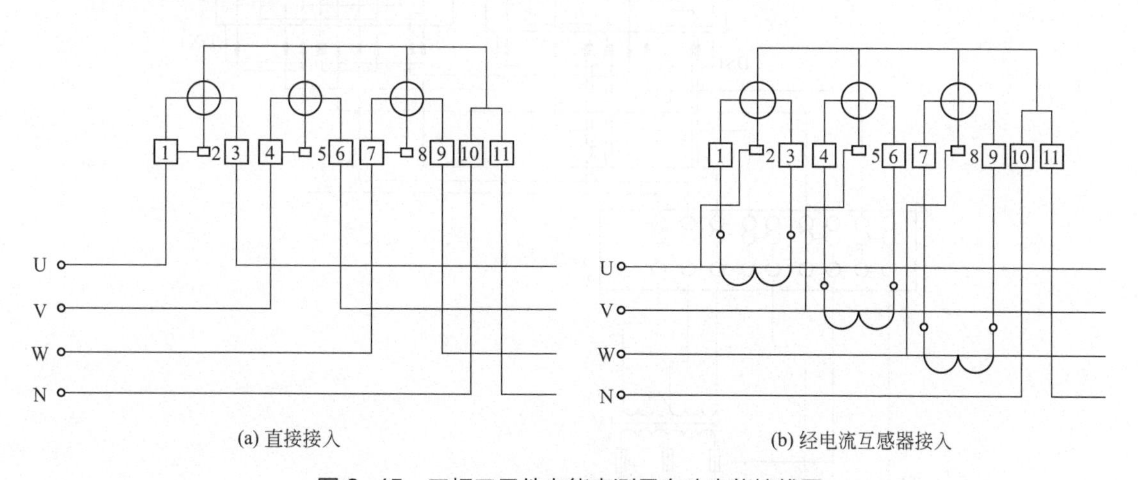

图 3-45 三相三元件电能表测量有功电能接线图

在负载对称的三相四线电路中，可以用一个单相电能表计量任意一相消耗的电能，然后乘以 3，即为三相有功电能实际数值。

（3）三相无功电能测量电路

电路图 3-46（a）所示为移相 60° 型无功电度表测量电路。无功电度表的电压线圈中串入适当的电阻，使流过电压线圈的电流与电压成 60° 的相位差，适用于测量三相三线制电路的无功电量。图 3-46（b）所示为两元件三相无功电度表测量电路，适用于三相三线制或不平衡电路的无功电量测量。

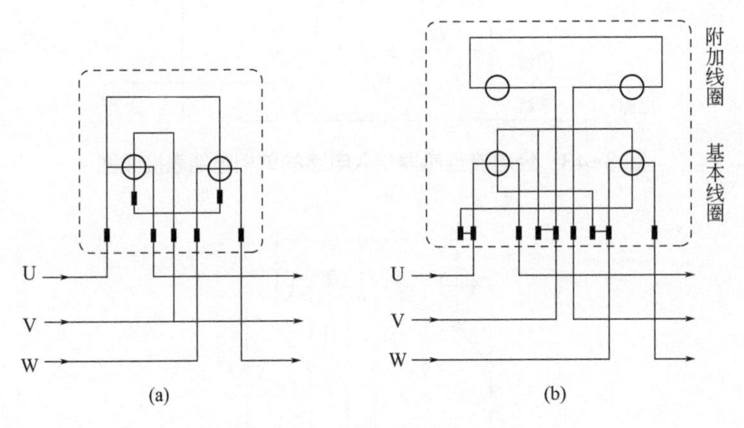

图 3-46　无功电能测量电路

另外在实际应用中，为了同时测量有功电能和无功电能，往往采用联合接线。由于是测量高压回路，故联合接线中使用了电压互感器和电流互感器，其接线如图 3-47 所示。

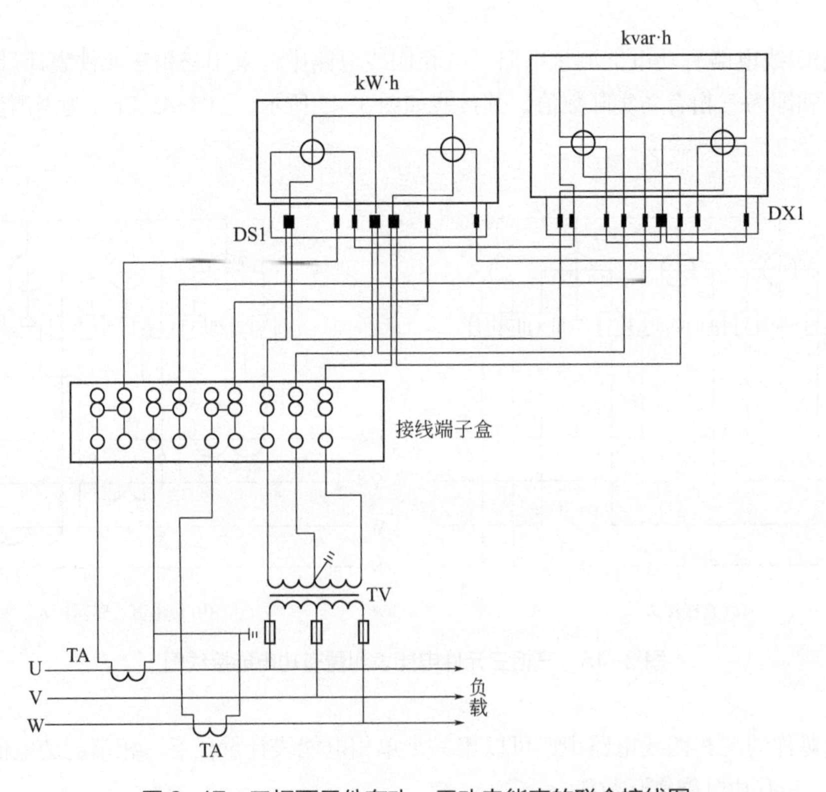

图 3-47　三相两元件有功、无功电能表的联合接线图

3.4　常用照明控制电路识读

3.4.1　通用白炽灯电路

（1）一只单联开关控制电路

一只开关控制电路是最简单的照明布置，原理如图 3-48 所示。电源进线、开关进线、灯头接线均为 2 根导线（按规定 2 根导线可不画出其根数）。

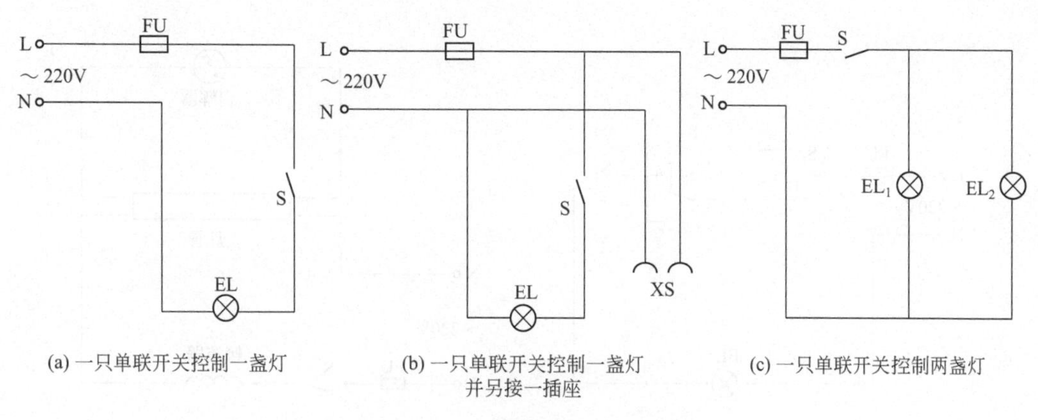

图 3-48　一只单联开关控制电路

（2）两只双联开关控制电路

图 3-49（a）所示为两只单联开关控制两盏灯电路，这种电路可扩展为多只单联开关控制多盏灯，也可加装插座。

图 3-49（b）为两只双联开关控制一盏灯。在图中所示开关位置时灯不亮。当扳动开关 S_1，接通 1，灯亮；扳动开关 S_2，接通 2，这时回路断开，灯灭。在安装双联开关时，应注意接线端头的正确连接。

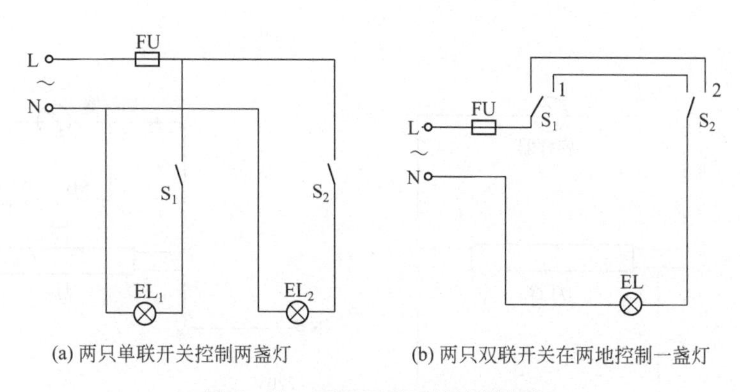

图 3-49　两只双联开关控制电路

（3）两只双联开关和一只三联开关在三处控制一盏灯

图 3-50 是三只开关控制一盏灯电路，其控制原理与两处控制一盏灯的原理相似。在图中所示开关位置时灯不亮，任意扳动一个开关，灯便亮；再任意扳动一下开关，灯就灭。

3.4.2 荧光灯电路

（1）通用电路

如图 3-51 所示。零线直接接入灯管，实践证明可以延长灯管的使用寿命。

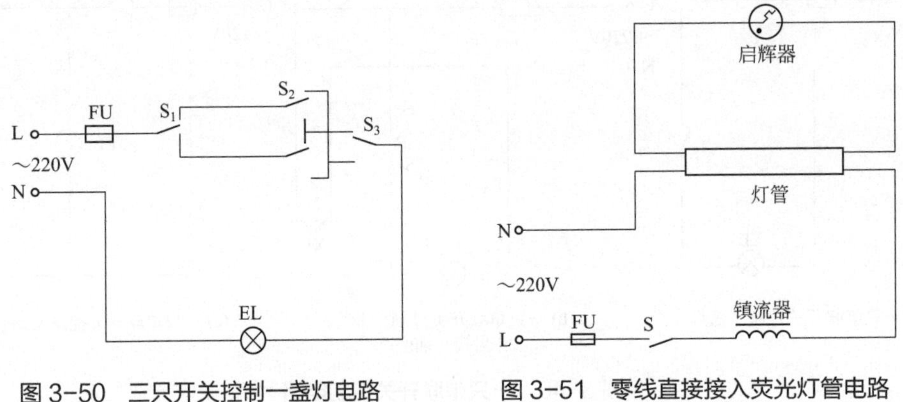

图 3-50 三只开关控制一盏灯电路　图 3-51 零线直接接入荧光灯管电路

（2）具有无功补偿的荧光灯线路

如图 3-52 所示。由于镇流器为感性负载，要消耗一定的无功功率，致使整个荧光灯装置的功率因数偏低，为提高功率因数，可在电源侧并联一个电容。

（3）带按钮开关的二极管低温启动电路

如图 3-53 所示。当启辉器接通时，二极管将交流整为脉动直流，因而镇流器的阻抗减小，使流过灯丝的瞬时电流增大，增加了电子发射能力，同时启辉器断开瞬间自感电动势也较高，故易点燃。

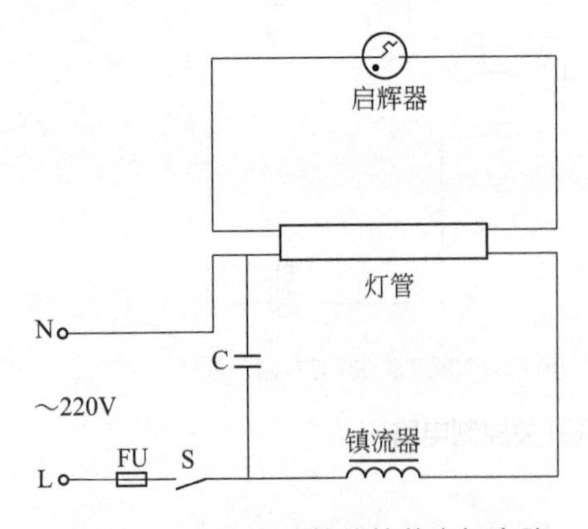

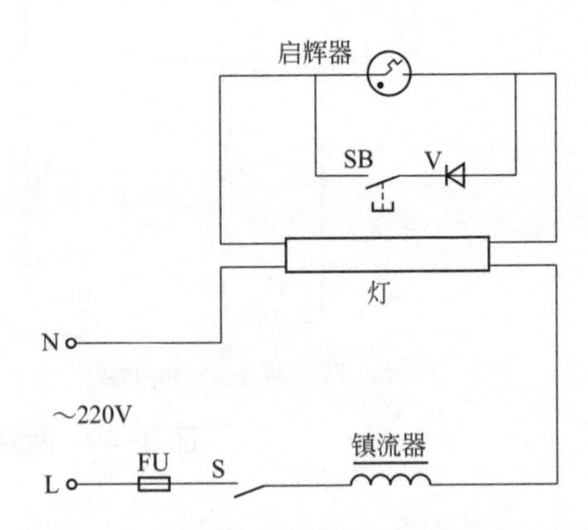

图 3-52 具有无功补偿的荧光灯电路　图 3-53 带按钮开关的二极管低温启动电路

·第4章·

电动机控制电路识读

4.1 控制电路图的识图方法

4.1.1 查线读图法

（1）看主电路的步骤

① 看清主电路中的用电设备（以接触器联锁控制正反转启动电路为例，如图 4-1） 用电设备指消耗电能的用电器具或电气设备，如电动机、电弧炉等。读图首先要看清楚有几个用电设备，它们的类别、用途、接线方式及一些不同要求等。

a. 类别：有交流电动机（感应电动机、同步电动机）、直流电动机等。一般生产机械中所用的电动机以交流笼型感应电动机为主。

b. 用途：有的电动机是带动油泵或水泵的，有的是带动塔轮再传到机械上，如传动脱谷机、碾米机、铡草机等。

c. 接线：有的电动机是 Y（星）形接线或 YY（双星）形接线，有的电动机是△（三角）接线，有的电动机是 Y- △（星三角）形即 Y 形启动、△形运行接线。

d. 运行要求：有的电动机要求始终一个速度，有的电动机则要求具有两种速度（低速和高速），还有的电动机是多速运转的，也有的电动机有几种顺向转速和一种反向转运，顺向做功、反向走空车等。

对启动方式、正反转、调速及制动的要求，各台电动机之间是否相互有制约的关系（还可通过控制电路来分析）。

图 4-1 是一台双向运转的笼型感应电动机控制电路。

② 要弄清楚用电设备是用什么电气元件控制的　控制电气设备的方法很多，有的直接用开关控制，有的用各种启动器控制，有的用接触器或继电器控制。图 4-1 中的电动机是用接触器控制的。通过接触器来改变电动机电源的相序，从而达到改变电动机转向的目的。

③ 了解主电路中所用的控制电器及保护电器　前者是指除常规接触器以外的其他电气元件，如电源开关（转换开关及断路器）、万能转换开关等。后者是指短路保护器件及过载保护器件，如断路器中电磁脱扣器及热过载脱扣器的规格；熔断器、热继电器及过电流继电器等元件的用途及规格，一般说来，对主电路做如上分析后，即可分析辅助电路。

图 4-1 中，主电路由空气断路器 QF、接触器 KM_1、KM_2、热继电器 FR 组成。分别对电动机 M 起过载保护和短路保护作用。

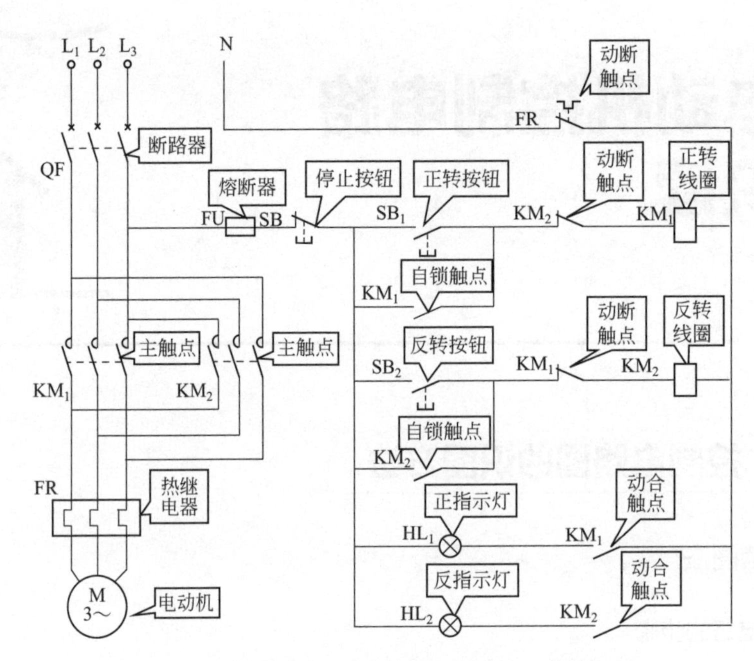

图 4-1 带指示灯的接触器联锁正反转控制电路

④ 看电源 要了解电源电压等级，是 380V 还是 220V，是从母线汇流排供电还是配电屏供电，还是从发电机组接出来的。

（2）看辅助电路的步骤

辅助电路包含控制电路、信号电路和照明电路。

分析控制电路时可根据主电路中各电动机和执行电器的控制要求，逐一找出控制电路中的控制环节，用基本电气控制电路知识，将控制电路“化整为零”，按功能不同划分成若干个局部控制电路来进行分析。如控制电路较复杂，则可先排除照明、显示等与控制关系不密切的电路，以便集中精力分析控制电路。控制电路一定要分析透彻。

① 看电源 首先看清电源的种类，是交流的还是直流的。其次，要看清辅助电路的电源是从什么地方接来的，及其电压等级。一般是从主电路的两条相线上接来，其电压为单相 380V；也有从主电路的一条相线和零线上接来，电压为单相 220V；此外，也可以从专用隔离电源变压器接来，电压有 127V、110V、36V、6.3V 等。变压器的一端应接地，各二次线圈的一端也应接在一起并接地。辅助电路为直流时，直流电源可从整流器、发电机组或放大器上接来，其电压一般为 24V、12V、6V、4.5V、3V 等。辅助电路中的一切电气元件的线圈额定电压必须与辅助电路电源电压一致，否则，电压低时电气元件不动作；电压高时，则会把电气元件线圈烧坏。图 4-1 中，辅助电路的电源是从主电路的一条相线上接来，电压为单相 220V。

② 了解控制电路中所采用的各种继电器、接触器的用途 如采用了一些特殊结构的继电器，还应了解它们的动作原理。只有这样，才能理解它们在电路中如何动作和具有何种用途。

③ 根据控制电路来研究主电路的动作情况 控制电路总是按动作顺序画在两条水平线或两条垂直线之间的。因此，也就可从左到右或从上到下来分析。对复杂的辅助电路，在电路中整个辅助电路构成一条大支路，这条大支路又分成几条独立的小支路，每条小支路控制一个用电器或一个动作。当某条小支路形成闭合回路有电流流过时，在支路中的电气元件（接触器或继电器）则

动作，把用电设备接入或切除电源。对于控制电路的分析必须随时结合主电路的动作要求来进行，只有全面了解主电路对控制电路的要求以后，才能真正掌握控制电路的动作原理，不可孤立地看待各部分的动作原理，而应注意各个动作之间是否有互相制约的关系，如电动机正、反转之间应设有联锁等。在图 4-1 中，控制电路有两条支路，即接触器 KM_1 和 KM_2 支路，其动作过程如下。

a. 合上电源开关 QF，主电路和辅助电路均有电压，当按下启动按钮 SB_1 时，电源经停止按钮 SB →启动按钮 SB_1 →接触器 KM_1 线圈→热继电器 FR →形成回路，接触器 KM_1 得电吸合并自锁，其在主电路中的主触点 KM_1 闭合，使电动机 M 得电，正转运行。

b. 如果要使电动机反转，先按下停止按钮 SB，再按启动按钮 SB_2，这时电源经停止按钮 SB →启动按钮 SB_2 →接触器 KM_2 线圈→热继电器 FR →形成回路，接触器 KM_2 吸合并自锁，其在主电路中的主触点 KM_2 闭合，使电动机反相序，反转运行。

c. 停车只要按下停止按钮 SB，整个控制电路失电，电动机停转。

④ 研究电气元件之间的相互关系　电路中的一切电气元件都不是孤立存在的，而是相互联系、相互制约的。这种互相控制的关系有时表现在一条支路中，有时表现在几条支路中。图 4-1 中接触器 KM_1、KM_2 之间存在电气联锁关系，读图时一定要看清这些关系，才能更好理解整个电路的控制原理。

⑤ 研究其他电气设备和电气元件　如整流设备、照明灯等。对于这些电气设备和电气元件，只要知道它们的电路走向、电路的来龙去脉就行了。图 4-1 中 HL_1、HL_2 是正反转开车指示灯，分别由各自的动合辅助触点接通。

（3）查线读图法的要点

① 分析主电路　从主电路入手，根据每台电动机和执行电器的控制要求去分析各电动机和执行电器的控制内容。

② 分析控制电路　根据主电路中各电动机和执行电器的控制要求，逐一找出控制电路中的控制环节，将控制电路“化整为零”，按功能不同划分成若干个局部控制电路来进行分析。如果电路较复杂，则可先排除照明、显示等与控制关系不密切的电路，以便集中精力进行分析。

③ 分析信号、显示电路与照明电路　控制电路中执行元件的工作状态显示、电源显示、参数测定、故障报警以及照明电路等部分，很多是由控制电路中的元件来控制的，因此还要回过头来对照控制电路对这部分电路进行分析。

④ 分析联锁与保护环节　生产机械对于安全性、可靠性有很高的要求，实现这些要求，除了合理地选择拖动、控制方式以外，在控制电路中还设置了一系列电气保护和必要的电气联锁。在电气控制电路图的分析过程中，电气联锁与电气保护环节是一个重要内容，不能遗漏。

⑤ 分析特殊控制环节　在某些控制电路中，还设置了一些与主电路、控制电路关系不密切、相对独立的某些特殊环节。如产品计数装置、自动检测系统、晶闸管触发电路、自动记温装置等。这些环节往往自成一个小系统，其看图分析的方法可参照上述分析过程，并灵活运用所掌过的电子技术、变流技术、自控系统、检测与转换等知识逐一分析。

⑥ 总体检查　经过“化整为零”，逐步分析每一局部电路的工作原理以及各部分之间的控制关系后，还必须用“集零为整”的方法，检查整个控制电路，看是否有遗漏。特别要从整体角度去进一步检查和理解各控制环节之间的联系，以达到清楚地理解电路图中每一个电气元件的作用、工作过程及主要参数。

4.1.2 识读复杂电路的方法

在接触器线圈电路中串、并联有其他接触器、继电器、行程开关、转换开关的触点，这些触点的闭合、断开就是该接触器得电、失电的条件；由这些触点再找出它们的线圈电路及其相关电路，在这些线圈电路中还会有其他接触器、继电器的触点……如此找下去，直到找到主令电器为止。这就是所谓的“逆读溯源法”。

（1）行程开关、转换开关等的配置情况及其作用

在电气控制电路图的辅助电路中有许多行程开关和转换开关，以及压力继电器、温度继电器等，在控制电路中，这些电气元件没有吸引线圈，它们的触点的动作是依靠外力或其他因素实现的，因此必须先把引起这些触点动作的外力或因素找到。其中行程开关由机械联动机构来触压或松开，而转换开关一般由手工操作。这样，使这些行程开关、转换开关的触点，在设备运行过程中便处于不同的工作状态，即触点的闭合、断开情况不同，以满足不同的控制要求，这是看图过程中的一个关键。

这些行程开关、转换开关的触点的不同工作状态，单凭看电路图难于搞清楚，必须结合设备说明书、电气元件明细表，明确该行程开关、转换开关的用途；操纵行程开关的机械联动机构；触点闭合或断开的不同情况；触点在不同的闭合或断开状态下，电路的工作状态等。

此外，还要注意，有的电路采用行程开关组合或行程开关与转换开关组合方式来控制电路的工作状态，这时就应用行程开关、转换开关的触点进行组合，来分析电路的工作状态。

（2）电路分解的基本方法

无论多么复杂的电气电路，都是由一些基本的电气控制电路构成的。在分析电路时，要善于化整为零。可以按主电路的构成情况，再利用逆读溯源法，把控制电路分解成与主电路的用电器（如电动机）相对应的几个基本电路，然后利用顺读跟踪法，一个环节一个环节地分析。还应注意那些满足特殊要求的特殊部分，然后再利用顺读跟踪法把各环节串起来。这样，就不难看懂图了。在进行化整为零时，首先需要了解控制电路中的行程开关、转换开关等的配置情况及其作用。

① 根据接触器的启动按钮两端是否直接并联该接触器的辅助动合触点，分解为点动电路和连续控制电路。

② 根据转换开关，可将电路分解为手动、自动控制电路，正向、反向控制电路等，并找出它们的共同电路部分。

③ 根据通电延时时间继电器、断电延时时间继电器的得电、失电，可将电路分解为两种不同的电路工作状态。

④ 根据行程开关组合或者行程开关、转换开关组合，将电路进行分解。

这样将辅助电路一步一步地分解成基本控制电路，然后再综合起来进行总体分析。

（3）分解电路的注意事项

① 若电动机主轴连接有速度继电器，表明该电动机采用按速度控制原则组成的停车制动电路。

② 若电动机主电路中接有整流器，表明该电动机采用能耗制动停车电路。

③ 接触器、继电器得电或失电后，其所有触点都要动作，但其中有的触点动作后，立刻使

其所在电路的接触器、继电器、电磁铁等得电或失电；而其中有些触点动作后，并不立即使其所在电路的接触器、继电器、电磁铁等动作，而是为它们得电、失电提供条件。因此在分析接触器、继电器电路时，必须找出它们的所有触点。

④ 根据各种电气元件（如速度继电器、时间继电器、电流继电器、压力继电器、温度继电器等）在电路中的作用进行分析。与前 3 章所介绍的基本控制电路进行比较，对号入座进行分析。

（4）进行电路分析

① 对主电路进行分析。逐一分析各电动机主电路中的每一个元器件在电路中的作用、功能。

② 对控制电路进行分析。逐一分析各电动机对应的控制电路中每一个元器件在电路中的作用、功能。在分析过程中，可借助机床电气控制电路图上的功能文字说明框、区域标号框、接触器或继电器线圈下面的触点表格协助识图。

③ 对照明、信号等其他电路部分进行分析。

在识图分析中找出被控制电路部分和控制电路部分以及各元器件在电路中的作用。

（5）集零为整，综合分析

把基本控制电路串起来，采用顺读跟踪法分析整个电路。

4.2　笼型三相异步电动机控制电路图识读

4.2.1　笼型三相异步电动机启动控制电路

（1）点动单向启动控制电路（图 4-2）

工作原理：合上断路器 QF，按下按钮 SB，接触器 KM 线圈得电，主触点 KM 闭合，电动机启动运行；松开按钮 SB，接触器 KM 线圈失电，主触点 KM 断开，电动机停转。

（2）停止优先的单向直接启动电路（图 4-3）

工作原理：合上断路器 QF，按下启动按钮 SB_1，接触器 KM 线圈得电，其动合辅助触点闭合，用于自锁（以下简称得电吸合并自锁），主触点 KM 闭合，电动机启动运行，停车时按下停车按钮 SB_2，接触器 KM 的线圈失电，主触点 KM 断开，电动机停转。

控制电路中由于加入了 KM 的动合触点，因此即使松开 SB_1，KM 的线圈仍然有电，把 KM 的这对动合触点称为自锁触点。由于两个按钮同时按下时，电动机不能启动，因此称为停止优先的单向直接启动电路。

（3）启动优先的正转启动电路（图 4-4）

工作原理：合上断路器 QF，按下启动按钮 SB_1，接触器 KM 得电吸合并自锁，主触点 KM 闭合，电动机启动运行，停车时按下停车按钮 SB_2，接触器 KM 线圈失电，主触点 KM 断开，电动机停转控制电路中，停止按钮 SB_2 串接在自锁回路中，这样两个按钮同时按下时，电动机能正常启动，因此称为启动优先的正转启动电路。

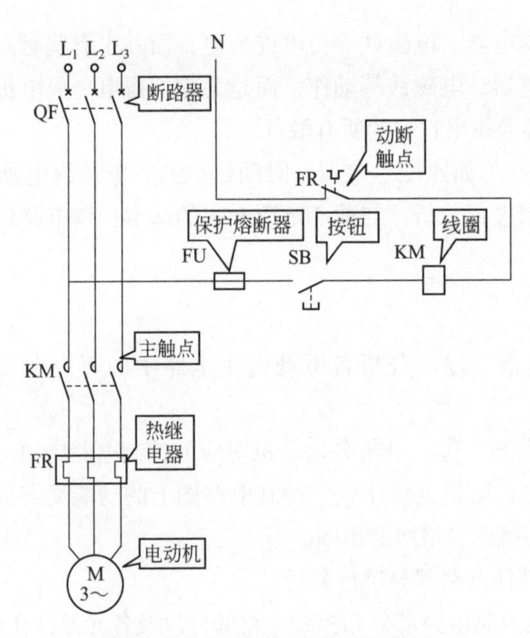

图 4-2　点动单向启动控制电路

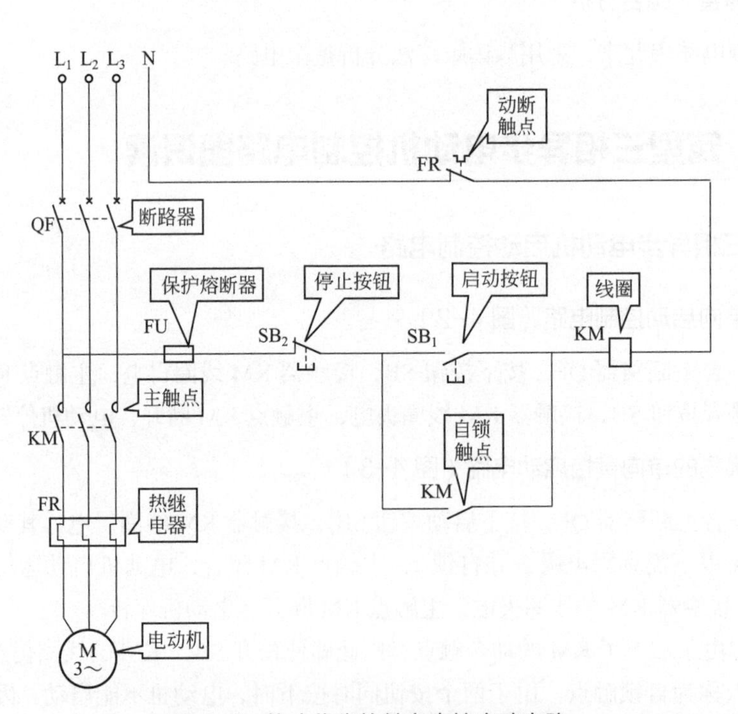

图 4-3　停止优先的单向直接启动电路

（4）带指示灯的自锁功能的正转启动电路（图 4-5）

工作原理：合上断路器 QF，指示灯 HLG 亮。按下 SB_1，接触器 KM 得电吸合并自锁，主触点 KM 闭合，电动机启动运行，其动合辅助触点闭合，一对用于自锁，一对接通指示灯 HLR，HLR 亮，KM 的动断触点断开，HLG 灭。停车时按下 SB_2，接触器 KM 失电释放，主触点 KM 断开，电动机停转。这时 KM 的动合触点复位，指示灯 GLR 亮，HLG 灭。

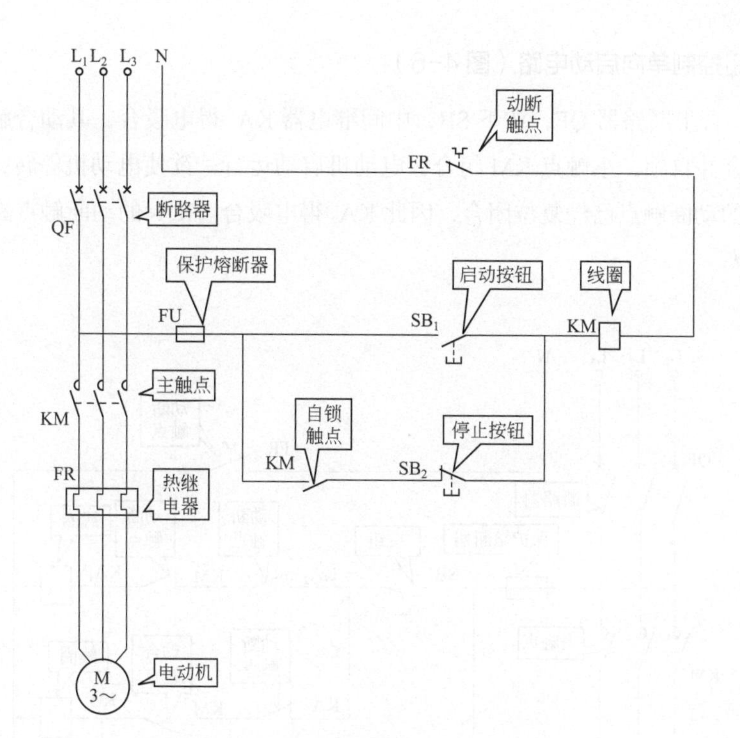

图 4-4　启动优先的正转启动电路

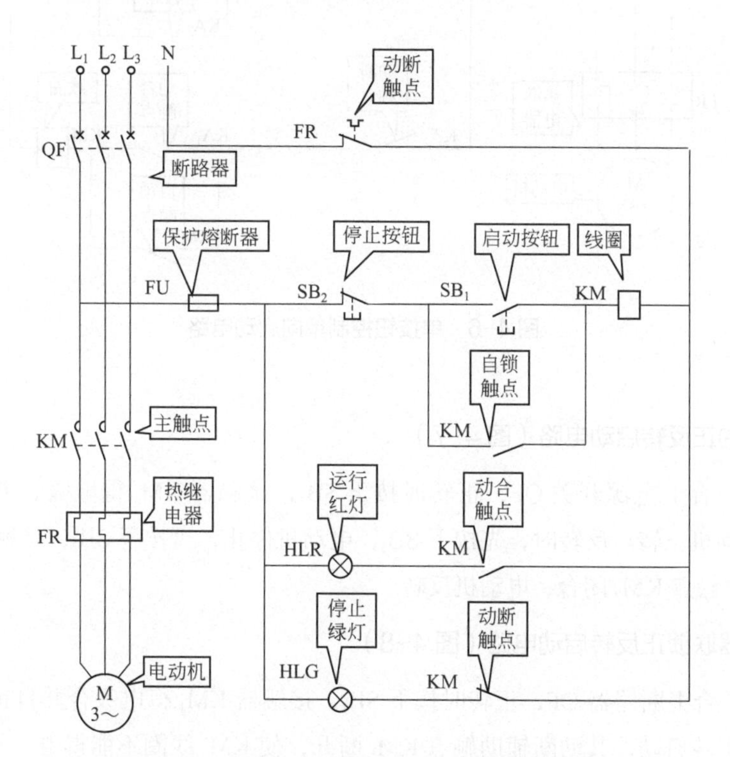

图 4-5　带指示灯的自锁功能的正转启动电路

（5）单按钮控制单向启动电路（图 4-6）

工作原理：合上断路器 QF，按下 SB，中间继电器 KA_1 得电吸合，其动合触点闭合，接触器 KM 得电吸合并自锁，主触点 KM 闭合，电动机启动运行。欲使电动机停转，再次按下 SB，这时由于 KA_1 的动断触点已经复位闭合，因此 KA_2 得电吸合。KA_2 的动断触点断开 KM 线圈回路，电动机停转。

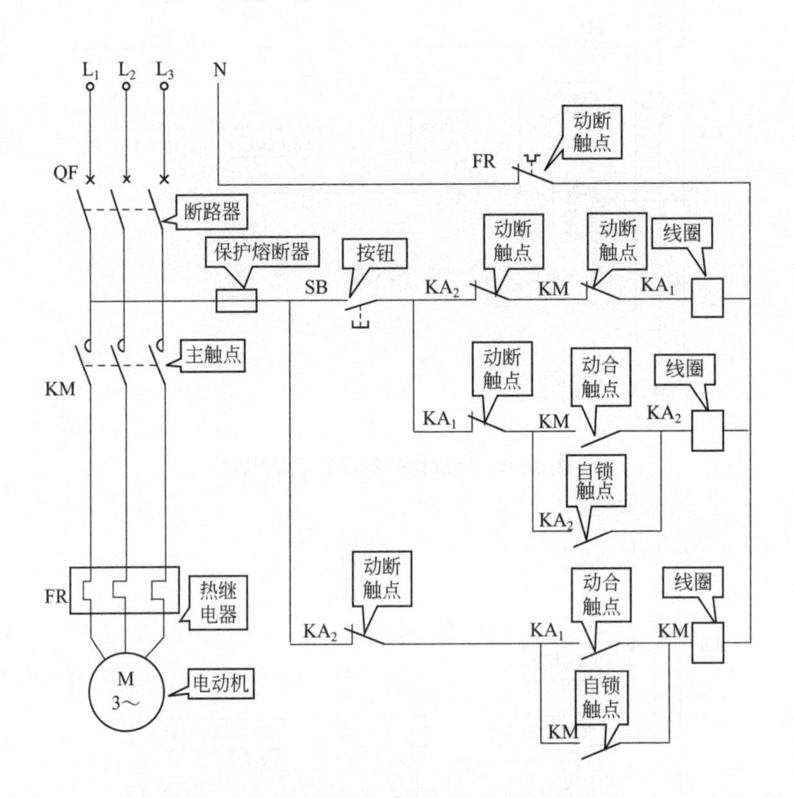

图 4-6　单按钮控制单向启动电路

（6）简单的正反转启动电路（图 4-7）

工作原理：合上电源开关 QF，正转时按下 SB_1，接触器 KM_1 得电吸合并自锁，主触点 KM_1 闭合，电动机正转。反转时，先按下 SB_3，电动机停止，再按下 SB_2，接触器 KM_2 的得电吸合并自锁，主触点 KM_2 闭合，电动机反转。

（7）接触器联锁正反转启动电路（图 4-8）

工作原理：合上断路器 QF，正转时按下 SB_1，接触器 KM_1 得电吸合并自锁，主触点 KM_1 闭合，电动机正转启动，其动断辅助触点 KM_1 断开，使 KM_2 线圈不能得电，实现联锁。反转时，先按下 SB_3，电动机停止，再按下 SB_2，KM_2 的动合触点闭合，接触器 KM_2 的得电吸合并自锁，主触点 KM_2 闭合，电动机反转。

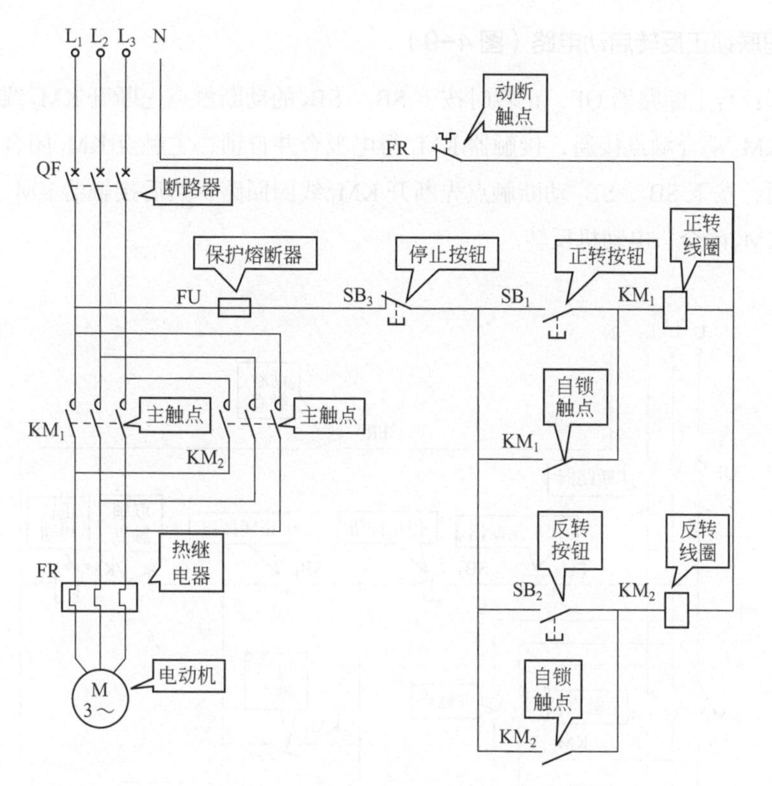

图 4-7　简单的正反转启动电路

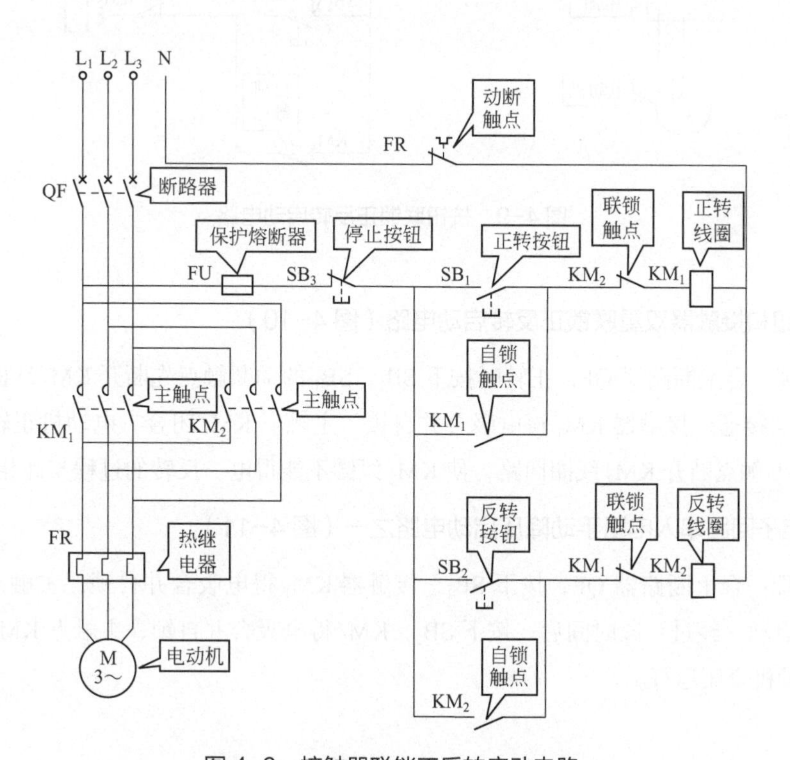

图 4-8　接触器联锁正反转启动电路

（8）按钮联锁正反转启动电路（图 4-9）

工作原理：合上断路器 QF，正转时按下 SB_1，SB_1 的动断触点先断开 KM_2 线圈回路，实现联锁，然后 KM_1 动合触点接通，接触器 KM_1 得电吸合并自锁，主触点 KM_1 闭合，电动机正转运行。反转时，按下 SB_2，SB_2 动断触点先断开 KM_1 线圈回路，然后接触器 KM_2 得电吸合并自锁，主触点 KM_2 闭合，电动机反转。

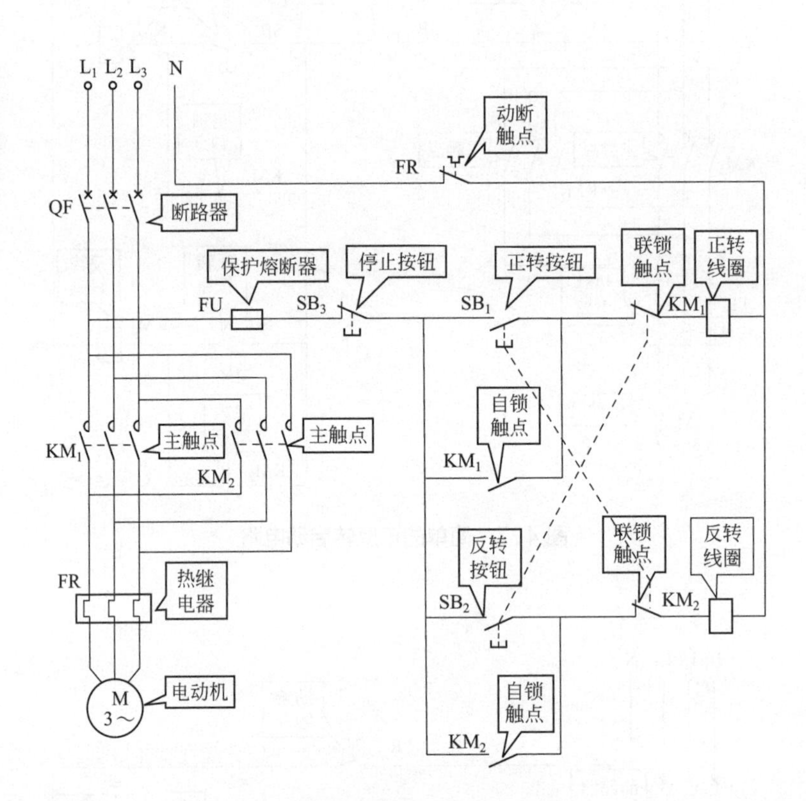

图 4-9　按钮联锁正反转启动电路

（9）按钮和接触器双重联锁正反转启动电路（图 4-10）

工作原理：合上断路器 QF，正转时按下 SB_1，SB_1 的动断触点先断开 KM_2 线圈回路，然后 KM_1 动合触点接通，接触器 KM_1 得电吸合并自锁，主触点 KM_1 闭合，电动机正转运行，接触器 KM_1 的动断触点断开 KM_2 线圈回路，使 KM_2 线圈不能得电。反转的过程与此相同。

（10）定子回路串入电阻手动降压启动电路之一（图 4-11）

工作原理：合上断路器 QF，按下 SB_1，接触器 KM_1 得电吸合并自锁，主触点 KM_1 闭合，电动机降压启动，经过一段时间后，按下 SB_2，KM_2 得电吸合并自锁，主触点 KM_2 闭合，短接电阻 R，电动机全压运行。

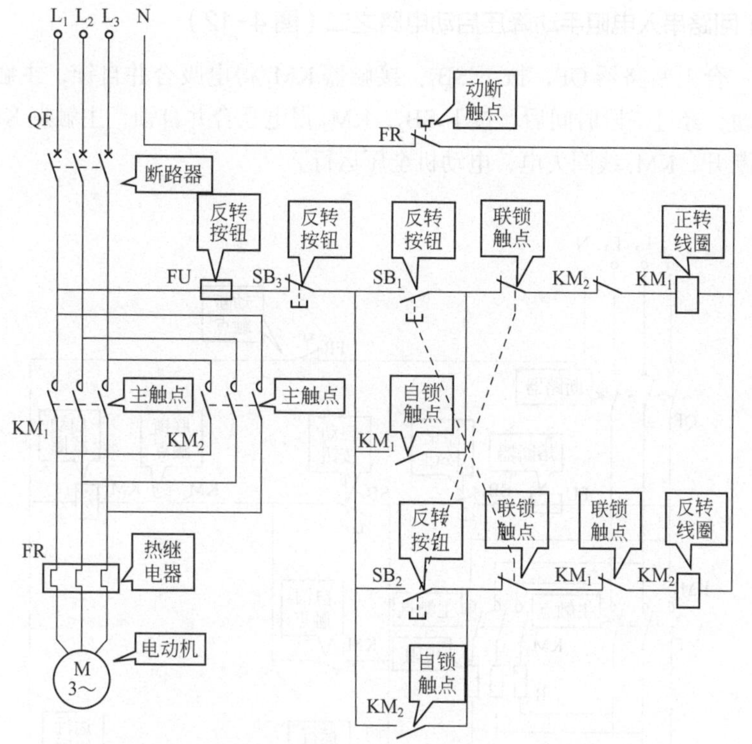

图 4-10　按钮和接触器双重联锁正反转启动电路

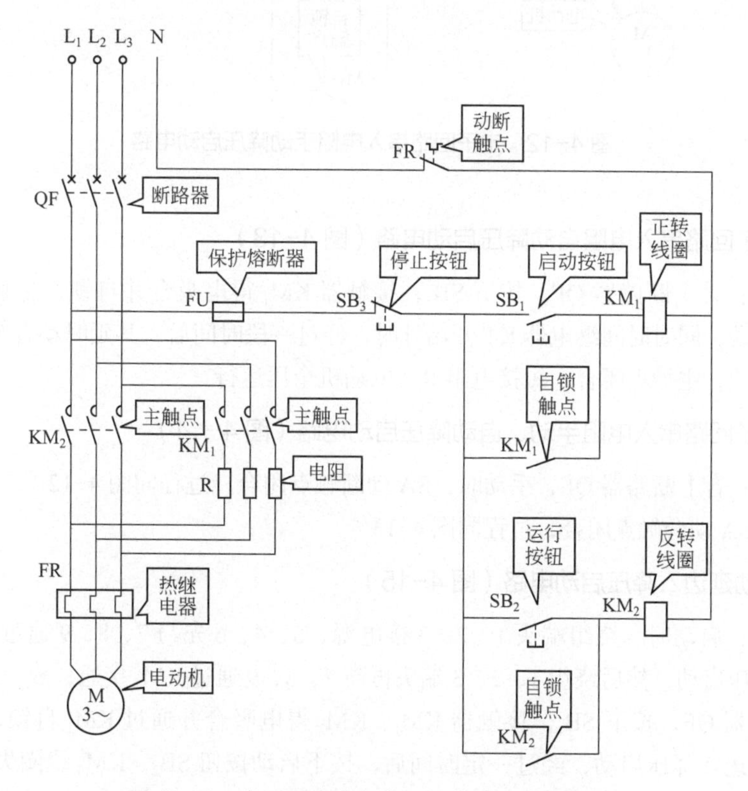

图 4-11　定子回路串入电阻手动降压启动电路

（11）定子回路串入电阻手动降压启动电路之二（图4-12）

工作原理：合上断路器QF，按下SB_1，接触器KM_1得电吸合并自锁，主触点KM_1闭合，电动机降压启动，经过一段时间后，按下SB_2，KM_2得电吸合并自锁，主触点KM_2闭合，同时KM_2动断触点断开，KM_1线圈失电，电动机全压运行。

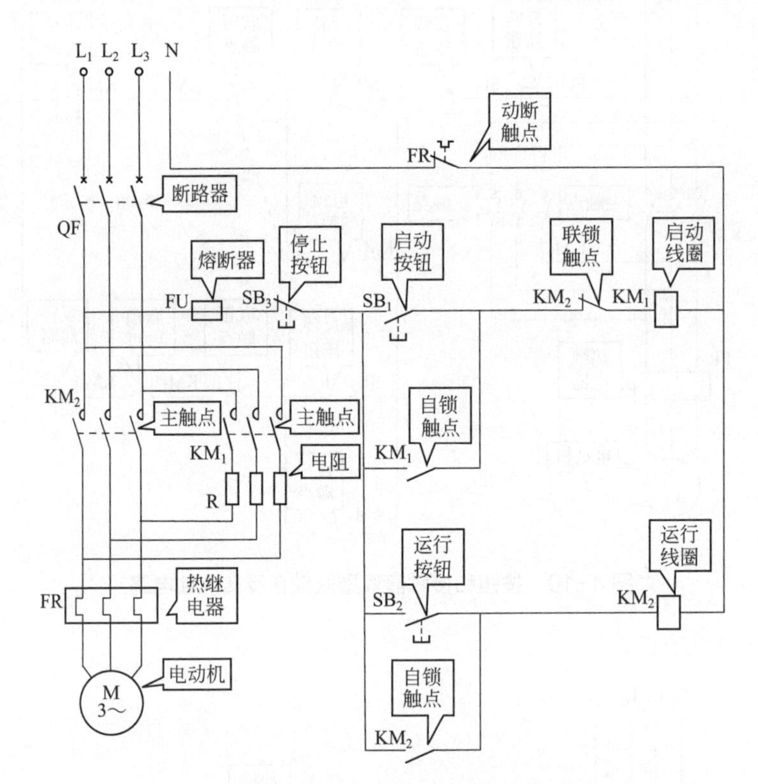

图4-12　定子回路串入电阻手动降压启动电路

（12）定子回路串入电阻自动降压启动电路（图4-13）

工作原理：合上断路器QF，按下SB_1，接触器KM_1得电吸合并自锁，主触点KM_1闭合，电动机降压启动，同时时间继电器KT开始计时，经过一段时间后，其延时动合触点闭合，KM_2得电吸合并自锁，主触点闭合，短接电阻R，电动机全压运行。

（13）定子回路串入电阻手动、自动降压启动电路（图4-14）

工作原理：合上断路器QF，手动时，SA动断触点闭合，过程同图4-12。

自动时，SA动合触点闭合，过程同图4-13。

（14）手动延边△降压启动电路（图4-15）

工作原理：启动时，绕组端头1、2、3接电源，5、4、6先与7、8、9通过KM_3接通，成延边三角形降压启动，然后绕组1、2、3端头再与7、8、9通过KM_2接通，成三角形全压运行。

合上断路器QF，按下SB_1，接触器KM_1、KM_3得电吸合并通过KM_1自锁，主触点闭合，电动机接成延边△降压启动，经过一定时间后，按下启动按钮SB_2，KM_3线圈失电、KM_2主触点闭合，电动机接成△运行。

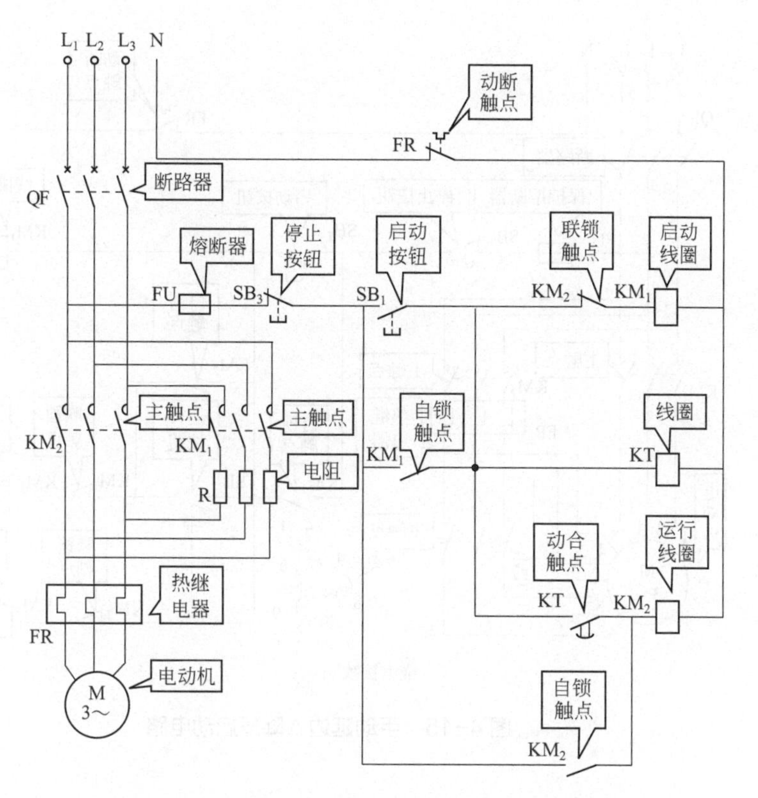

图 4-13　定子回路串入电阻自动降压启动电路

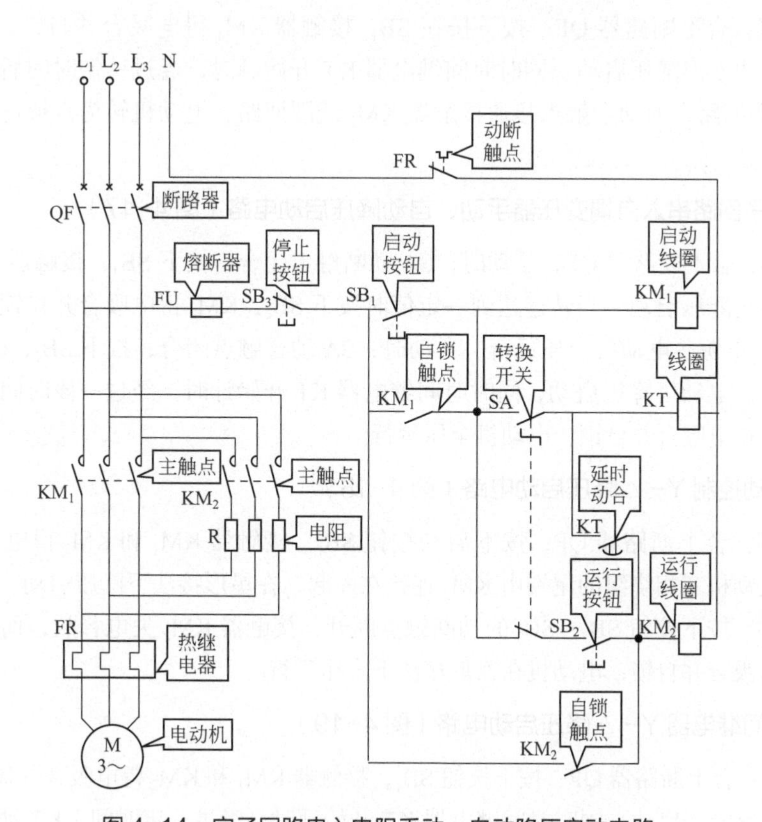

图 4-14　定子回路串入电阻手动、自动降压启动电路

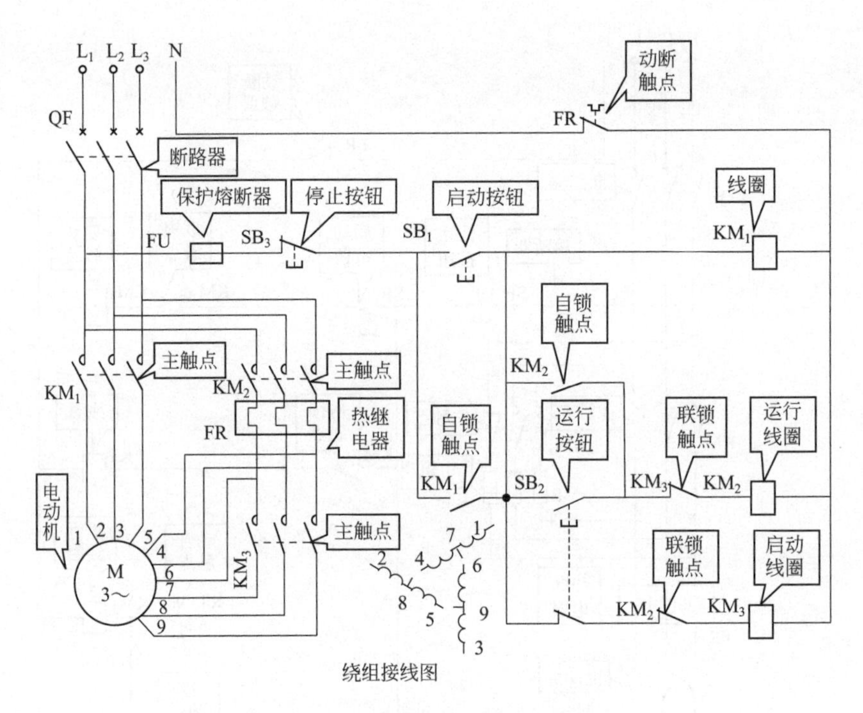

图 4-15 手动延边△降压启动电路

(15) 自动延边△降压启动电路（图 4-16）

工作原理：合上断路器 QF，按下按钮 SB_1，接触器 KM_1 得电吸合并自锁，KM_3 也吸合，电动机接成延边△形降压启动。同时时间继电器 KT 开始延时，经过一定时间后，其动断触点断开 KM_3 线圈回路，而动合触点接通接触器 KM_2 线圈回路，电动机转为△形连接，进入正常运行。

(16) 定子回路串入自耦变压器手动、自动降压启动电路（图 4-17）

工作原理：合上断路器 QF，手动时，SA 动断触点闭合，按下 SB_1，接触器 KM_1 得电吸合并自锁，电动机降压启动，当转速达到一定值时按下 SB_2，KM_2 得电吸合并自锁，其动断辅助触点断开 KM_1 电源，电动机全压运行。自动时，SA 动合触点闭合，按下 SB_1，接触器 KM_1 得电吸合并自锁，电动机降压启动，同时时间继电器 KT 开始计时，经过一段时间后，其动合触点闭合，KM_2 得电吸合并自锁，电动机全压运行。

(17) 手动控制 Y- △降压启动电路（图 4-18）

工作原理：合上断路器 QF，按下启动按钮 SB_1，接触器 KM_1 和 KM_2 得电吸合，并通过 KM_1 自锁。电动机三相绕组的尾端由 KM_2 连接在一起，在星形接法下降压启动。当电动机转速达到一定值时，按下按钮 SB_2，SB_2 的动断触点断开，接触器 KM_2 失电释放，而其动合触点闭合，KM_3 得电吸合并自锁，电动机在△形接法下全压运行。

(18) 时间继电器 Y- △降压启动电路（图 4-19）

工作原理：合上断路器 QF，按下按钮 SB_1，接触器 KM_1 和 KM_2 得电吸合并通过 KM_1 自锁。电动机接成星形降压启动。同时时间继电器 KT 开始延时，经过一定时间，KT 动断触点断开接

触器 KM_2 回路，而 KT 动合触点接通 KM_3 线圈回路，电动机在△形接法下全压运行。

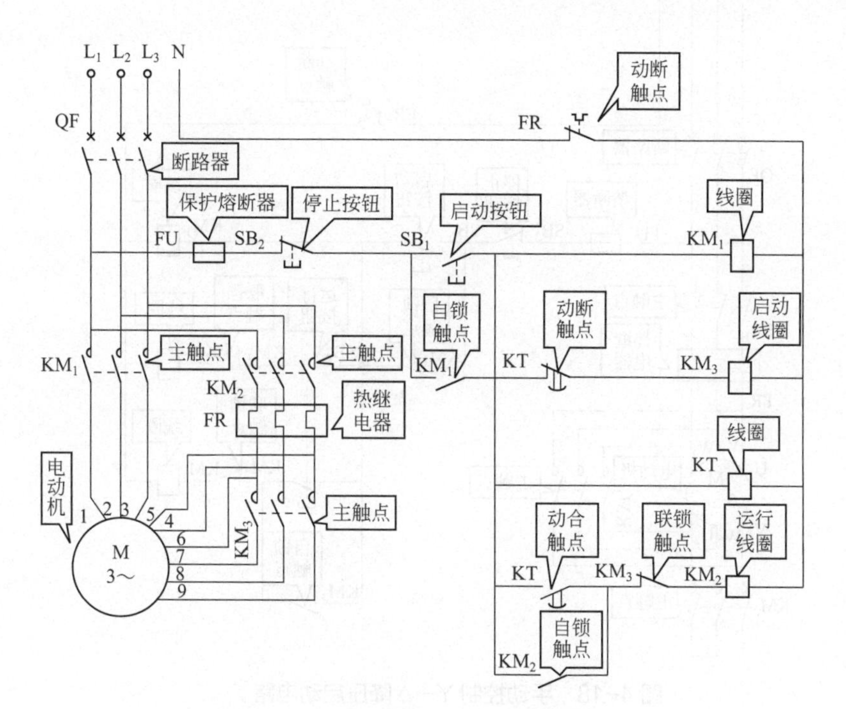

图 4-16　自动延边△降压启动电路

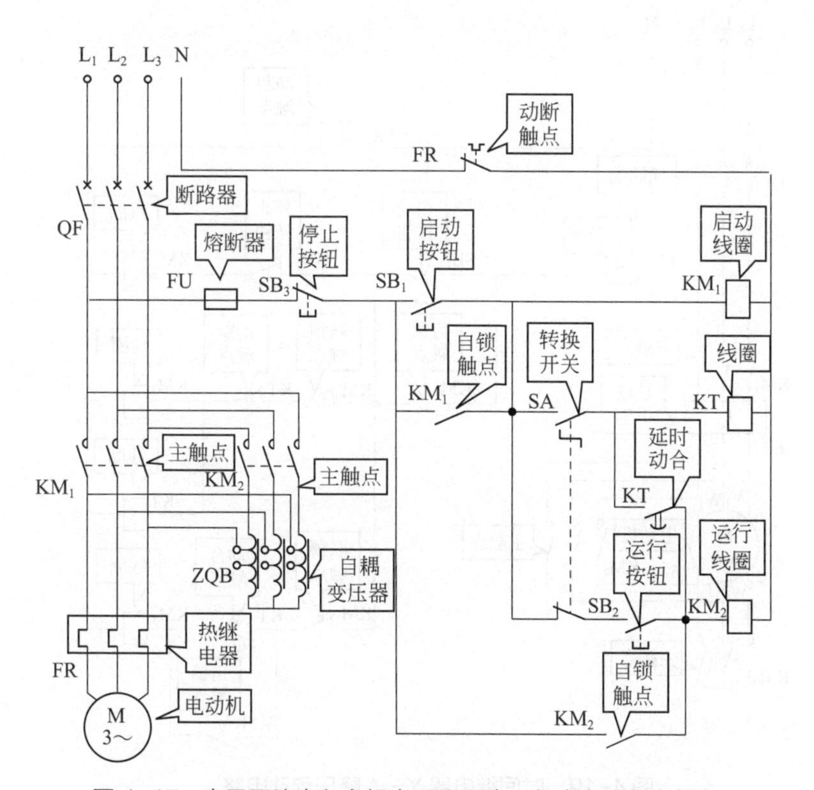

图 4-17　定子回路串入自耦变压器手动、自动降压启动电路

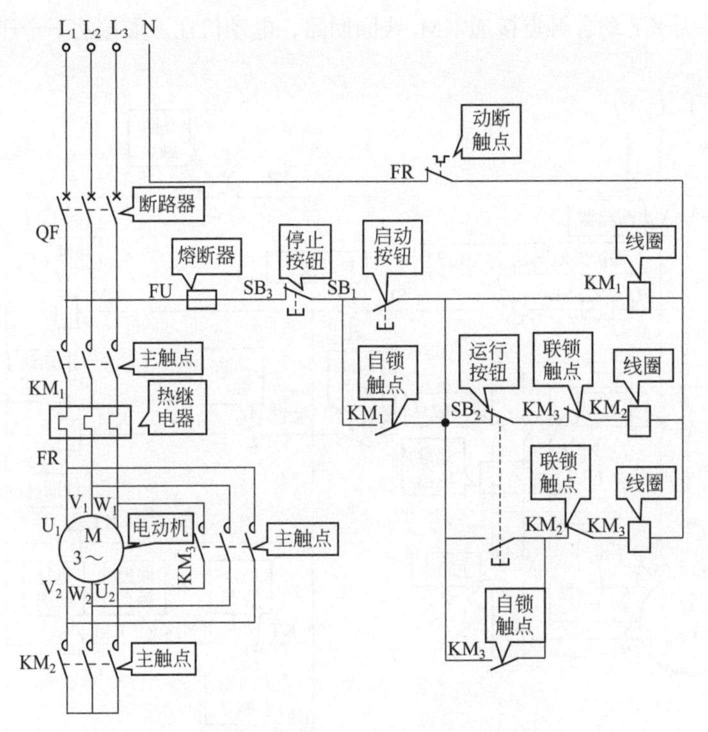

图 4-18　手动控制 Y- △降压启动电路

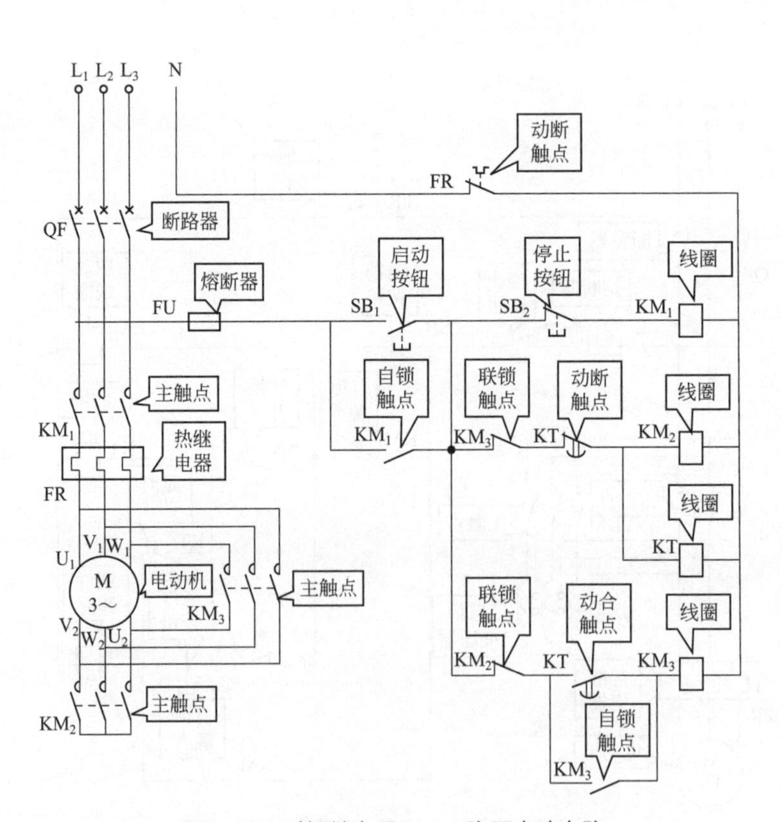

图 4-19　时间继电器 Y- △降压启动电路

（19）电流继电器控制自动 Y- △降压启动电路（图 4-20）

工作原理：按下按钮 SB_1，接触器 KM_2 得电吸合并自锁，其动合辅助触点闭合，KM_1 得电吸合，电动机接成 Y 形降压启动。电流继电器 KI 的线圈通电，其动断触点断开。当电流下降到一定值时，电流继电器 KI 失电释放，KI 动断触点复位闭合，KM_3 得电吸合，KM_2 失电释放，KM_3 动合辅助触点闭合，KM_1 重新得电吸合，定子绕组接成△形，电动机进入全压正常运行。

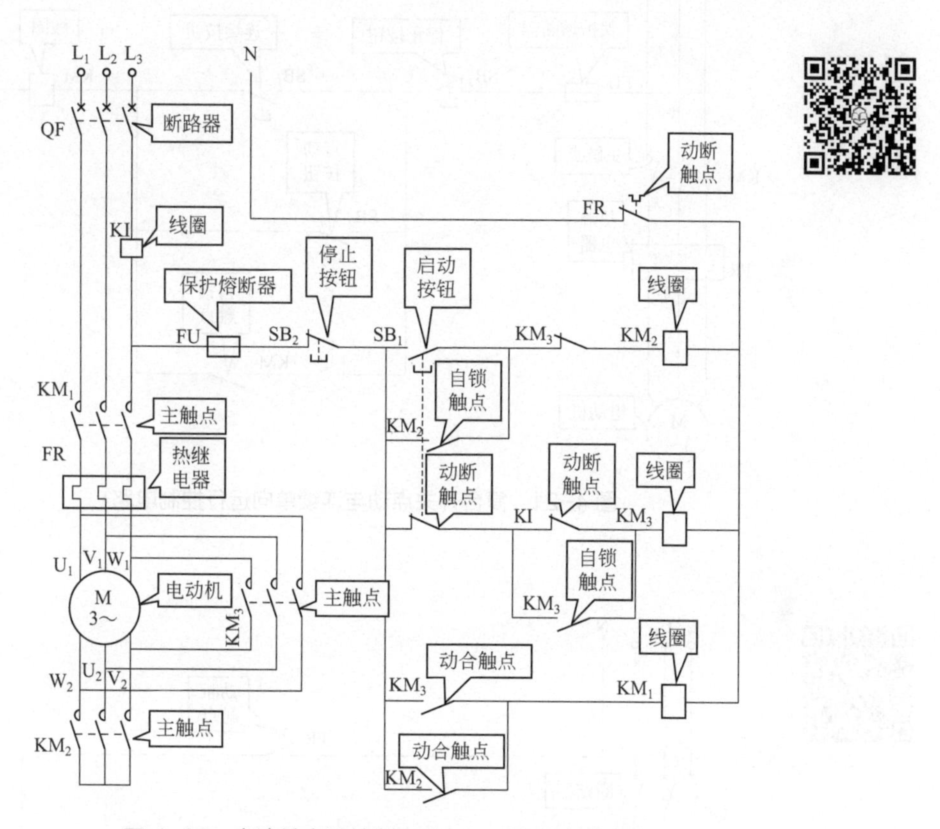

图 4-20 电流继电器控制自动 Y- △降压启动电路

4.2.2 笼型三相异步电动机运行控制电路

（1）复合开关点动与连续单向运行控制电路（图 4-21）

工作原理：点动时只使用 SB_2 按钮，按下按钮 SB_2，电动机启动运行；松开 SB_2，电动机停止。

连续时使用 SB_1 按钮，按下按钮 SB_1，接触器 KM 得电吸合并自锁，电动机续运行，按下按钮 SB_3，电动机 M 停止。

（2）带手动开关的点动与连续单向运行控制电路（图 4-22）

工作原理：点动时 SA 断开，按下按钮 SB_1，电动机启动运行，松开 SB，电动机停止。连续时 SA 闭合，按下按钮 SB_1，接触器 KM 得电吸合并自锁，电动机续运行，按下按钮 SB_2，电动机 M 停止。

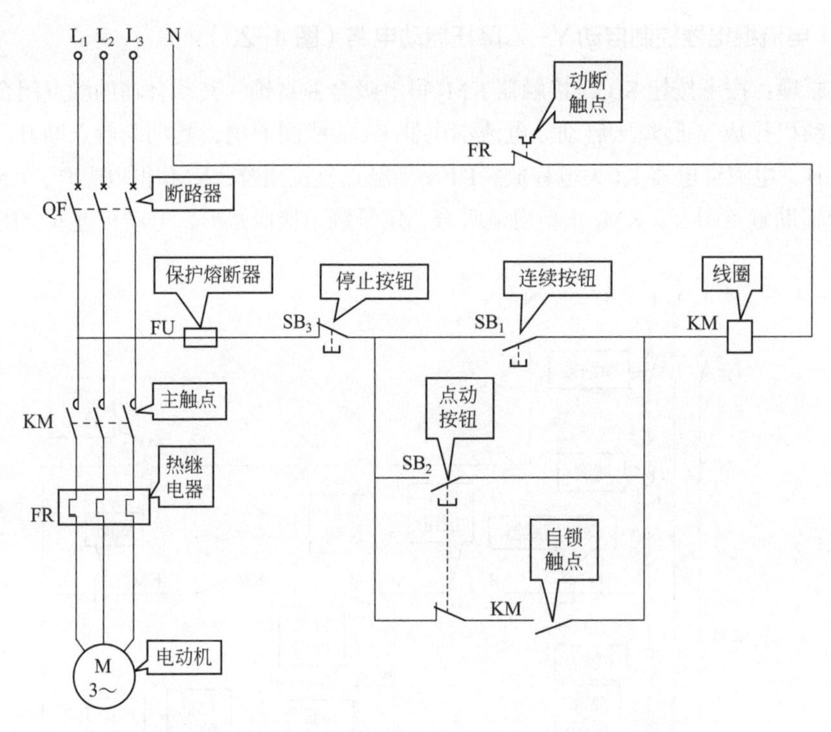

图 4-21　复合开关点动与连续单向运行控制电路

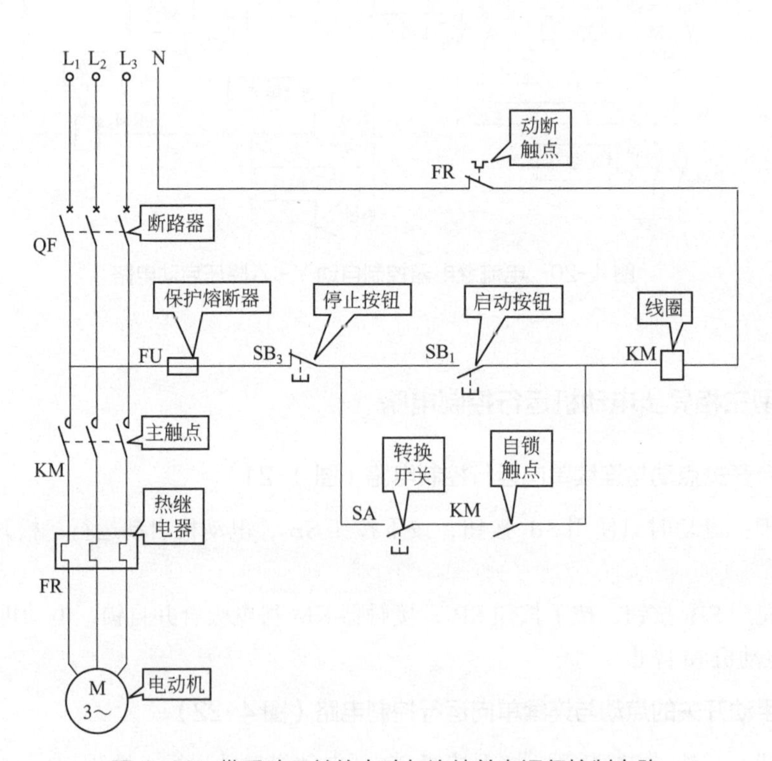

图 4-22　带手动开关的点动与连续单向运行控制电路

（3）行程开关限位控制正反转电路（图 4-23）

工作原理：合上断路器 QF，按下 SB_1，接触器 KM_1 得电吸合并自锁，主触点 KM_1 闭合，电动机正转运行，KM_1 动断辅助触点断开，使 KM_2 线圈不能得电。挡铁碰触行程开关 SQ_1 时电动机停转。中途需要反转时，先按下 SB_3，再按 SB_2。反转运行原理相同。

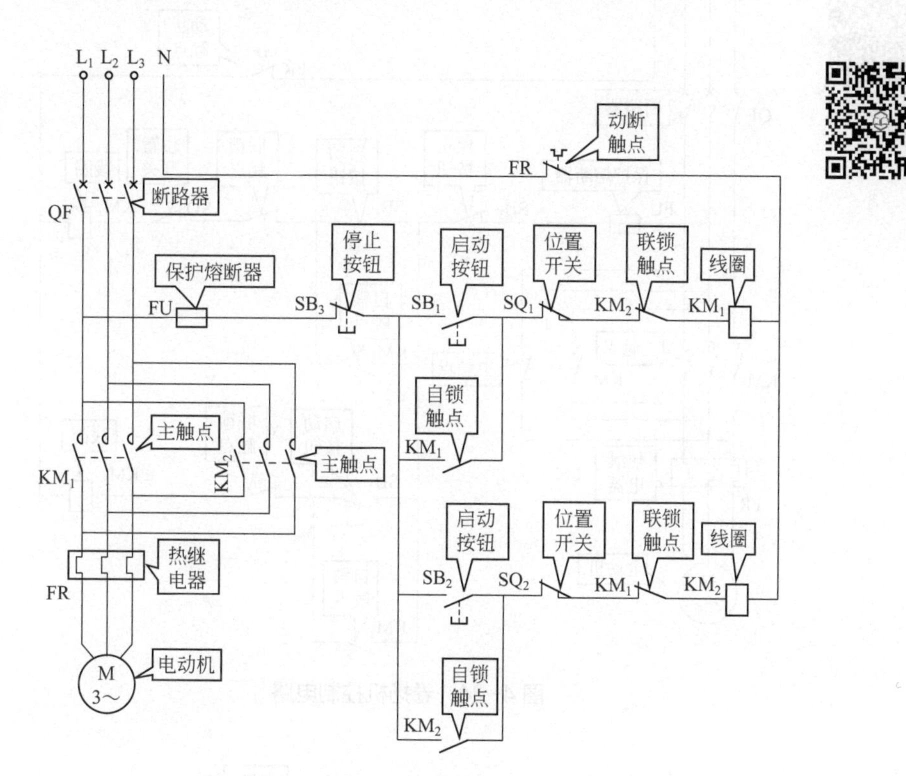

图 4-23　行程开关限位控制正反转电路

（4）卷扬机控制电路（图 4-24）

工作原理：合上断路器 QF，按下 SB_1，接触器 KM_1 得电吸合并自锁，主触点 KM_1 闭合，电动机上升，挡铁碰触行程开关 SQ 时电动机停转。中途需要反转时，按下 SB_2。反转运行原理相同，只是下降时没有限位。

（5）时间继电器控制按周期重复运行的单向运行电路（图 4-25）

工作原理：按下按钮 SB_1、线圈 KM 得电吸合并自锁，电动机 M 启动运行，同时 KT_1 开始延时，经过一段时间后，KT_1 的动断触点断开，电动机停转。同时，KT_2 开始延时，经过一定时间后，KT_2 动合触点闭合，接通线圈 KM 回路，重复以上过程。

（6）行程开关控制按周期重复运行的单向运行电路（图 4-26）

工作原理：按下按钮 SB_1、线圈 KM 得电吸合并通过行程开关 SQ_1 的动断触点自锁，电动机 M 启动运行，当挡块碰触行程开关 SQ_1 时，电动机 M 停止运行，同时 SQ_1 动合触点接通时间继电器回路，KT 开始延时，经过一段时间后，KT 动合触点闭合，继电器 KA 得电并通过行程开关 SQ_2 自锁，KA 动合触点闭合，使 KM 得电，电动机运行。电动机 M 运行到脱离行程开

关 SQ_1 时，SQ_1 复位，同时 KT 线圈回路断开，其动合触点断开。当电动机运行到挡块碰触 SQ_2 时，KA 断电，电动机继续运行挡块碰触 SQ_1，重复以上过程。

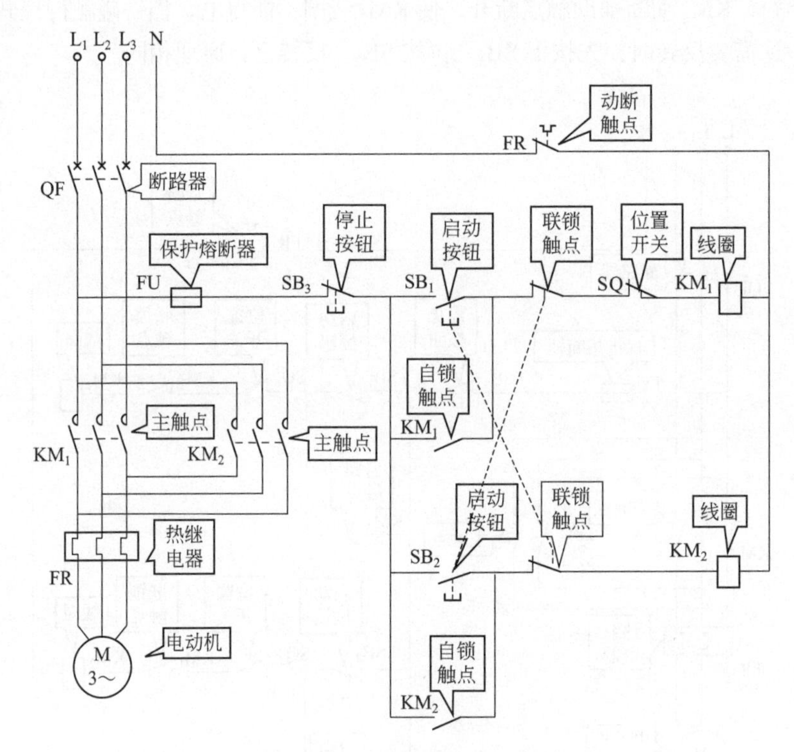

图 4-24　卷扬机控制电路

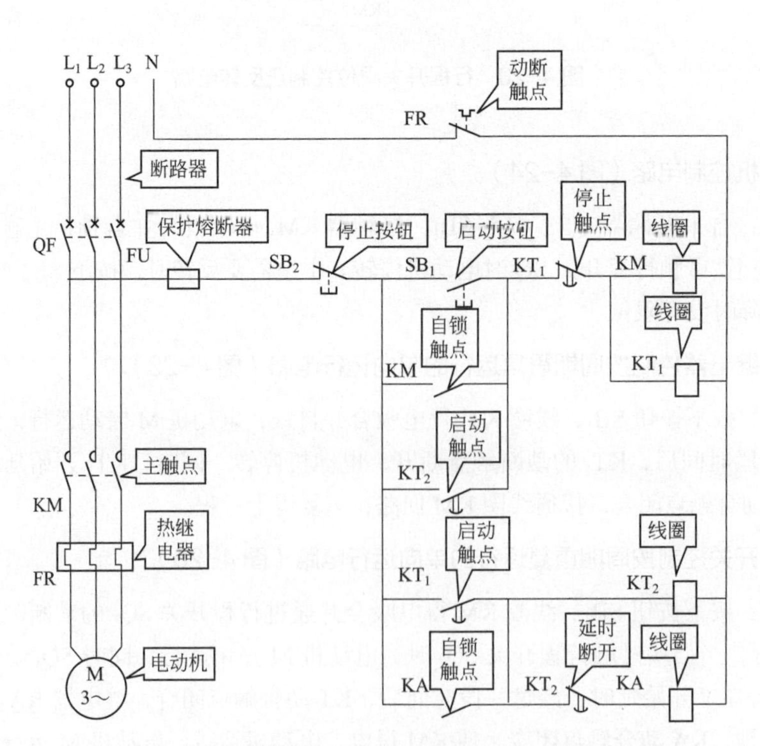

图 4-25　时间继电器控制按周期重复运行的单向运行电路

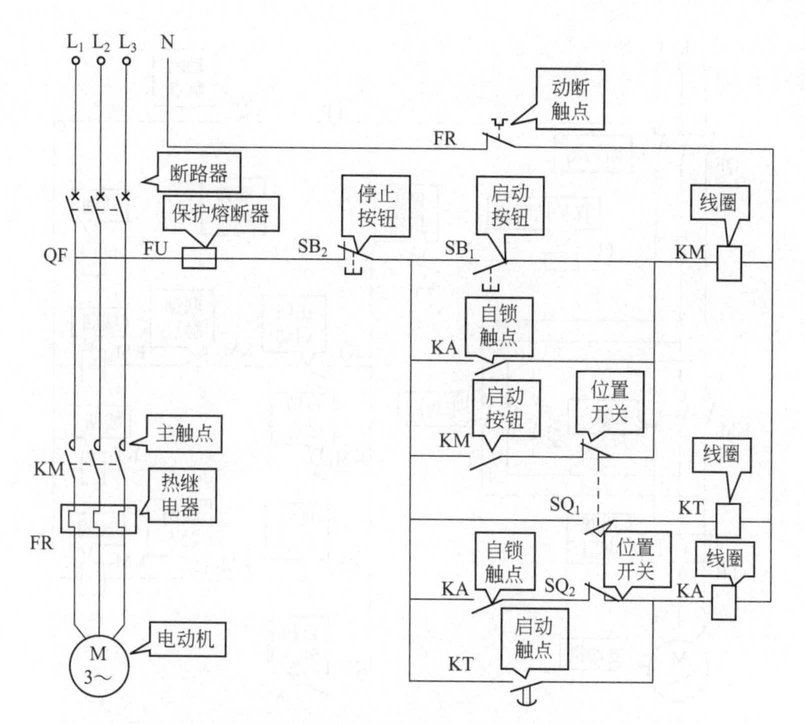

图 4-26　行程开关控制按周期重复运行的单向运行电路

（7）时间继电器控制按周期自动往复可逆运行电路（图 4-27）

工作原理：合上开关 SA，时间继电器 KT_1 得电吸合并开始延时，经过一段时间延时，时间继电器延时动合触点闭合，接触器 KM_1 得电吸合并自锁，电动机正转启动，同时时间继电器 KT_2 开始延时，经过一段时间延时，KT_2 延时动合触点闭合，接触器 KM_2 得电吸合并自锁，电动机反向启动运行，同时 KM_1 失电，时间继电器 KT_1 开始延时，经过一段时间后，其延时闭合辅助触点闭合，重复以上过程。

（8）行程开关控制延时自动往返控制电路（图 4-28）

工作原理：合上断路器 QF，按下启动按钮 SB_1，接触器 KM_1 得电吸合并自锁，电动机正转启动。当挡铁碰触行程开关 SQ_1 时，其动断触点断开停止正向运行，同时 SQ_1 的动合触点接通时间继电器 KT_2 线圈，经过一段时间延时，KT_2 动合触点闭合，接通反向接触器 KM_2 的线圈，电动机反向启动运行，当挡铁碰触行程开关 SQ_2 时，重复以上过程。

（9）两台电动机主电路按顺序启动的控制电路（图 4-29）

工作原理：合上断路器 QF，按下 SB_1，接触器 KM_1 得电吸合并自锁，电动机 M_1 启动运行，再按下 SB_2，接触器 KM_2 得电吸合并自锁，电动机 M_2 启动运行。按下 SB_3，接触器 KM 失电释放，两台电动机同时停止。

（10）两台电动机控制电路按顺序启动的电路（图 4-30）

工作原理：合上断路器 QF，按下 SB_1，接触器 KM_1 得电吸合并自锁，电动机 M_1 启动运行。再按下 SB_2，接触器 KM_2 得电吸合并自锁，电动机 M_2 启动运行。按下 SB_3，两台电动机同时停止。

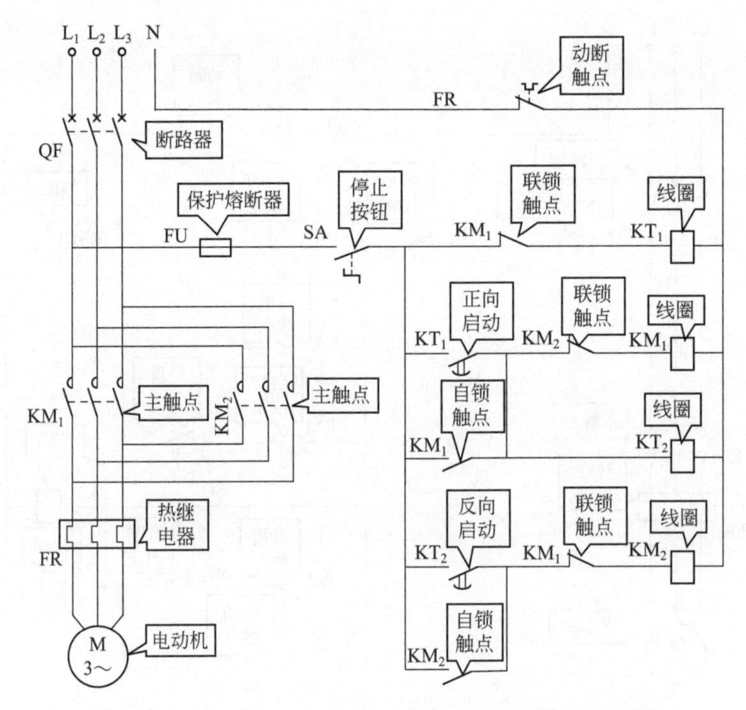

图 4-27　时间继电器控制按周期自动往复可逆运行电路

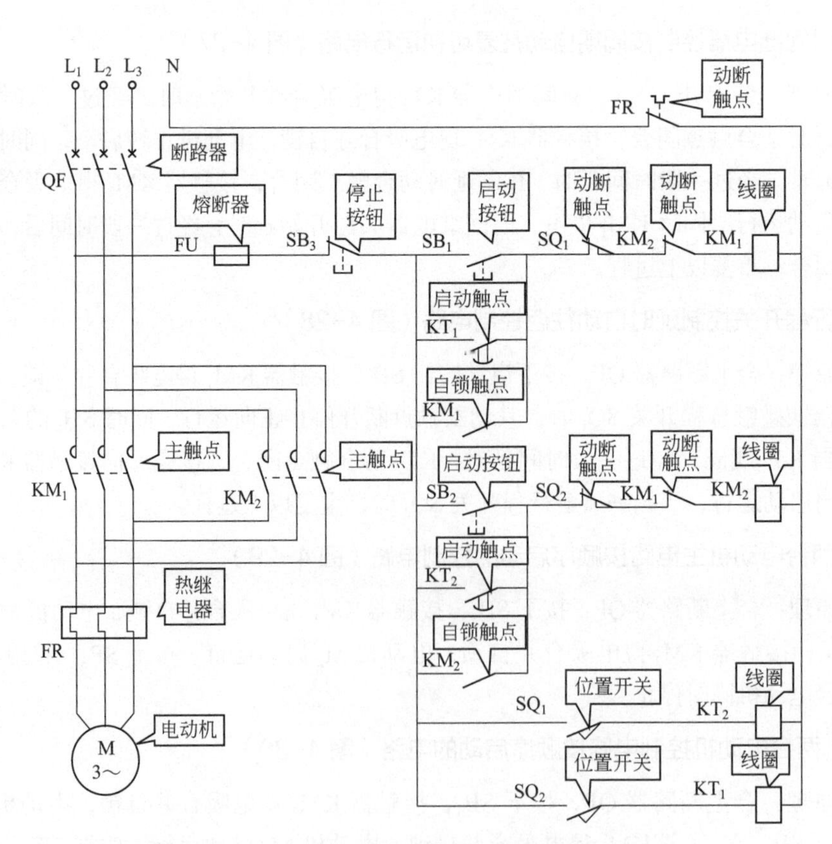

图 4-28　行程开关控制延时自动往返控制电路

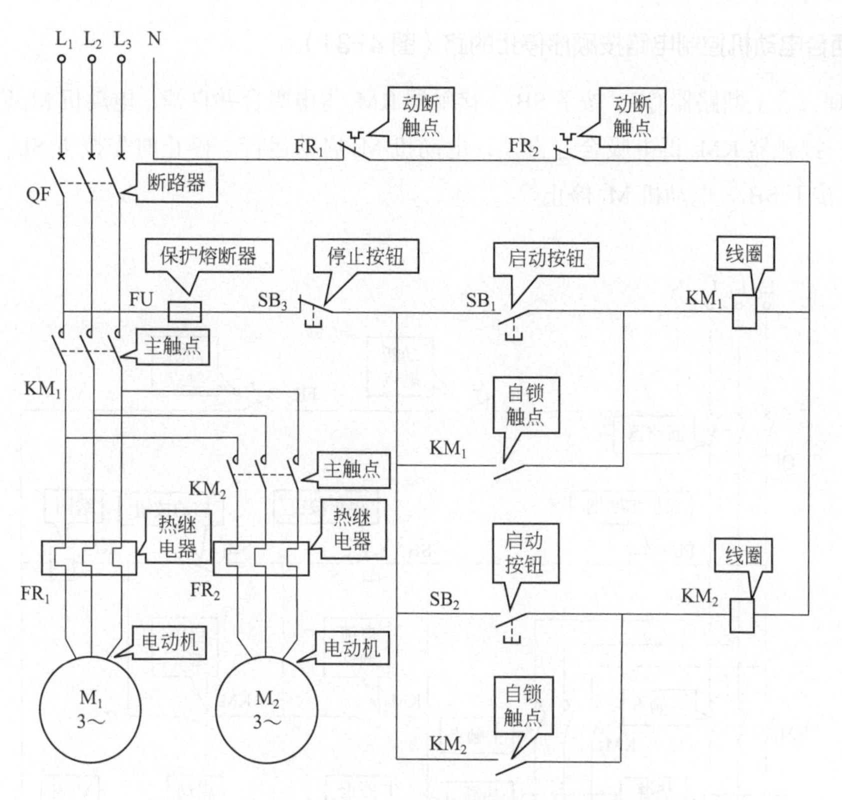

图 4-29　两台电动机主电路按顺序启动的控制电路

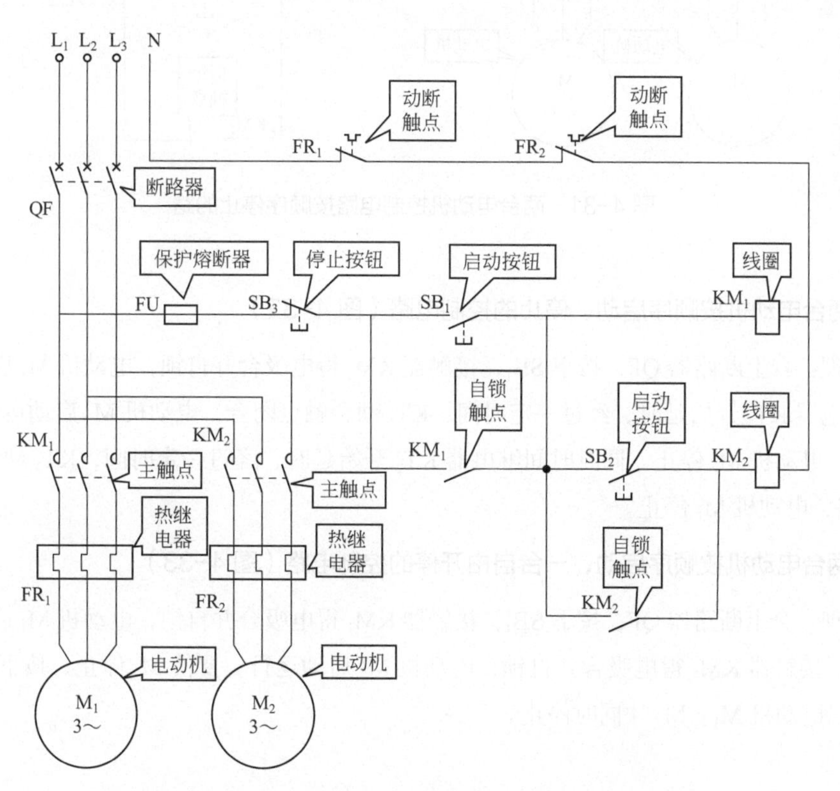

图 4-30　两台电动机控制电路按顺序启动的控制电路

（11）两台电动机控制电路按顺序停止的路（图 4-31）

工作原理：合上断路器 QF，按下 SB_1，接触器 KM_1 得电吸合并自锁，电动机 M_1 启动运行。再按下 SB_2，接触器 KM_2 得电吸合并自锁，电动机 M_2 启动运行。停止时先按下 SB_4，电动机 M_2 停止，再按下 SB_3，电动机 M_1 停止。

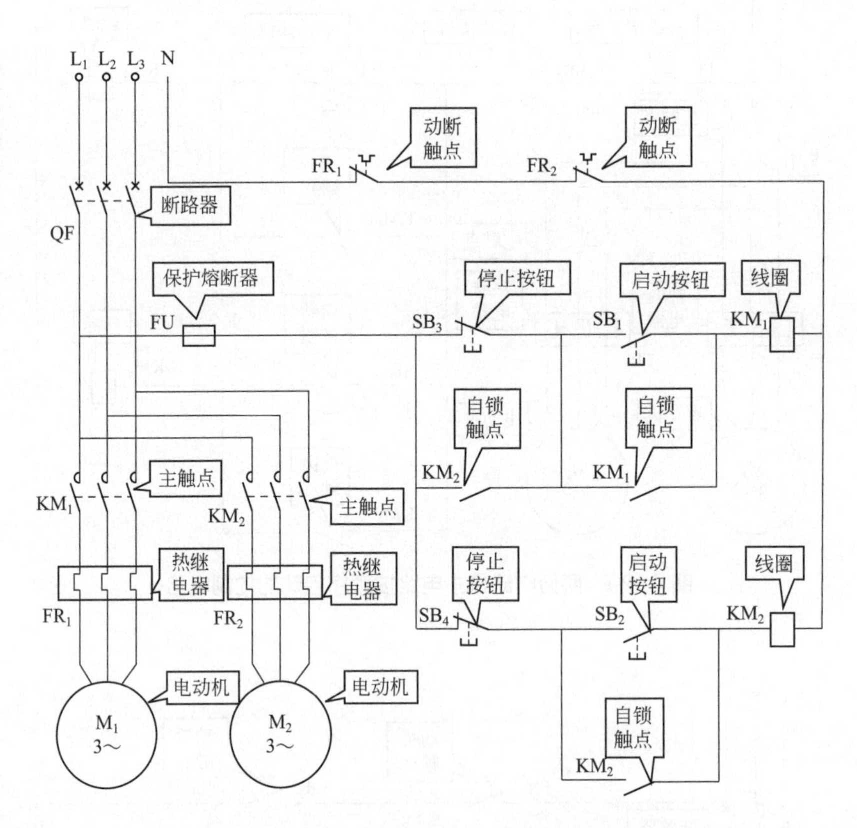

图 4-31　两台电动机控制电路按顺序停止的路

（12）两台电动机按顺序启动、停止的控制电路（图 4-32）

工作原理：合上断路器 QF，按下 SB_1，接触器 KM_1 得电吸合并自锁，电动机 M_1 启动运行。同时时间继电器 KT_1 开始延时，经过一定时间，KT_1 动合触点闭合，电动机 M_2 启动运行。停止时按下 SB_2，电动机 M_2 停止。同时时间继电器 KT_2 开始延时，经过一定时间，KT_2 动断触点断开 KM_1 回路，电动机 M_1 停止。

（13）两台电动机按顺序启动、一台自由开停的控制电路（图 4-33）

工作原理：合上断路器 QF，按下 SB_1，接触器 KM_1 得电吸合并自锁，电动机 M_1 启动运行。再按下 SB_2，接触器 KM_2 得电吸合并自锁，电动机 M_2 启动运行。要使 M_2 停止，按下 SB_3。只有按下 SB_4，电动机 M_1、M_2 才同时停止。

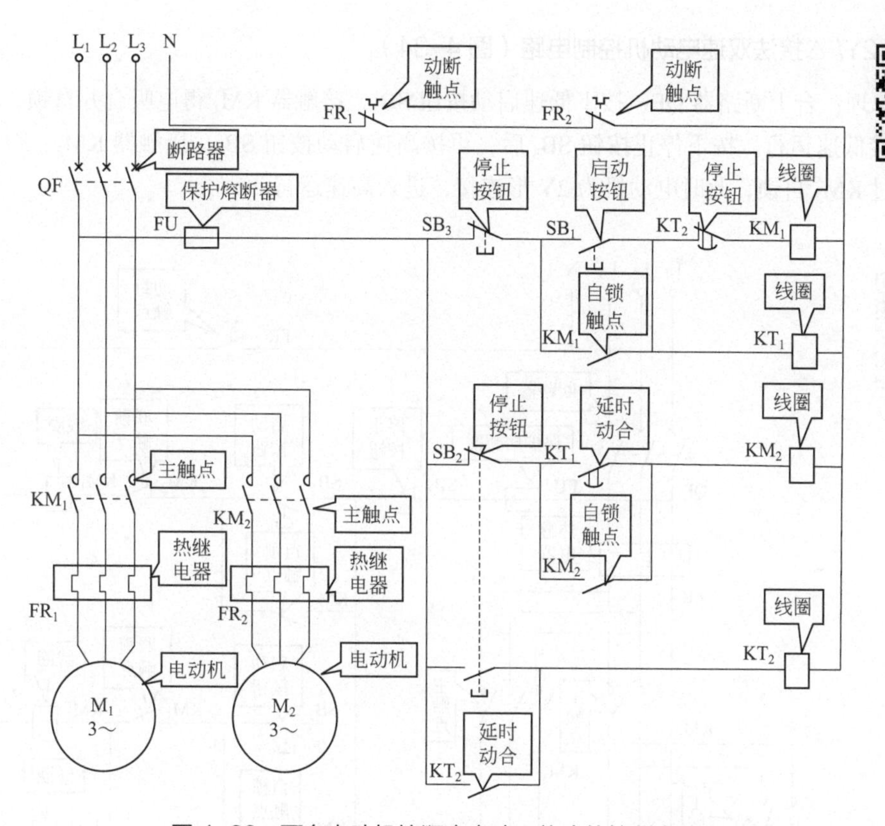

图 4-32　两台电动机按顺序启动、停止的控制电路

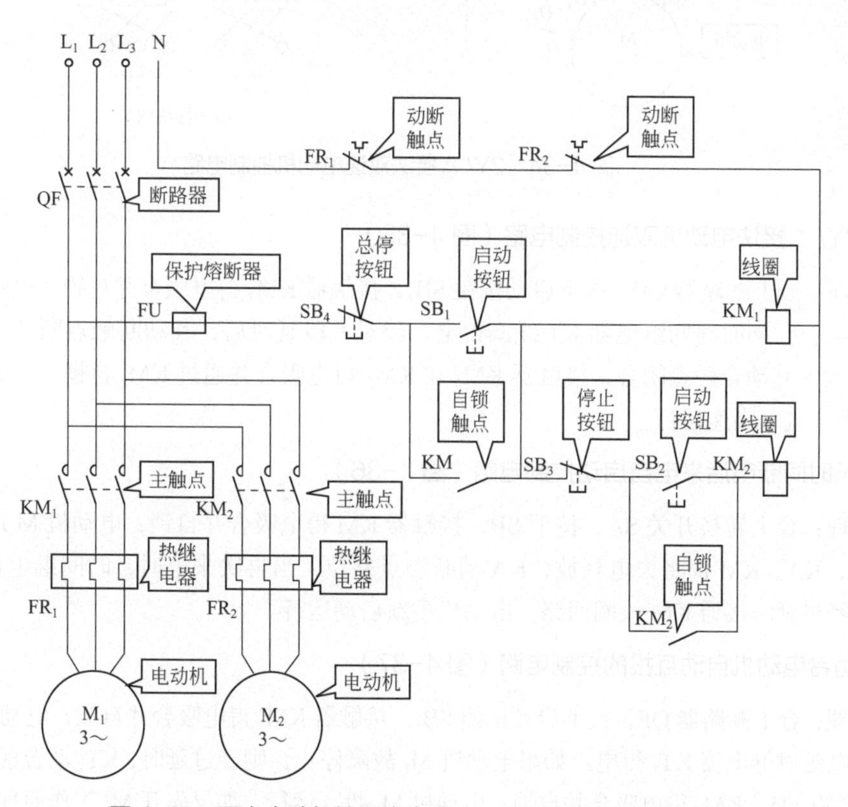

图 4-33　两台电动机按顺序启动、一台自由开停的控制电路

（14）2Y/△接法双速电动机控制电路（图 4-34）

工作原理：合上断路器 QF，按下低速启动按钮 SB_1，接触器 KM_1 得电吸合并自锁，电动机为△形连接低速运行。按下停止按钮 SB_3 后，再按高速启动按钮 SB_2，接触器 KM_2、KM_3 得电吸合并通过 KM_2 自锁，此时电动机为 2Y 形连接，进入高速运行。

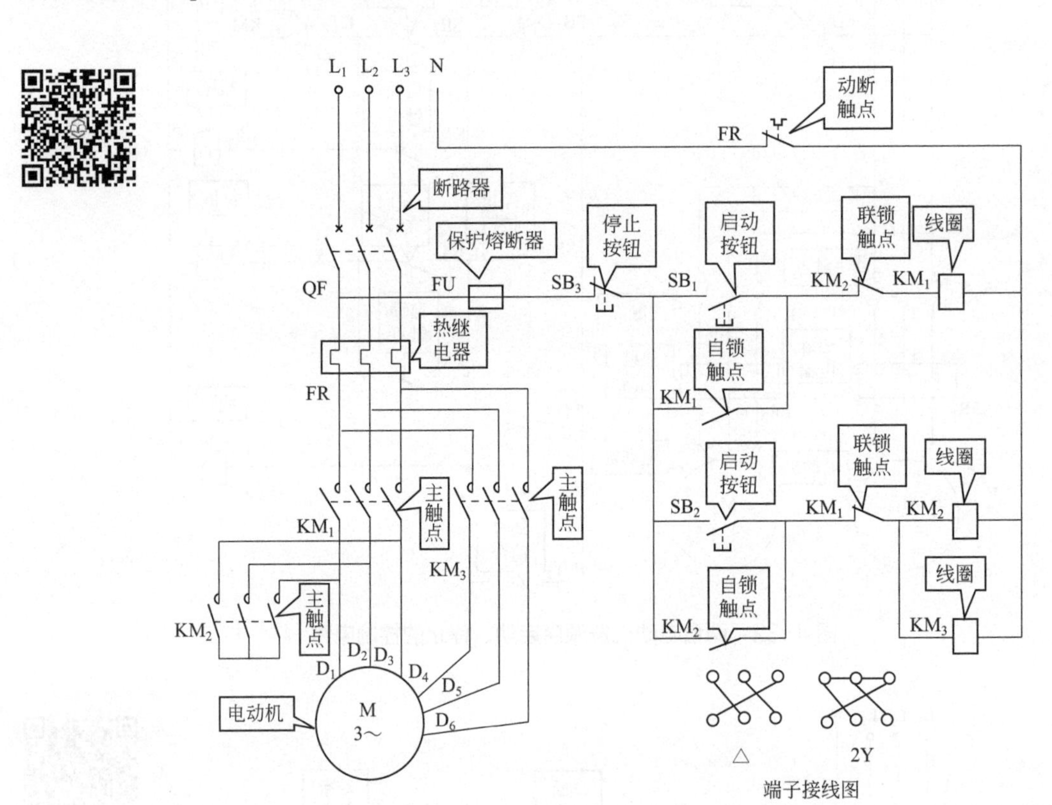

图 4-34　2Y/△接法双速电动机控制电路

（15）2Y/△接法电动机双速控制电路（图 4-35）

工作原理：合上断路器 QF，按下启动按钮 SB_1，接触器 KM_1 得电吸合并自锁，电动机为△形连接低速运行。同时时间继电器 KT 线圈得电，经过一段延时后，其动断触点断开，接触器 KM_1 失电释放，其动合触点闭合，接触器 KM_2 和 KM_3 得电吸合并通过 KM_2 自锁，此时电动机为 2Y 形连接，进入高速运行。

（16）长时间断电后来电自启动控制电路（图 4-36）

工作原理：合上转换开关 SA，按下 SB，接触器 KM 得电吸合并自锁，电动机 M 运行。当出现停电时，KA、KM 都将失电释放，KA 动断触点复位，当再次来电时，时间继电器 KT 的线圈得电，经过延时接通 KM 线圈回路，电动机重新启动运行。

（17）两台电动机自动互投的控制电路（图 4-37）

工作原理：合上断路器 QF，按下启动按钮 SB_1，接触器 KM_1 得电吸合并自锁，电动机 M_1 运行。同时断电延时继电器 KT_1 得电。如果电动机 M_1 故障停止，则经过延时，KT_1 动合触点闭合，接通 KM_2 线圈回路，KM_2 得电吸合并自锁，电动机 M_2 投入运行。如果先开 M_2 工作原理相同。

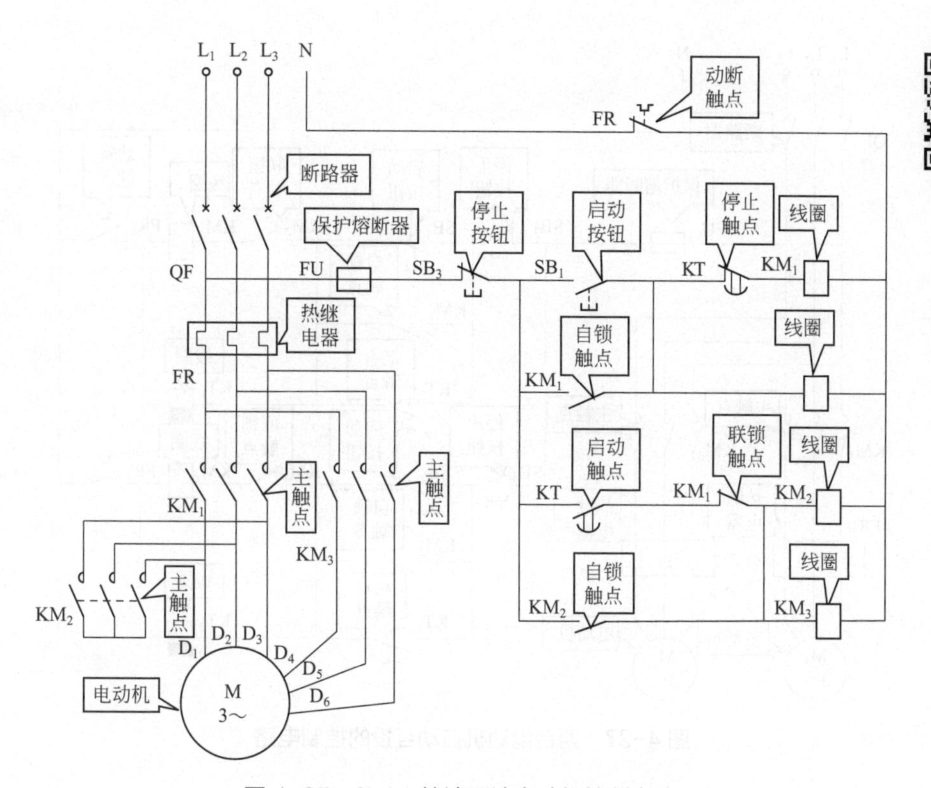

图 4-35　2Y/ △接法双速电动机控制电路

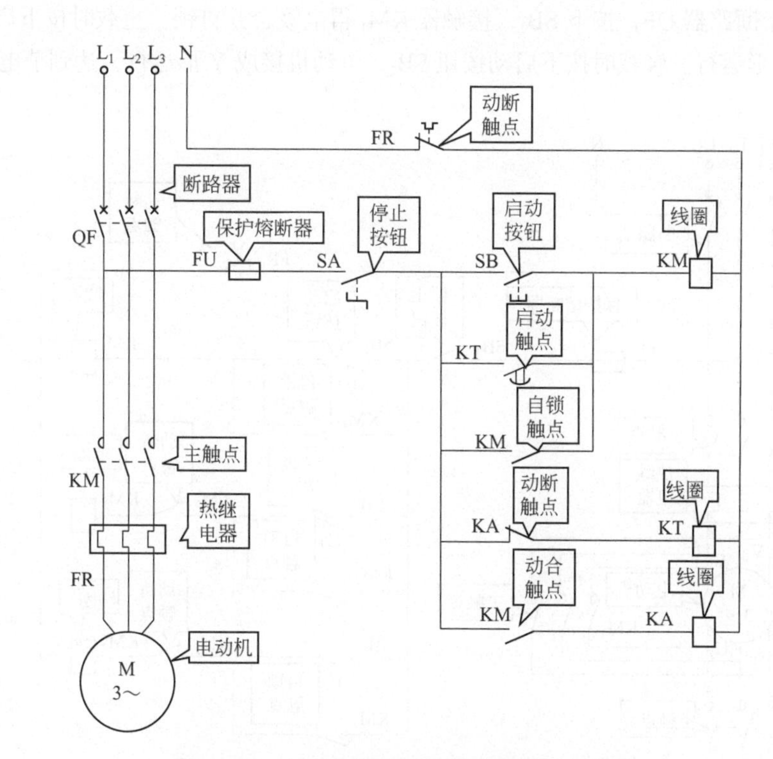

图 4-36　长时间断电后来电自启动控制电路

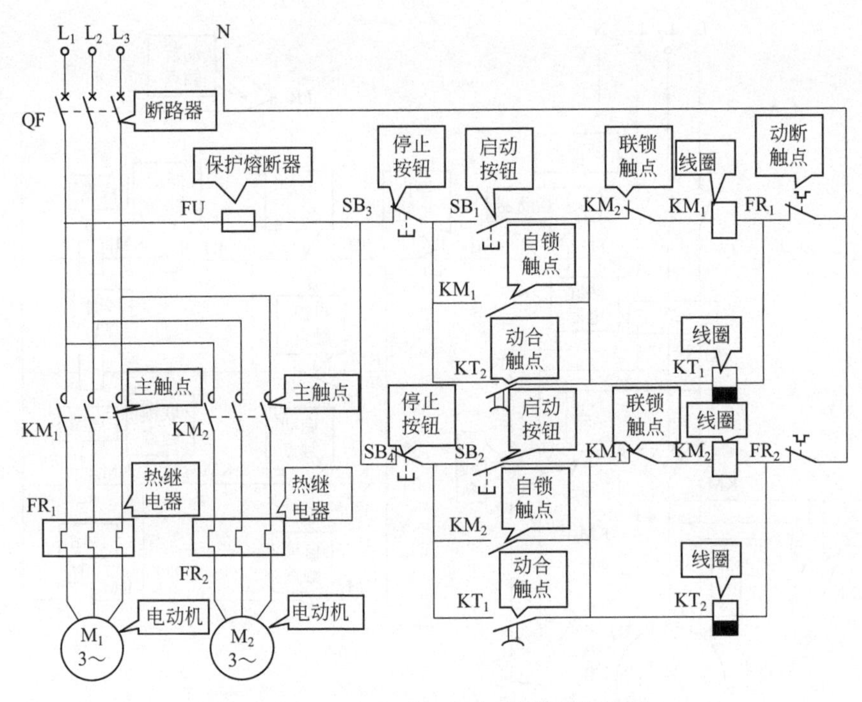

图 4-37　两台电动机自动互投的控制电路

（18）手动 Y/△接法节电控制电路（图 4-38）

工作原理：合上断路器 QF，按下 SB_1，接触器 KM_1 得电吸合并自锁。重载时按下启动按钮 SB_3，电动机接成△形运行。轻载时按下启动按钮 SB_2，电动机接成 Y 形运行，达到节电目的。

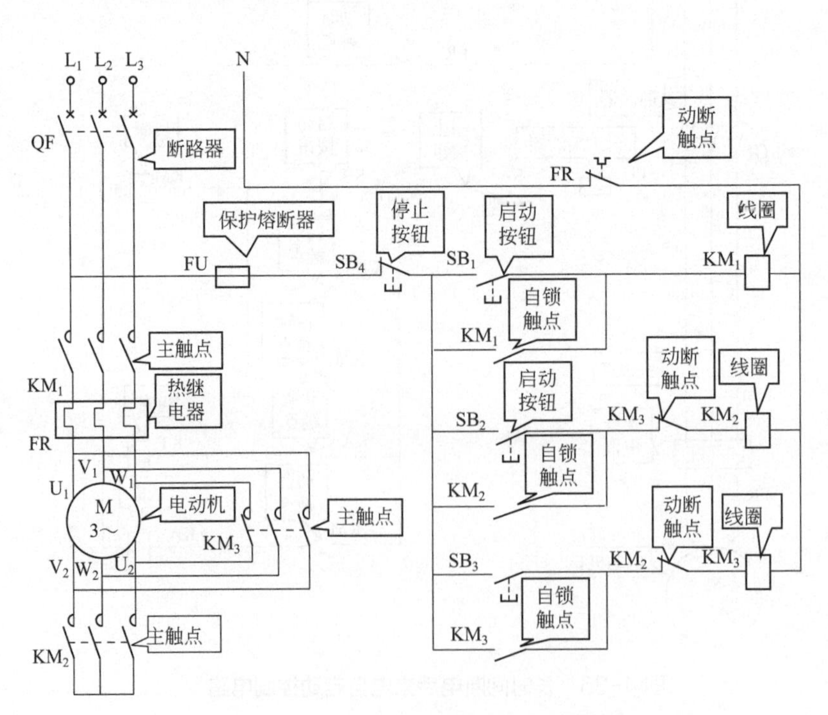

图 4-38　手动 Y/△接法节电控制电路

（19）正反转电动机综合保护器运行电路（图 4-39）

工作原理：合上断路器 QF，正转时按下 SB_1，接触器 KM_1 得电吸合并自保，电动机正转运行。电动机故障时，综合保护器切断 KM_1 线圈回路，电动机停止。反转过程相同。

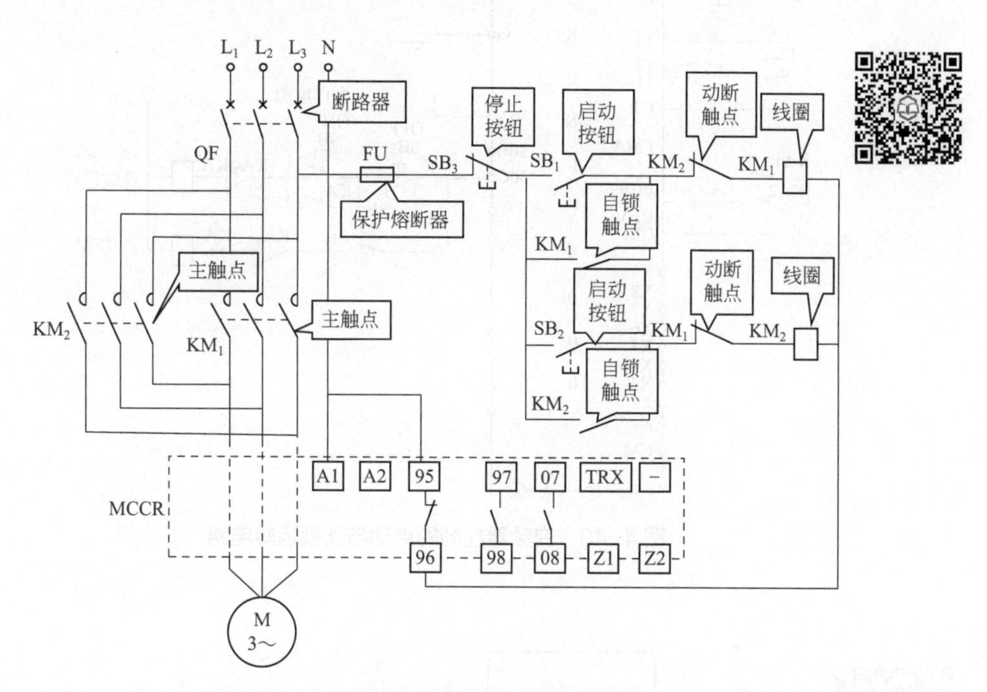

图 4-39　正反转电动机综合保护器运行电路

4.2.3　变频器控制电路

（1）单向点动与连续运行电路（图 4-40）

合上电源开关 QF。点动时，按下 SB_3，电动机启动运行，松开 SB_3，电动机停止。连续运行时，按下 SB_1，中间继电器 KA_1 得电并自保，电动机启动运行，按下 SB_2，电动机停止。

转速的调节通过改变电位器阻值实现。

（2）双向运转电路（图 4-41）

合上电源开关 QF。正向运转时，按下 SB_1，中间继电器 KA_1 得电并自保，电动机正向启动运行。

反向运转时，按下 SB_2，中间继电器 KA_2 得电并自保，电动机反向启动运行。按下 SB_3，电动机停止。

电源通过故障信号动断触点接入，这样一旦变频器出现故障，控制电路断开，电动机停止运行。

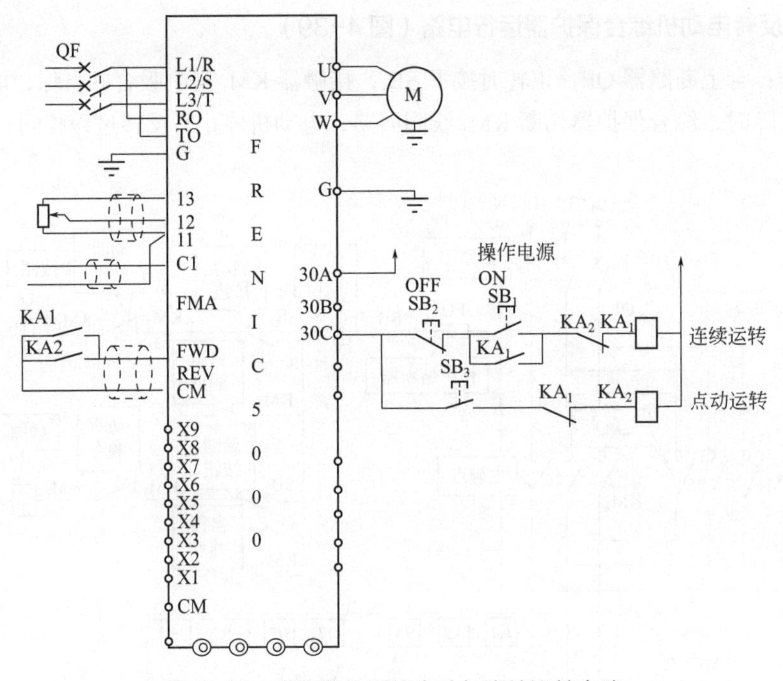

图 4-40　变频器控制的点动与连续运转电路

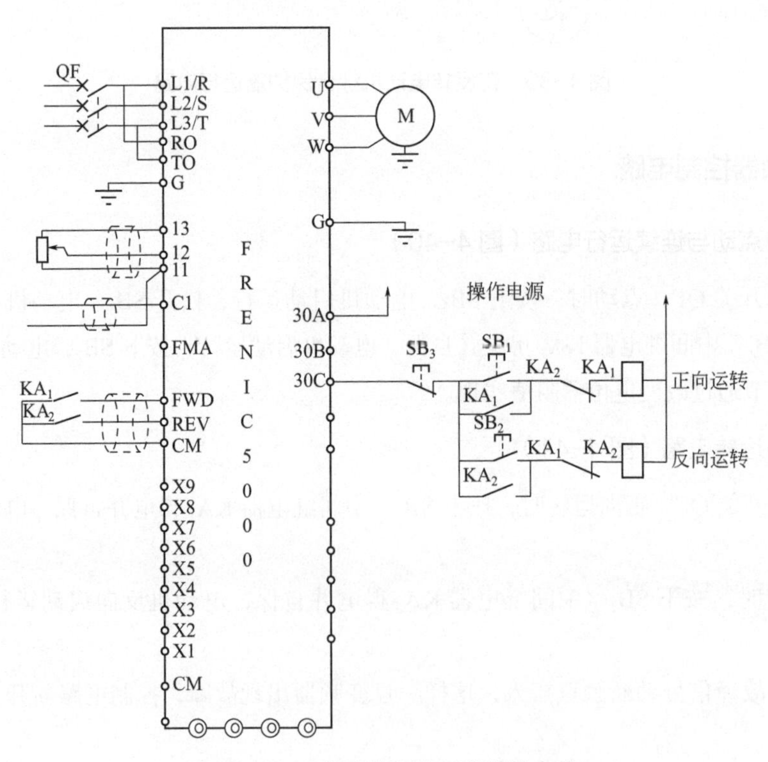

图 4-41　变频器控制的双向运转电路

4.2.4 PLC 控制电路

（1）PLC 两台电动机顺序启动电路（图 4-42）

按下 SB_1，内部继电器（本节以下省略内部）Y0 得电吸合并自锁，电动机 M_1 启动，同时时间继电器 T 得电，延时 10s 后，其动合触点闭合，此时方可启动电动机 M_2，实现两台电动机的顺序启动控制。

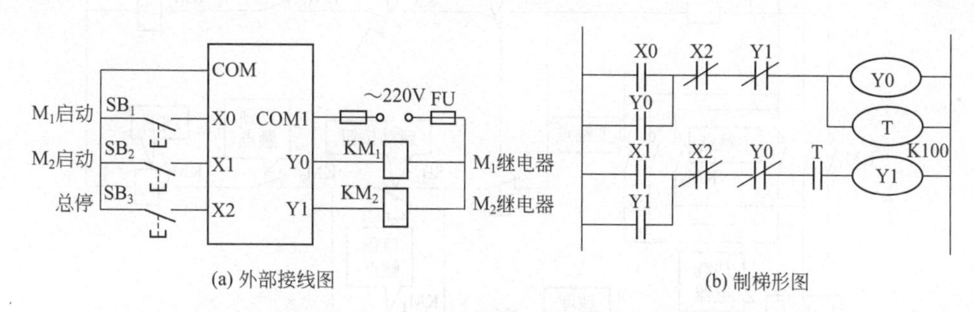

图 4-42　PLC 两台电动机顺序启动电路

（2）PLC 小车自动往返电路（图 4-43）

将限位开关的动合触点串在反向控制电路中，这样在小车碰触限位开关时，除了断开自身控制电路外，还要启动反向控制电路。

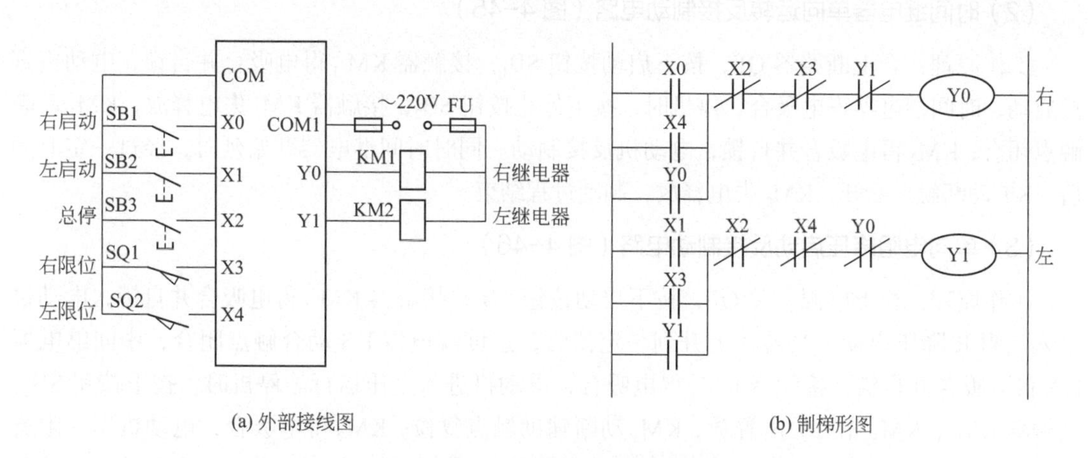

图 4-43　PLC 小车自动往返电路

4.2.5 笼型三相异步电动机的制动控制电路

（1）速度继电器单向运转反接制动电路（图 4-44）

工作原理：合上断路器 QF，按下启动按钮 SB_1，接触器 KM_1 得电吸合并自锁，电动机直接启动。当电动机转速升高到一定值后，速度继电器 KS 的触点闭合，为反接制动做准备。停机时，按下停止按钮 SB_2，接触器 KM_1 失电释放，其动断触点闭合，接触器 KM_2 得电吸合，电动机反接制动。当转速低于一定值时，速度继电器 KS 触点打开，KM_2 失电释放，制动过程结束。

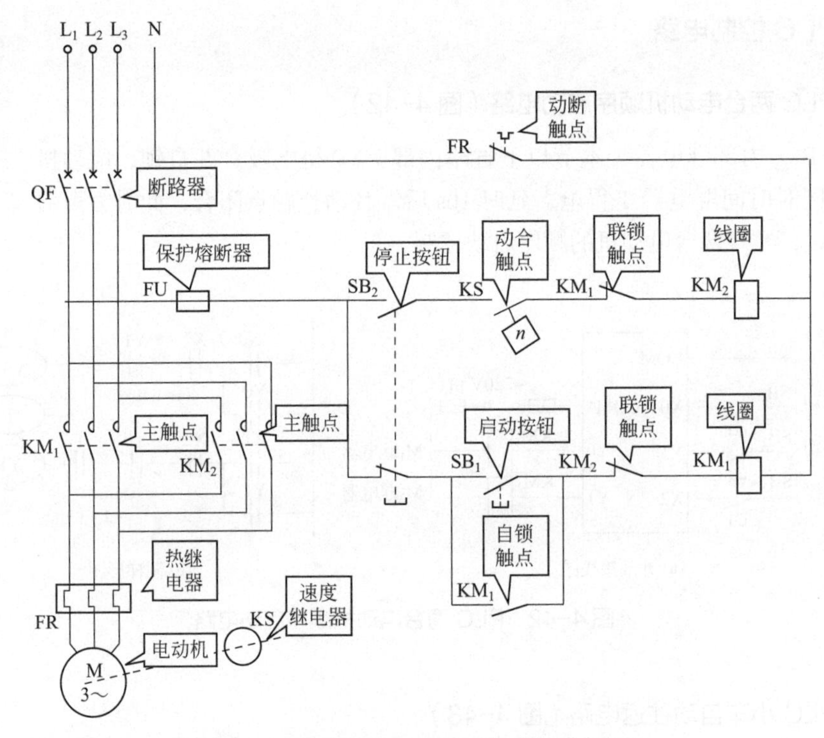

图 4-44　速度继电器单向运转反接制动电路

（2）时间继电器单向运转反接制动电路（图 4-45）

工作原理：合上断路器 QF，按下启动按钮 SB_1，接触器 KM_1 得电吸合并自锁，电动机直接启动，时间继电器得电吸合。停机时，按下停止按钮 SB_2，接触器 KM_1 失电释放，KM_1 动断触点闭合，KM_2 得电吸合并自锁，电动机反接制动。同时时间继电器开始延时，经过一定时间后，KT 动断触点断开，KM_2 失电释放，制动过程结束。

（3）单向电阻降压启动反接制动电路（图 4-46）

工作原理：合上电源开关 QF，按下启动按钮 SB_1，接触器 KM_1 得电吸合并自锁，电动机串入电阻 R 降压启动。当转速上升到一定值时，速度继电器 KS 动合触点闭合，中间继电器 KA 得电吸合并自锁，接触器 KM_3 得电吸合，电动机进入全压运行。停机时，按下按钮 SB_2，接触器 KM_1、KM_3 先后失电释放，KM_1 动断辅助触点复位，KM_2 得电吸合，电动机串入限流电阻 R 反接制动。当电动机转速下降到一定值时，KS 动合触点断开，KM_2 失电释放，反接制动结束。

（4）正反向运转反接制动电路（图 4-47）

工作原理：合上断路器 QF，按下启动按钮 SB_1，接触器 KM_1 得电吸合并自锁，电动机正转运行。当电动机转速达到一定值后，速度继电器 KS_1 动合触点闭合，为反接制动做好准备。停机时，按下停止按钮 SB_3，接触器 KM_1 失电释放，中间继电器 KA 得电吸合并自锁，接触器 KM_2 得电吸合，电动机反接制动，当转速低于一定值时，KS_1 动合触点打开，KM_2 和 KA 失电释放，制动结束。反转时工作原理与此相同。

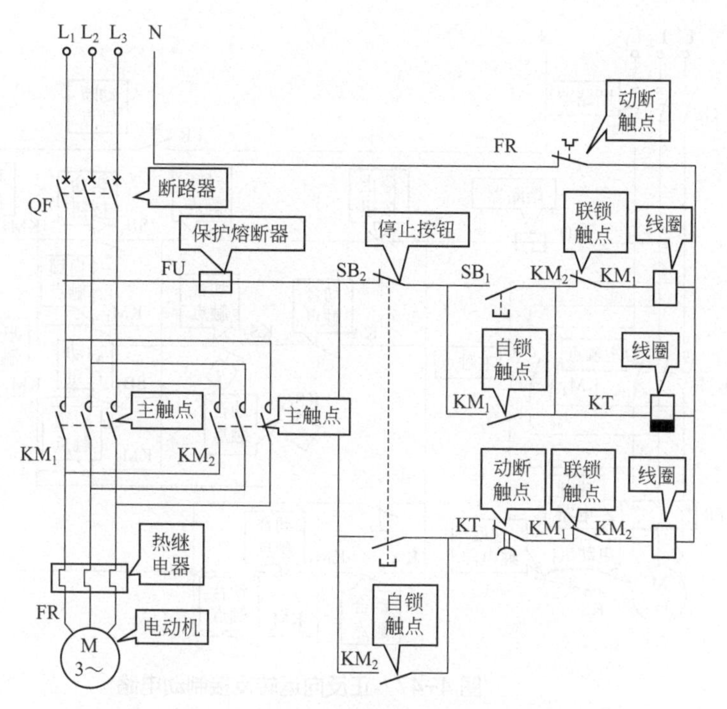

图 4-45　时间继电器单向运转反接制动电路

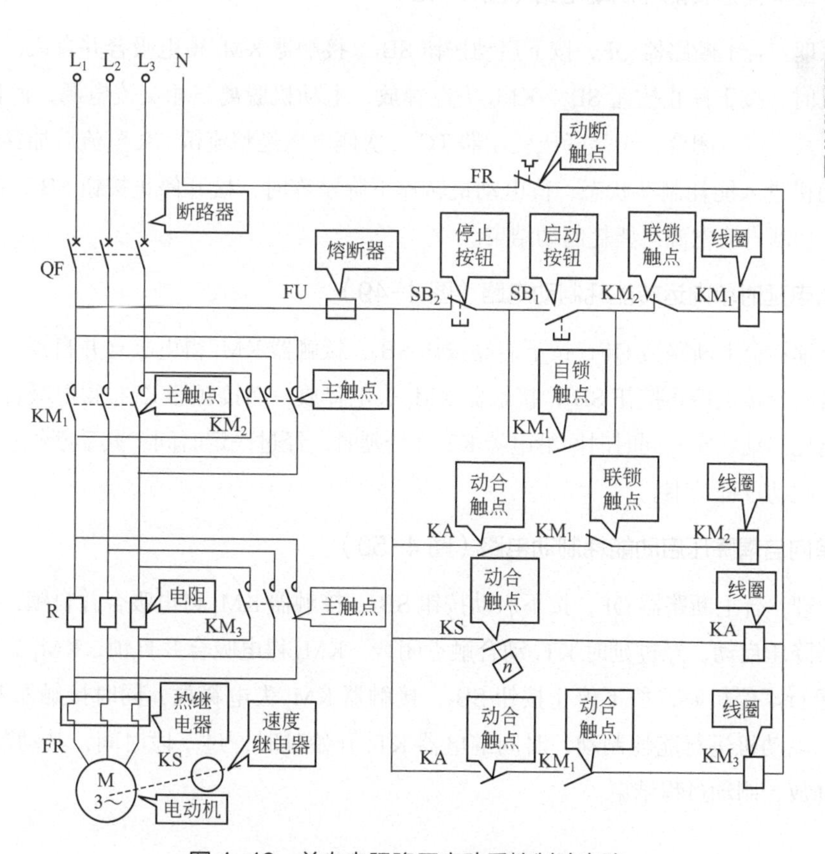

图 4-46　单向电阻降压启动反接制动电路

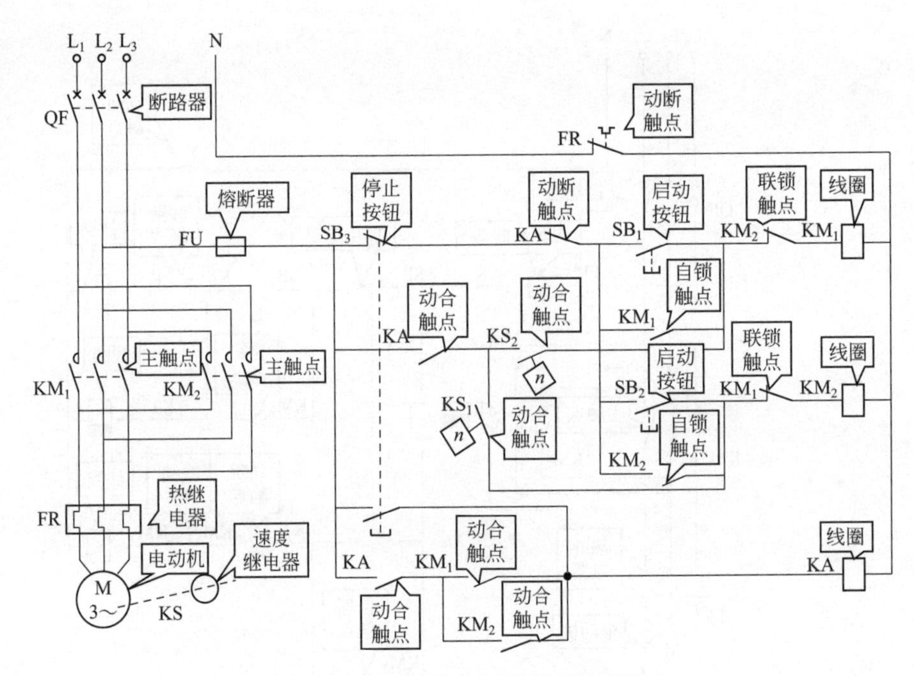

图 4-47　正反向运转反接制动电路

（5）手动单向运转能耗制动电路（图 4-48）

工作原理：合上断路器 QF，按下启动按钮 SB_1，接触器 KM_1 得电吸合并自锁，电动机启动运行。停机时，按下停止按钮 SB_2，KM_1 失电释放，电动机脱离三相交流电源，而接触器 KM_2 得电吸合，其主触点闭合，于是降压变压器 TC 二次侧电压经整流桥 UR 整流后加到两相定子绕组上，电动机进入能耗制动状态，待电动机转速下降至零时，松开停止按钮 SB_2，接触器 KM_2 失电释放，切断直流电源，能耗制动结束。

（6）断电延时单向运转能耗制动电路（图 4-49）

工作原理：合上断路器 QF，按下启动按钮 SB_1，接触器 KM_1 得电吸合并自锁，电动机启动运行。停机时，按下停止按钮 SB_2，接触器 KM_1 失电释放，而接触器 KM_2 得电吸合并自锁，电动机处于能耗制动状态，同时时间继电器 KT 开始延时，经过一定时间，其动断触点断开，KM_2 失电释放，制动过程结束。

（7）单向自耦降压启动能耗制动电路（图 4-50）

工作原理：合上断路器 QF，按下启动按钮 SB_1，接触器 KM_1 得电吸合并自锁，电动机接入自耦变压器降压启动，经过延时 KT_1 动合触点闭合，KM_2 得电吸合并自锁，KM_1 失电释放，电动机全压运行。停机时，按下停止按钮 SB_2，接触器 KM_2 失电释放，同时接触器 KM_3 得电吸合并自锁，电动机进行能耗制动，时间继电器 KT_2 开始延时，过一段时间，其动断触点断开，KM_3 失电释放，制动过程结束。

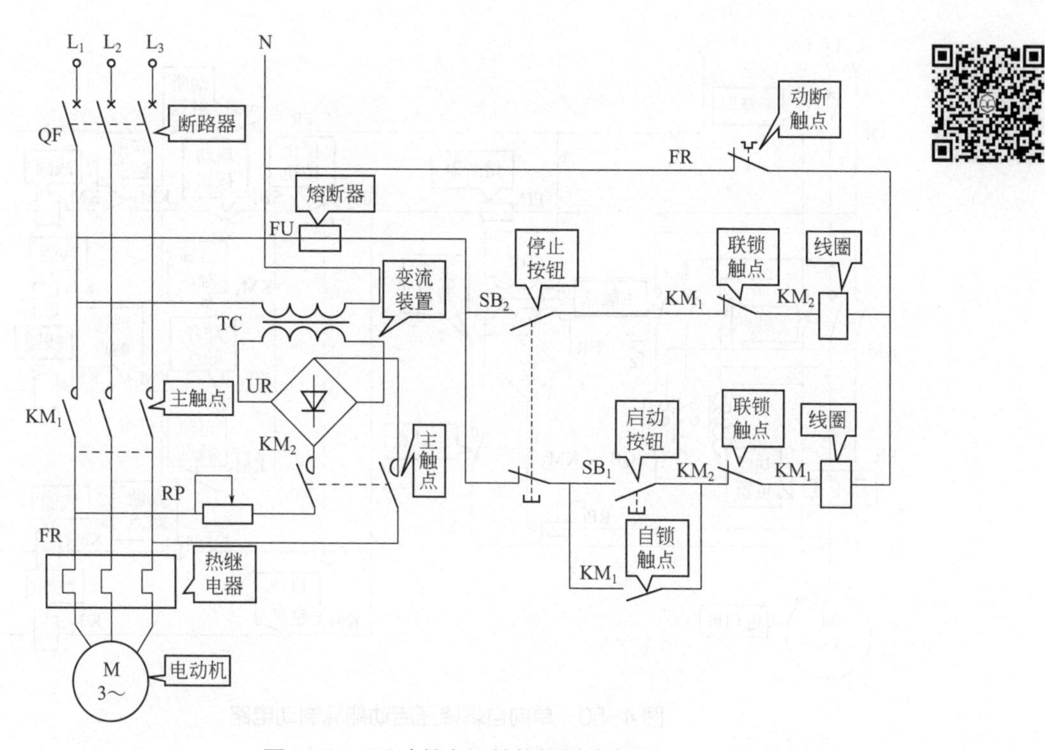

图 4-48　手动单向运转能耗制动电路

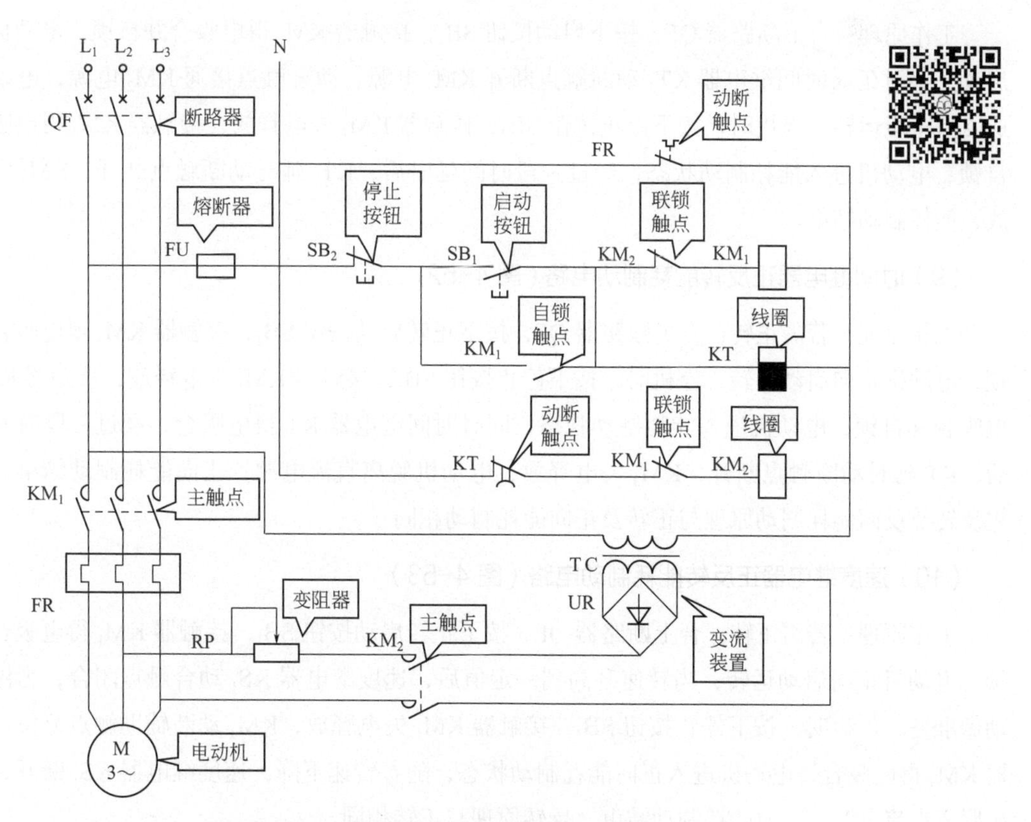

图 4-49　断电延时单向运转能耗制动电路

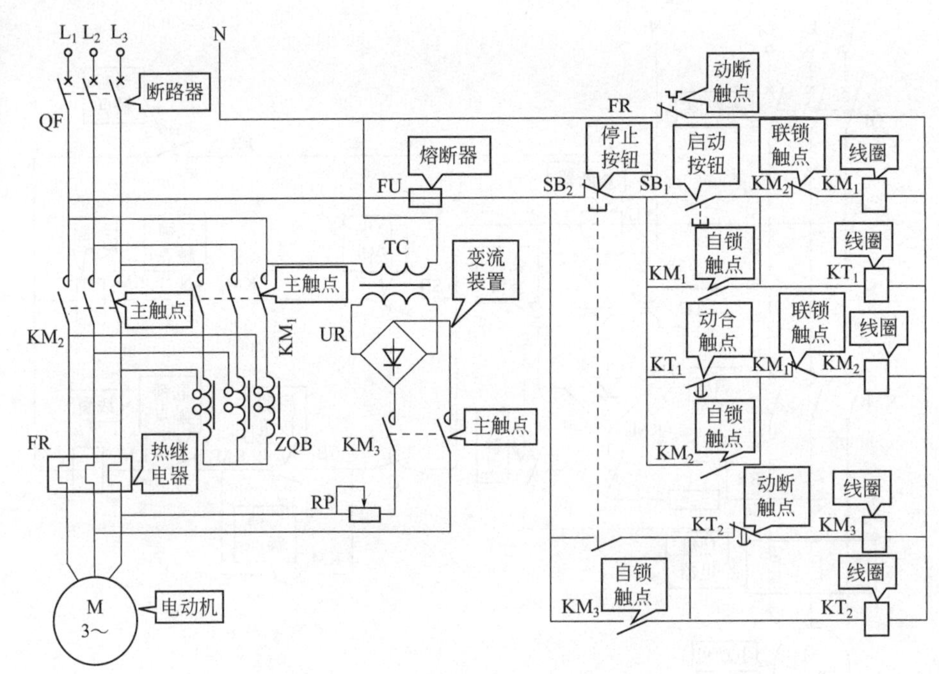

图 4-50　单向自耦降压启动能耗制动电路

（8）单向 Y- △降压启动能耗制动电路（图 4-51）

工作原理：合上断路器 QF，按下启动按钮 SB_1，接触器 KM_1 得电吸合并自锁，电动机降压启动，经过延时时间继电器 KT_1 动断触点断开 KM_3 电源、动合触点接通 KM_2 电源，电动机接成△形全压运转。停机时，按下停止按钮 SB_2，接触器 KM_1 失电释放，接触器 KM_4 得电吸合并自锁，电动机进入能耗制动状态，经过一段时间延时后，KT_2 延时动断触点断开，KM_4 失电释放，能耗制动结束。

（9）时间继电器正反转能耗制动电路（图 4-52）

工作原理：若需正转，合上断路器 QF，按下正转启动按钮 SB_1，接触器 KM_1 得电吸合并自锁，电动机正向启动运转。停机时，按下停止按钮 SB_3，接触器 KM_1 失电释放，接触器 KM_3 得电吸合并自锁，电动机进入能耗制动状态，同时时间继电器 KT 得电吸合，经过一段时间延时后，KT 延时动断触点断开，KM_3 失电释放，电动机脱离直流电源，正向能耗制动结束。电动机反转及反向能耗制动原理与正转及正向能耗制动相同。

（10）速度继电器正反转能耗制动电路（图 4-53）

工作原理：若需正转，合上断路器 QF，按下正转启动按钮 SB_1，接触器 KM_1 得电吸合并自锁，电动机正向启动运转，当转速升高到一定值后，速度继电器 KS_1 动合触点闭合，为停机制动做准备。停机时，按下停止按钮 SB_3，接触器 KM_1 失电释放，KM_1 动断辅助触点复位，接触器 KM_3 得电吸合，电动机进入正向能耗制动状态，随着转速下降，速度继电器 KS_1 断开，电动机脱离直流电源，正向能耗制动结束。反转原理与正转相同。

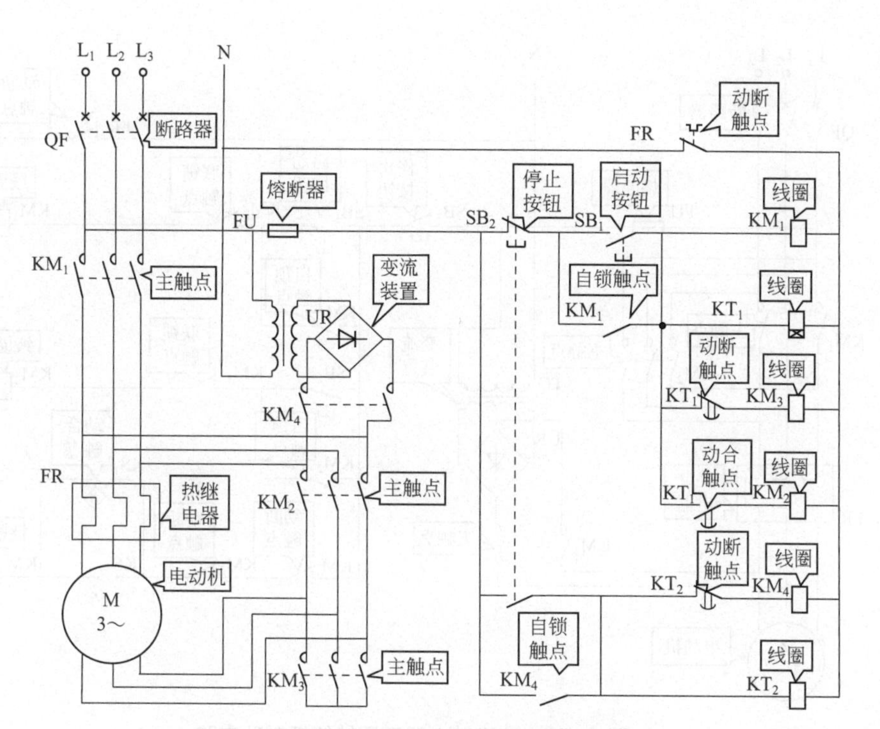

图 4-51　单向 Y- △降压启动能耗制动电路

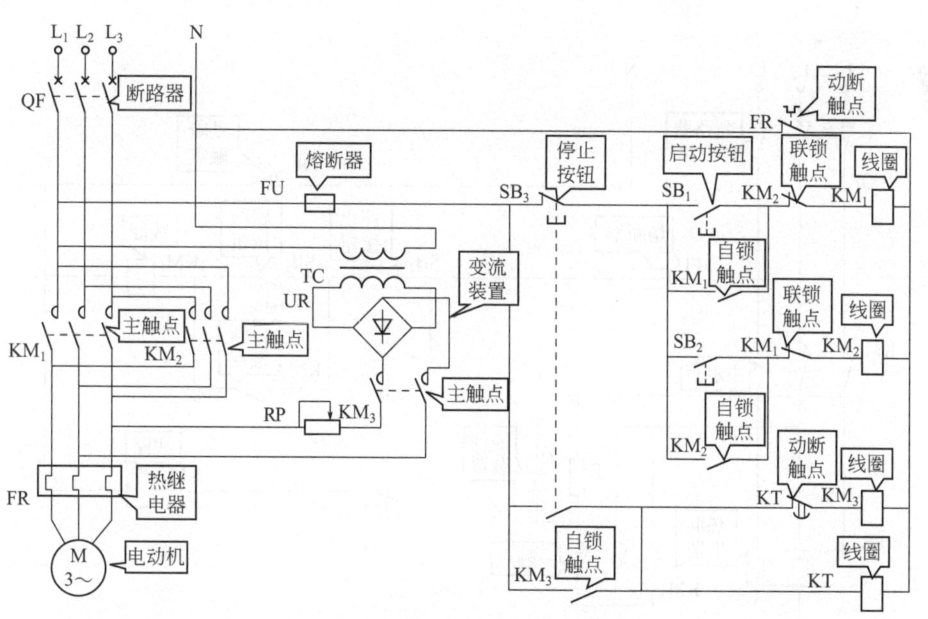

图 4-52　时间继电器正反转能耗制动电路

（11）自励发电 - 短接制动线路（图 4-54）

工作原理：合上电源开关 QF，按下启动按钮 SB_1，接触器 KM_1 得电吸合并自锁，电动机启动运行。停机时，按住按钮 SB_2，KM_1 失电释放，而 KM_2 吸合，电动机进入自激发电 - 短接制动状态。松开 SB_2，制动结束。

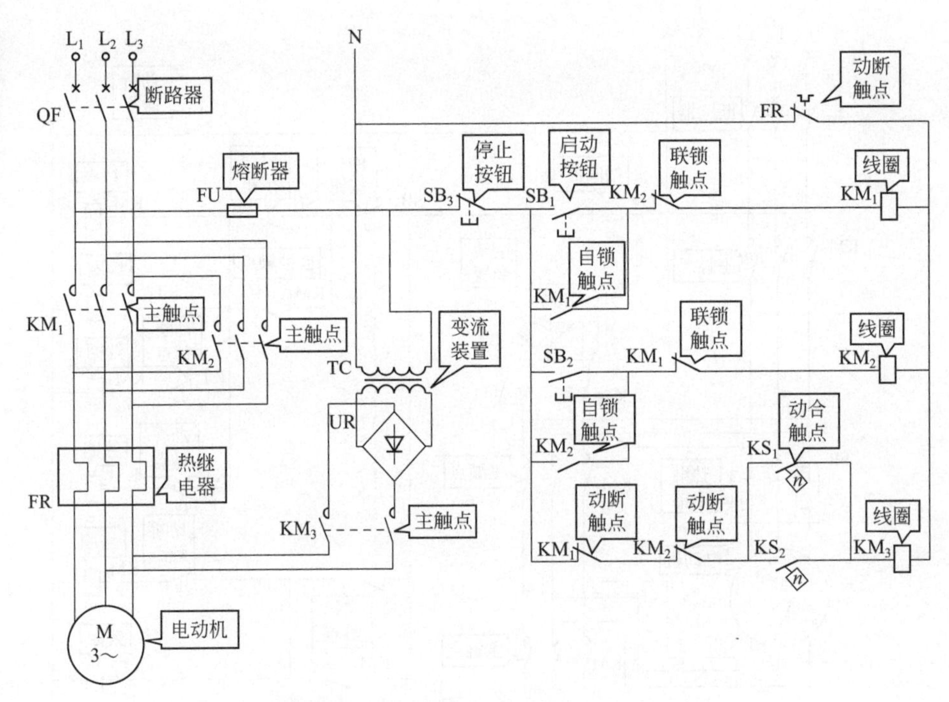

图 4-53 速度继电器正反转能耗制动电路

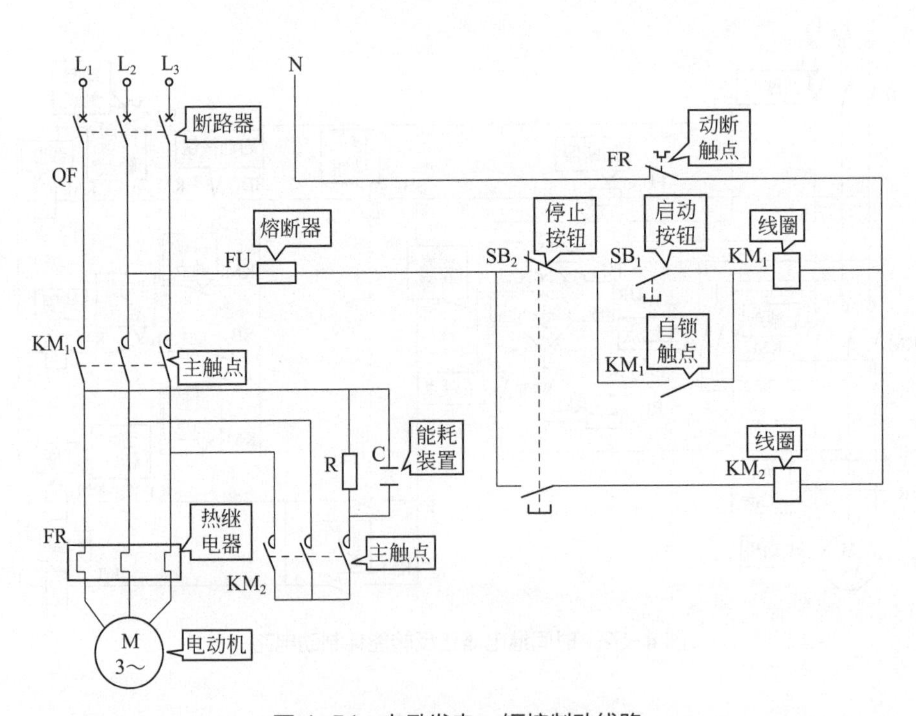

图 4-54 自励发电 - 短接制动线路

（12）单向运转短接制动电路（图 4-55）

工作原理：合上断路器 QF，按下启动按钮 SB_1，接触器 KM_1 得电吸合并自锁，电动机启动

运行。停机时，按住按钮 SB_2，KM_1 失电释放，其动断触点闭合，KM_2 吸合，三相定子绕组自相短接，电动机进入短接制动状态。松开 SB_2，制动结束。

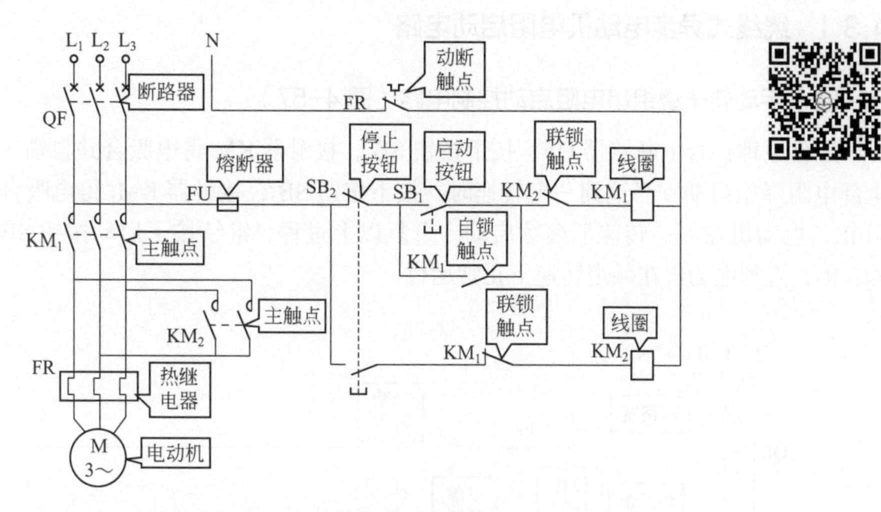

图 4-55　单向运转短接制动电路

（13）正反向运转短接制动电路（图 4-56）

工作原理：合上断路器 QF，按下启动按钮 SB_1，接触器 KM_1 得电吸合并自锁，电动机正向启动运行。停机时，按下停止按钮 SB_3，KM_1 失电释放，同时 KM_3 得电吸合，电动机开始短接制动，松开 SB_3，制动结束。反转原理与此相同。

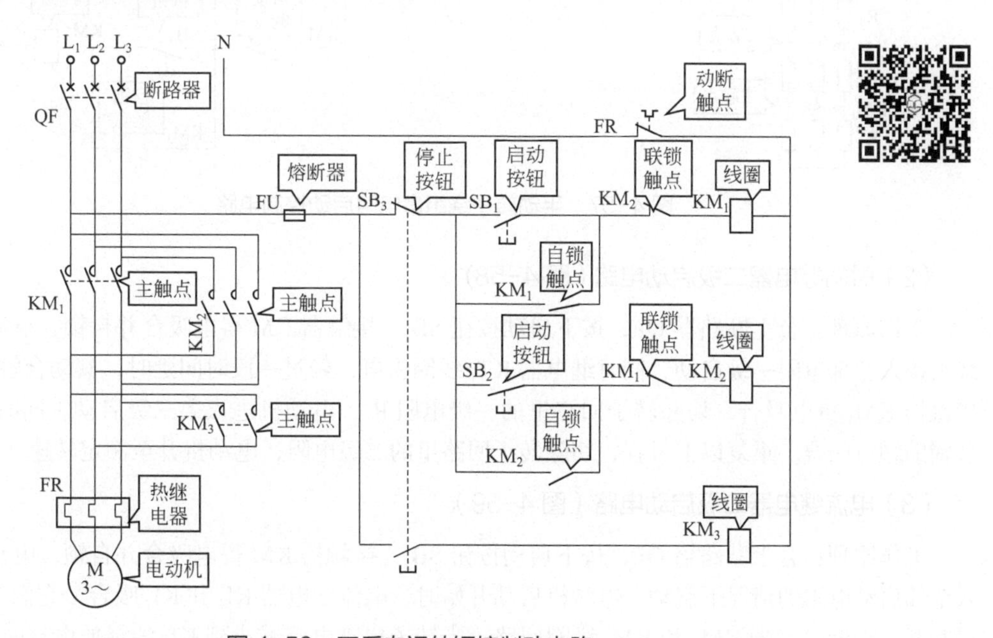

图 4-56　正反向运转短接制动电路

4.3 绕线式异步电动机启动电路识读

4.3.1 绕线式异步电动机电阻启动电路

(1)手动转子绕组串电阻启动控制电路(图 4-57)

工作原理：合上断路器 QF，按下按钮 SB_1，接触器 KM 得电吸合并自锁，电动机转子接入全部电阻降压启动。当达到一定转速时，按下按钮 SB_2，接触器 KM_1 得电吸合并自锁，切除电阻 R_1，电动机在另一转速下继续启动。重复以上过程，继续按下启动按钮 SB_3、SB_4 切除电阻 R_2、R_3，直到电动机在额定转速下正常运行。

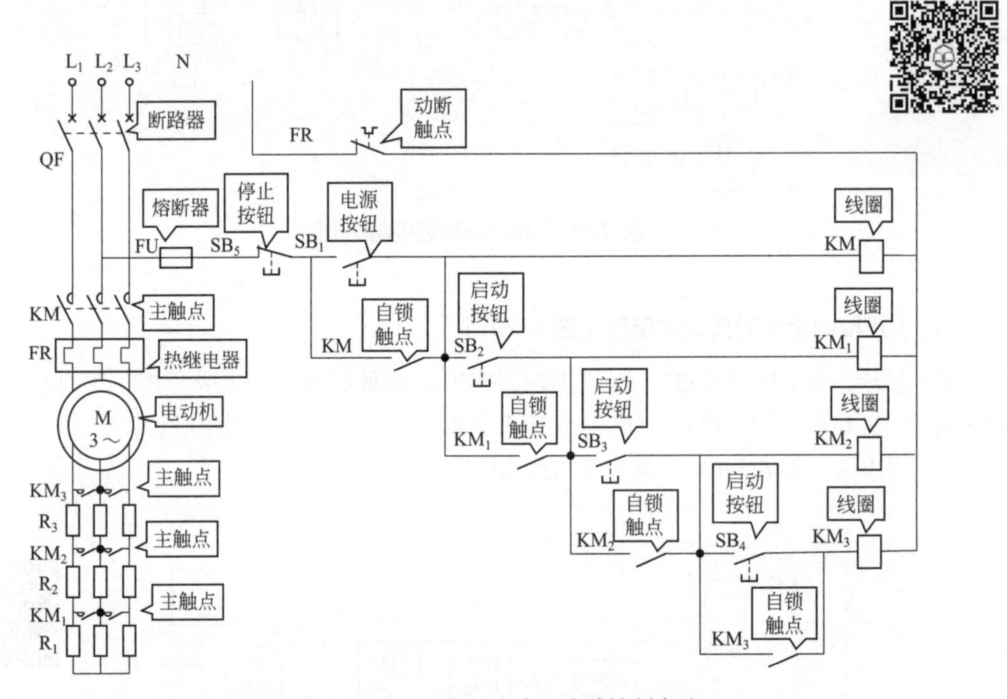

图 4-57 手动转子绕组串电阻启动控制电路

(2)时间继电器二级启动电路(图 4-58)

工作原理：合上断路器 QF，按下启动按钮 SB_1，接触器 KM 得电吸合并自锁，电动机转子绕组接入全部电阻一级启动，同时继电器 KT_1 线圈得电，经过一段时间延时，其动合触点闭合，接触器 KM_1 得电吸合，切除转子回路里的一级电阻 R_1，电动机进入第二级启动。同时 KM_1 动合辅助触点闭合。重复以上过程，切除转子回路里的二级电阻，电动机升至额定转速。

(3)电流继电器二级启动电路(图 4-59)

工作原理：合上断路器 QF，按下启动按钮 SB_1，接触器 KM 得电吸合并自锁，电动机在接入全部启动电阻的情况下启动。电动机启动开始时，电流继电器 KI_1 和 KI_2 吸合，它们的动断触点断开，切断接触器 KM_1 和 KM_2 线圈回路。当转子启动电流减小到 KI_1 的释放电流时，KI_1 释放，其动断触点复位，接触器 KM_1 得电吸合并自锁，切除转子回路里的一级电阻 R_1，电动机进入第二级启动。当转子启动电流减小到 KI_2 的释放电流时，KI_2 释放，其动断触点闭合，接触器 KM_2 得电吸合并自锁，切除转子回路里的二级电阻 R_2，电动机启动过程结束。

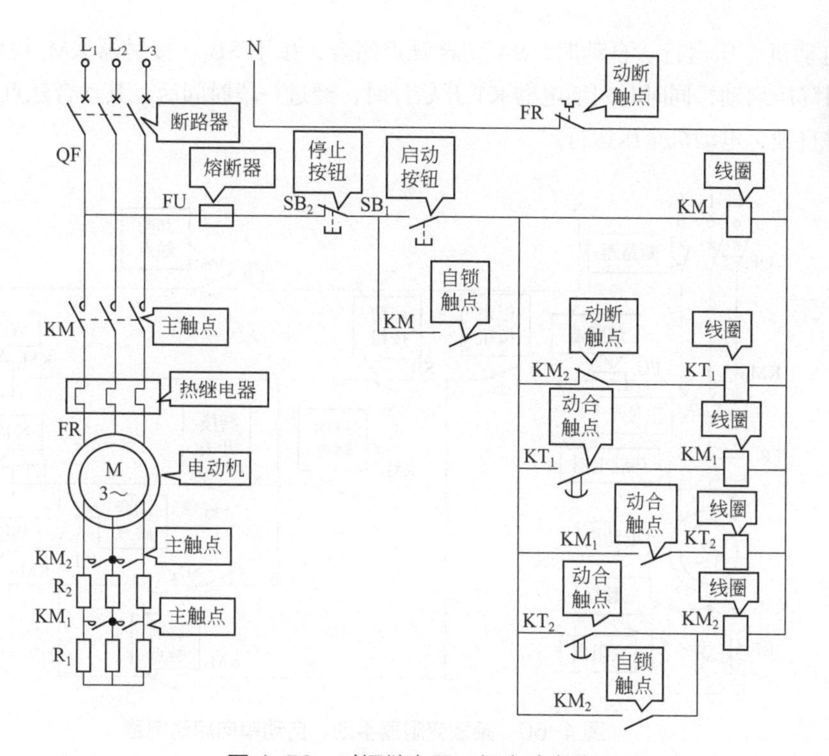

图 4-58　时间继电器二级启动电路

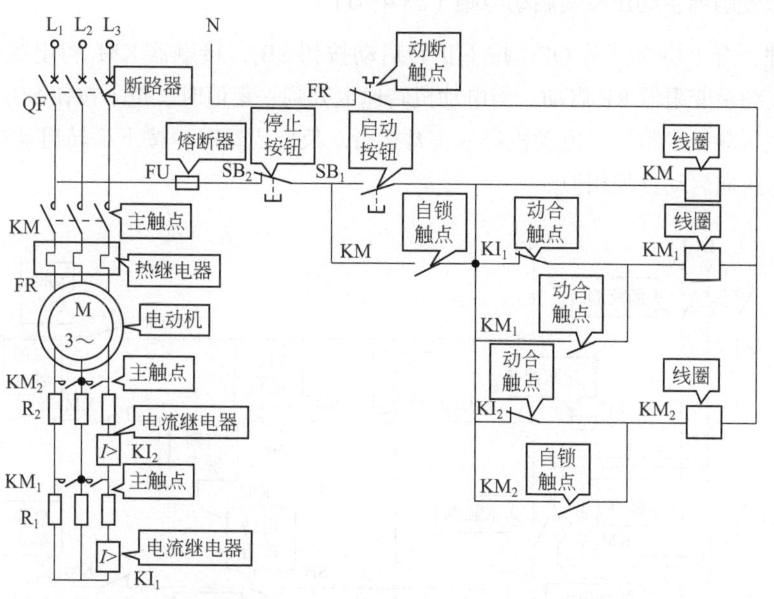

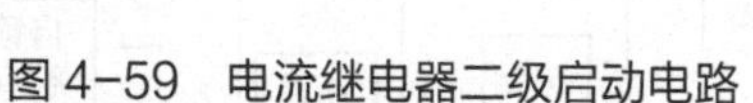
图 4-59　电流继电器二级启动电路

4.3.2　绕线式异步电动机频敏变阻器启动电路

（1）频敏变阻器手动、自动单向启动电路（图 4-60）

工作原理：合上断路器 QF，手动时，SA 动断触点闭合，按下 SB_1，接触器 KM_1 得电吸合并自锁，电动机降压启动，当转速达到一定值时，按下 SB_2，KM_2 得电吸合并自锁，短接频敏变阻器，电动机全压运行。自动时，SA 动合触点闭合，按下 SB_1，接触器 KM_1 得电吸合并自锁，电动机降压启动，同时时间继电器 KT 开始计时，经过一段时间后，其动合触点闭合，KM_2 得电吸合并自锁，电动机全压运行。

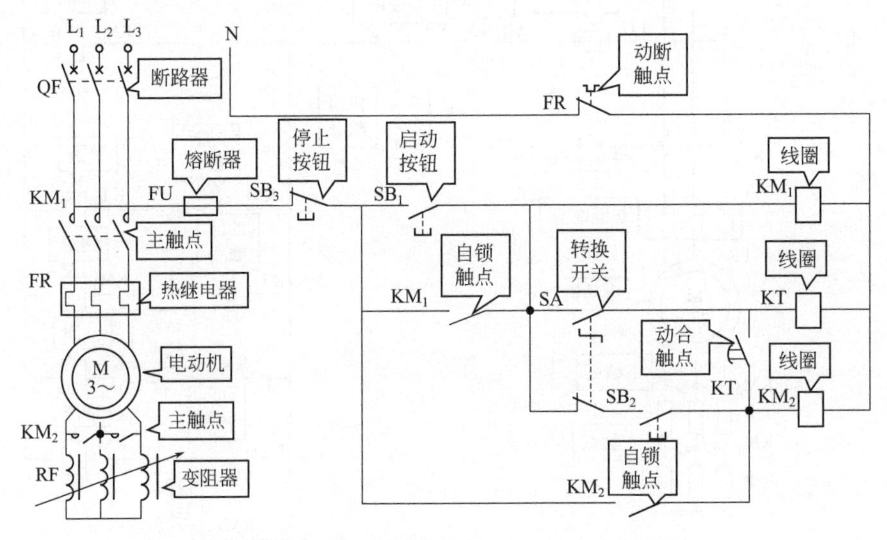

图 4-60　频敏变阻器手动、自动单向启动电路

（2）频敏变阻器手动正反转启动电路（图 4-61）

工作原理：合上电源开关 QF，按下正转启动按钮 SB_1，接触器 KM_1 得电吸合并自锁，电动机转子串入频敏变阻器 RF 启动。当电动机转速上升到一定值时，按下按钮 SB_3，KM_3 得电吸合并自锁，短接频敏变阻器，电动机进入正常运行。反向启动时，按下反转启动按钮 SB_2 即可，其启动过程与正向启动过程相似。

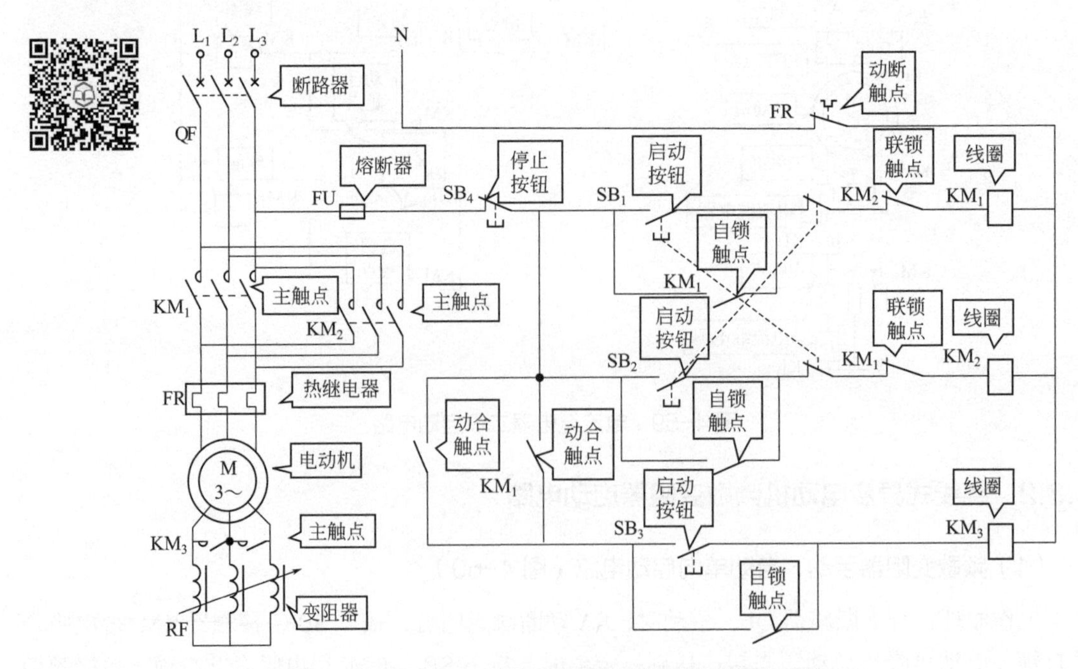

图 4-61　频敏变阻器手动正反转启动电路

4.4 直流电动机控制电路识读

4.4.1 他励直流电动机控制电路

（1）他励直流电动机时间原则降压启动电路（图 4-62）

工作原理：合上隔离开关 QS_1、QS_2，时间继电器线圈得电，按下启动按钮 SB_1，接触器 KM_1 得电吸合并自锁，KM_1 主触点闭合，电动机 M 串电阻 R_1、R_2 降压启动。同时 KM_1 的辅助触点断开时间继电器 KT_1、KT_2 线圈回路。时间继电器 KT_1、KT_2 开始延时，经过一定时间后 KT_1 动合触点闭合，使接触器 KM_2 线圈得电，KM_2 主触点闭合，切除电阻 R_1，电动机 M 串电阻 R_2 继续启动。再经过一定时间后，时间继电器 KT_2 动合触点闭合，接触器 KM_3 线圈得电，KM_3 主触点闭合，切除电阻 R_2，电动机 M 全压运行。

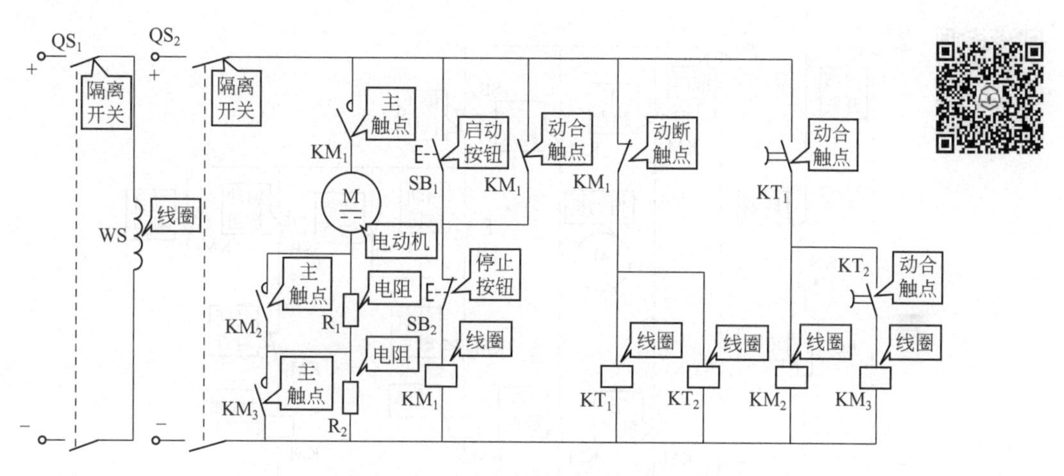

图 4-62　他励直流电动机时间原则降压启动电路

（2）他励直流电动机电流原则降压启动电路（图 4-63）

工作原理：合上隔离开关 QS_1、QS_2，按下启动按钮 SB_1，接触器 KM_1 得电吸合并自锁，KM_1 主触点闭合，电流继电器 KI 吸合，其动断触点断开，电动机 M 串电阻 R 降压启动。随着电流的减小，电流继电器 KI 断电，其动断触点复位闭合，接触器 KM_2 线圈得电，KM_2 主触点闭合，切除电阻 R，电动机全压运行。

（3）他励直流电动机可逆运行电路（图 4-64）

工作原理：合上隔离开关 QS_1、QS_2，按下启动按钮 SB_1，接触器 KM_1 得电吸合并自锁，KM_1 两副主触点闭合，电动机 M 正转运行。反转时，按下启动按钮 SB_2，接触器 KM_2 得电吸合并自锁，KM_2 两副主触点闭合，改变了电枢中电流方向，电动机 M 反转运行。

（4）他励直流电动机能耗制动电路（图 4-65）

工作原理：合上隔离开关 QS_1、QS_2，按下启动按钮 SB_1，接触器 KM_1 得电吸合并自锁，KM_1 主触点闭合，接触器 KM_3 线圈得电，切除电阻 R_1，电动机 M 启动运行。停止时按下 SB_2，电动机 M 接入电阻 R_2 进行能耗制动，松开 SB_2 制动结束。

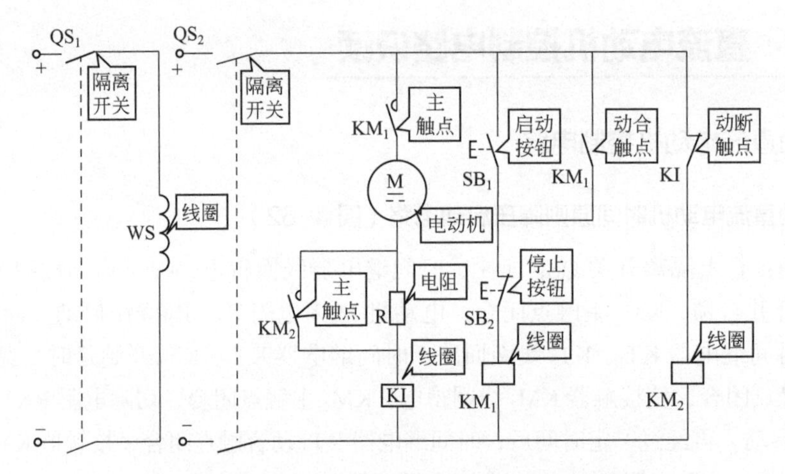

图 4-63　他励直流电动机电流原则降压启动电路

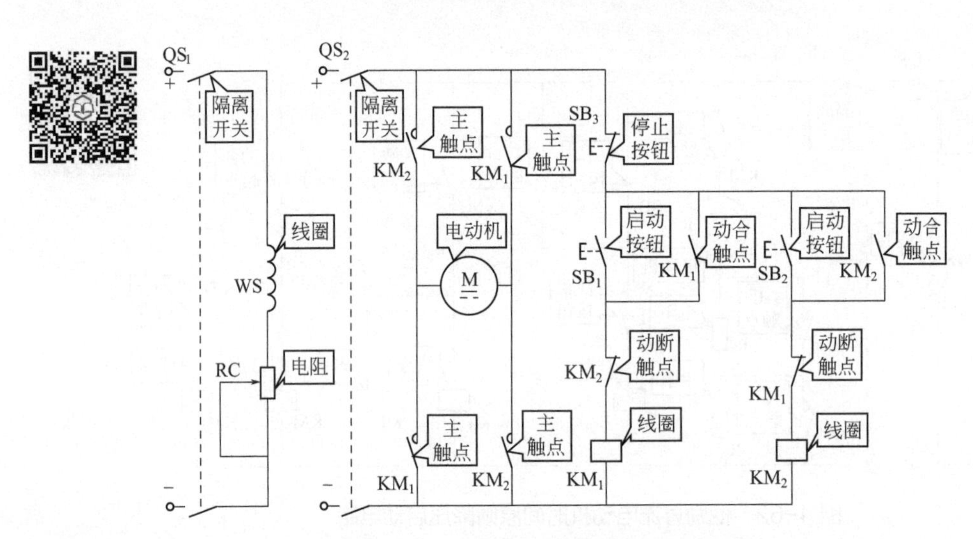

图 4-64　他励直流电动机可逆运行电路

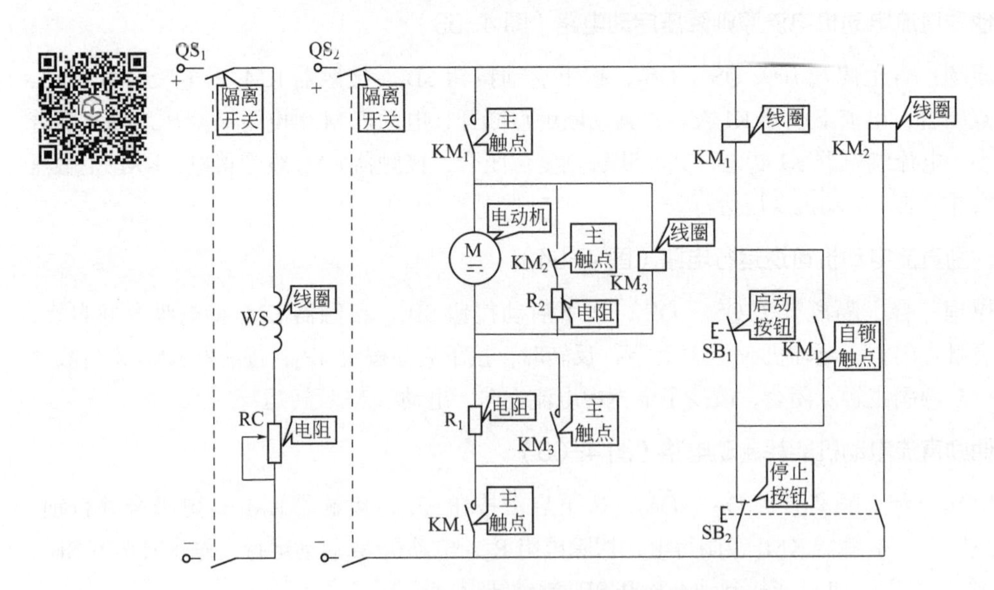

图 4-65　他励直流电动机能耗制动电路

（5）他励直流电动机反接制动电路（图 4-66）

工作原理：合上隔离开关 QS_1、QS_2，按下启动按钮 SB_1，接触器 KM_1 得电吸合并自锁，KM_1 主触点闭合，电动机 M 启动运行。停止时，先按下 SB_2，电动机 M 接入反向电压开始制动，再按下 SB_3 制动结束。串入电阻 R 的作用是限制反接电流。

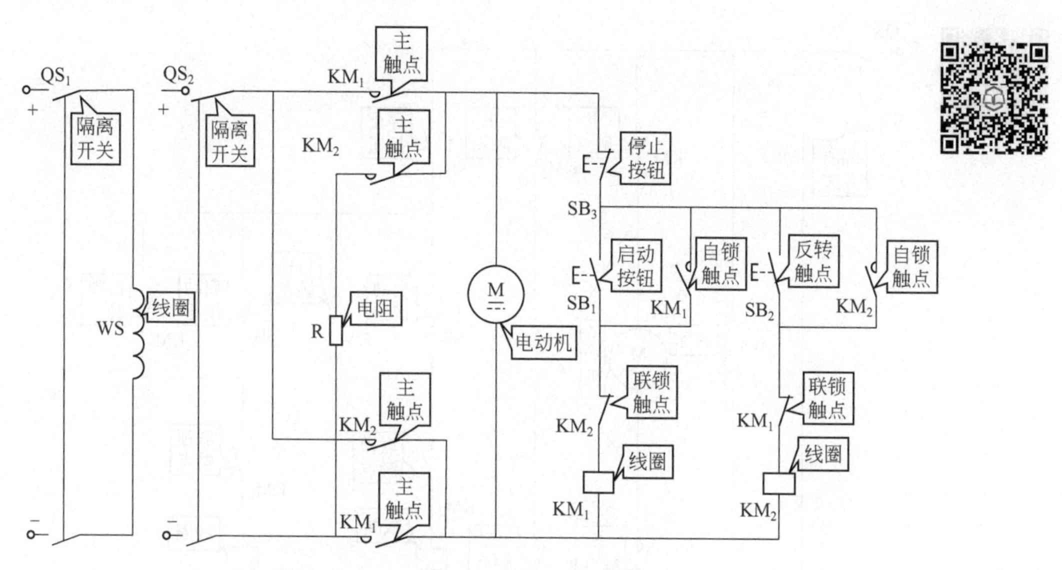

图 4-66　他励直流电动机反接制动电路

4.4.2　并励直流电动机控制电路

（1）并励直流电动机电枢反接法正反转启动电路（图 4-67）

工作原理：合上隔离开关 QS，正转控制时按下启动按钮 SB_1，接触器 KM_1 得电吸合并自锁，KM_1 主触点闭合，电动机 M 正转。反转控制时按下 SB_3，接触器 KM_1 线圈失电释放，KM_1 主触点断开，电动机 M 停转，再按下 SB_2，接触器 KM_2 得电吸合并自锁，KM_2 主触点闭合，电动机 M 反转。

（2）并励直流电动机磁场反接法正反转启动电路（图 4-68）

工作原理：操作方法与电枢反接法相同，只是接触器的两副主触点改变的是励磁绕组的电流方向。

（3）并励直流电动机改变励磁调速电路（图 4-69）

工作原理：合上隔离开关 QS，按下启动按钮 SB_2，接触器 KM_2 得电并自锁，KM_2 主触点闭合，电动机 M 串电阻 R 启动。同时时间继电器 KT 线圈得电，经过一定时间延时，其动合触点 KT 闭合，使接触器 KM_3 线圈得电，其主触点切除电阻 R，电动机全压运行。当需要调速时，调节电阻器 RP 的阻值，即可改变电动机的转速。

（4）并励直流电动机能耗制动电路（图 4-70）

工作原理：合上隔离开关 QS，按下启动按钮 SB_1，接触器 KM_1 线圈得电，KM_1 主触点闭合，电动机M串电阻R_1、R_2降压启动。停止时，按下SB_2，接触器KM_1失电，其动合触点闭合，使继电器KA线圈得电，KA的动合触点闭合，使接触器KM_4线圈得电，KM_4动合触点接入电阻RP，使电动机串电阻RP进入能耗制动状态。

续流二极管VD的作用是保证能耗制动时，励磁绕组WS电流通路。

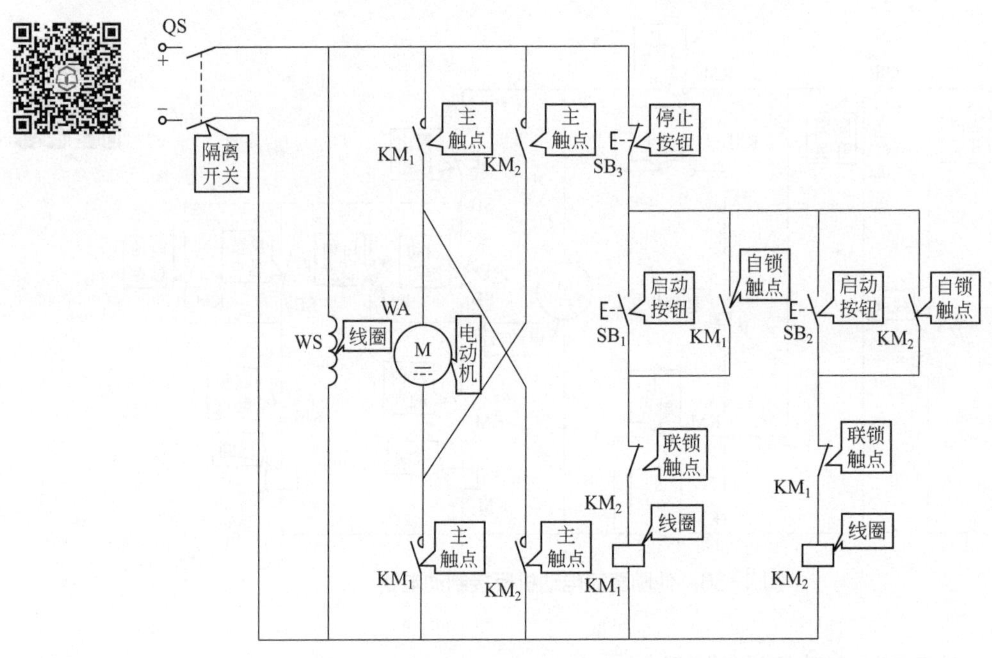

图 4-67　并励直流电动机电枢反接法正反转启动电路

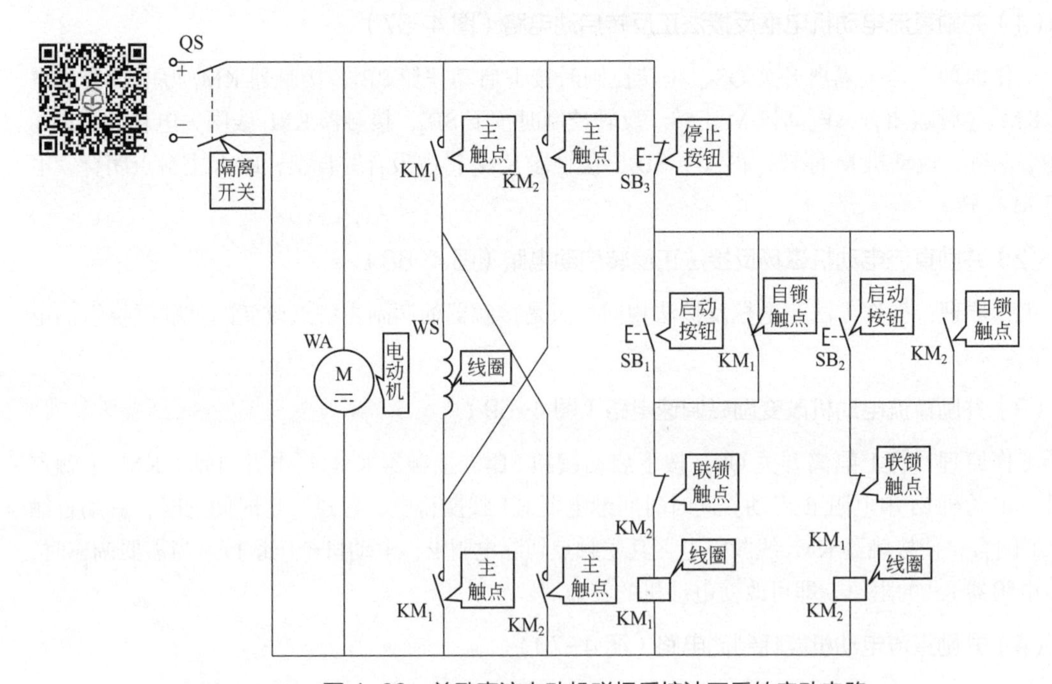

图 4-68　并励直流电动机磁场反接法正反转启动电路

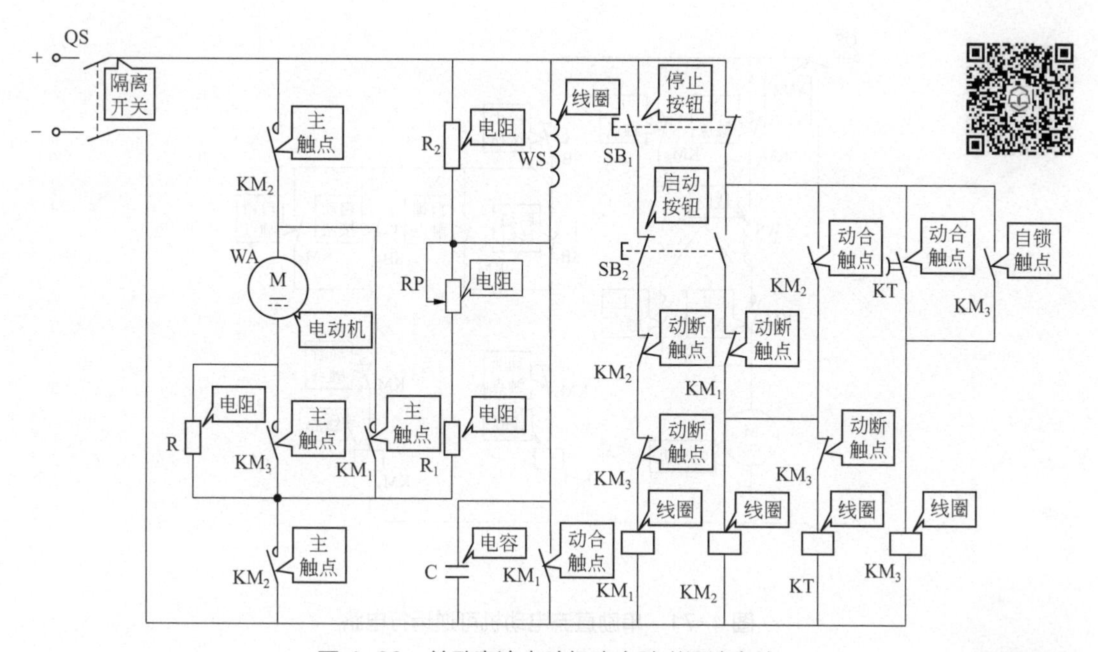

图 4-69　并励直流电动机改变励磁调速电路

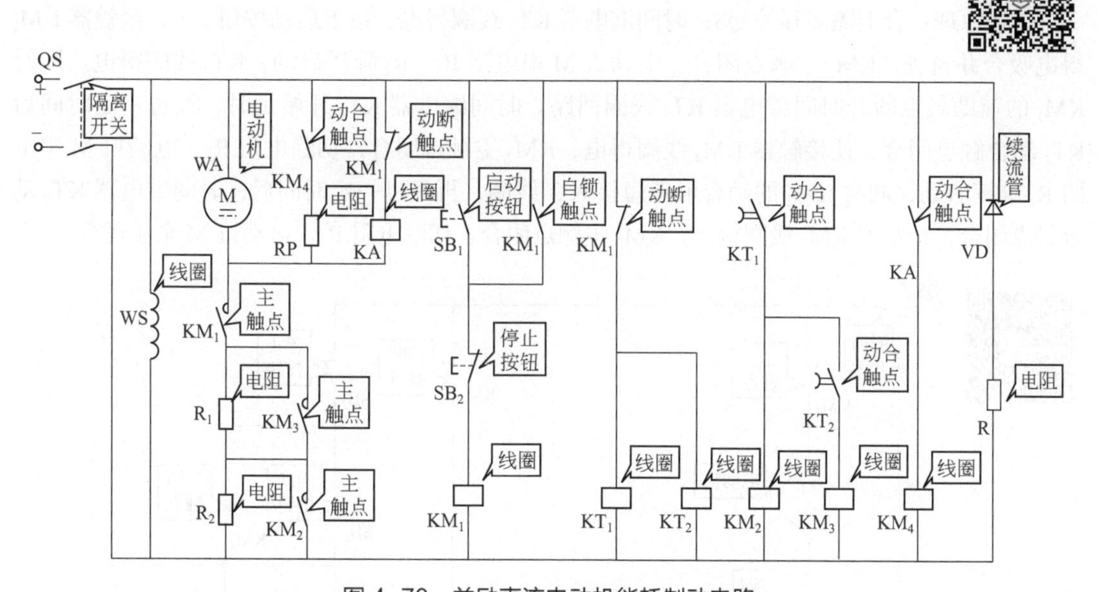

图 4-70　并励直流电动机能耗制动电路

4.4.3　串励直流电动机控制电路

（1）串励直流电动机可逆运行电路（图 4-71）

工作原理：合上隔离开关 QS，正转控制时按下启动按钮 SB_1，接触器 KM_1 得电吸合并自锁，KM_1 主触点闭合，电动机 M 正转。反转控制时按下 SB_3，接触器 KM_1 线圈失电释放，KM_1 主触点断开，电动机 M 停转，再按下 SB_2，接触器 KM_2 得电吸合并自锁，KM_2 主触点闭合，改变了励磁绕组电流方向，电动机 M 反转。

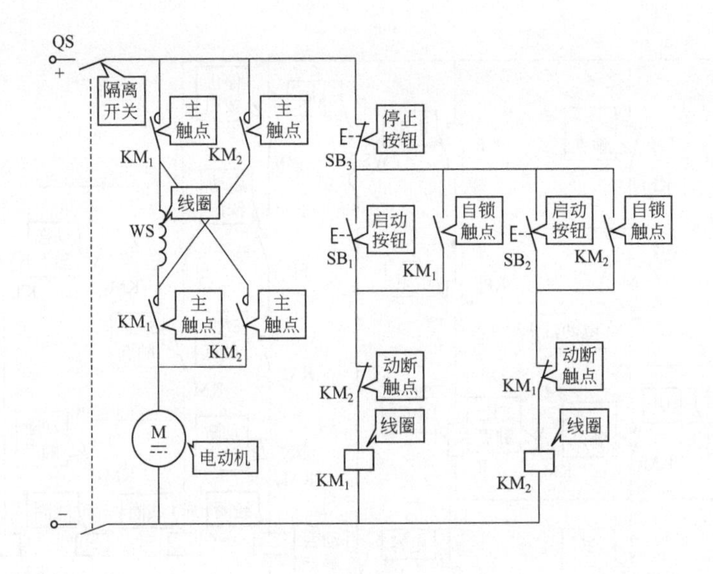

图 4-71　串励直流电动机可逆运行电路

（2）串励直流电动机降压启动电路（图 4-72）

工作原理：合上隔离开关 QS，时间继电器 KT_1 线圈得电，按下启动按钮 SB_1，接触器 KM_1 得电吸合并自锁，KM_1 主触点闭合，电动机 M 串电阻 R_1、R_2 降压启动，KT_2 线圈得电。同时 KM_1 的辅助触点断开时间继电器 KT_1 线圈回路。时间继电器 KT_1 开始延时，经过一定时间后 KT_1 动合触点闭合，使接触器 KM_2 线圈得电，KM_2 主触点闭合，切除电阻 R_2，电动机 M 串电阻 R_1 继续启动，同时 KM_2 的动合触点短接 KT_2 线圈，再经过一定时间后，时间继电器 KT_2 动合触点闭合，接触器 KM_3 线圈得电，KM_3 主触点闭合，切除电阻 R_1，电动机 M 全压运行。

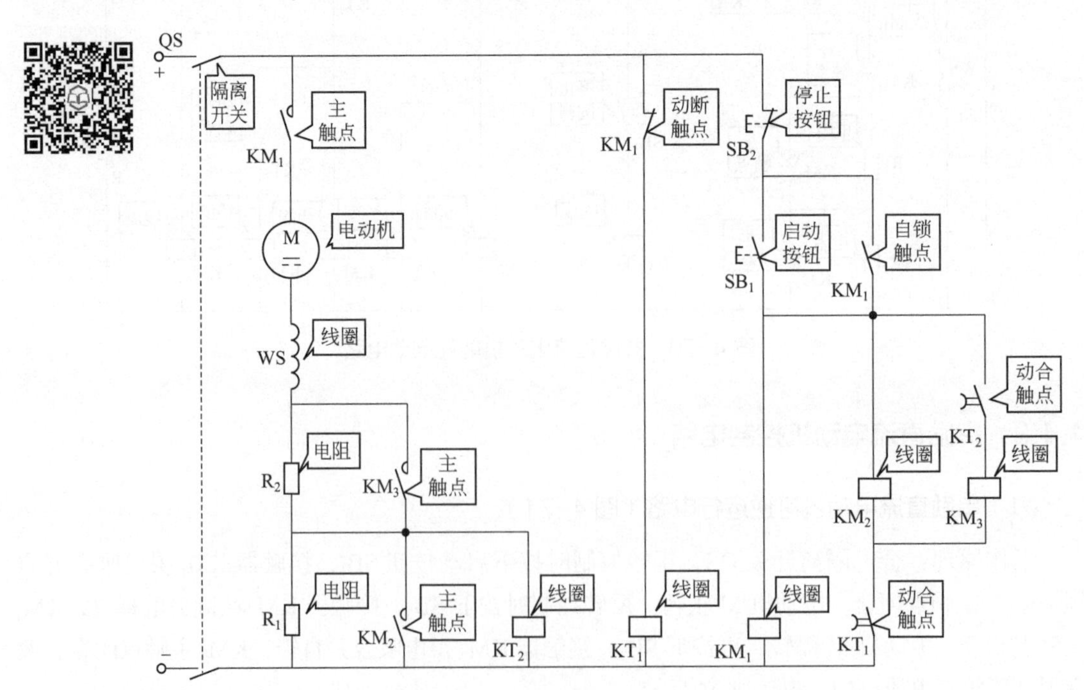

图 4-72　串励直流电动机降压启动电路

（3）串励直流电动机自励能耗电路（图 4-73）

工作原理：合上隔离开关 QS，按下启动按钮 SB_1，接触器 KM_1 得电吸合并自锁，KM_1 主触点闭合，电动机 M 启动运行。停止时，按下 SB_2，接触器 KM_1 失电，KM_2 得电吸合，其动合触点闭合使励磁绕组反接并串入电阻 R 进入能耗制动状态。松开 SB_2，制动结束。

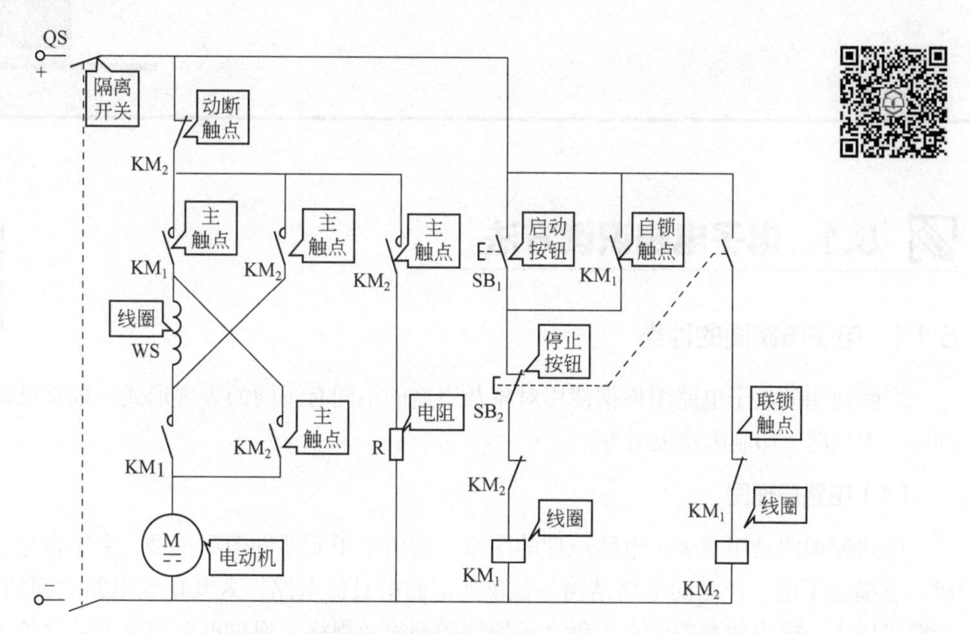

图 4-73　串励直流电动机自励能耗电路

·第5章·

电子电路图识读

 5.1 电子电路识读方法

5.1.1 电子电路图的种类

实际使用的电子电路图根据使用对象及用途的不同有不同的表现形式，最常见的有电路原理图、方框图、印制电路板图等。

（1）电路原理图

电路原理图是用来表示电路原理的图纸。它由电子元器件图形符号、文字符号、连线等构成，它描述了电子产品的电路结构、各单元电路的具体电路形式及单元电路之间的连接方式，标明了输入、输出的参数要求、每个元器件的型号及规格。通过电路图可以清楚地了解电路设计思想及电子产品的所有信息。因此，电路原理图是电子产品设计说明书、使用说明书及各类电子图书常采用的一种电路形式。

（2）方框图

方框图又称框图，是一种用方框和连线来表示电路的构成概况及工作原理的电路图。它将整机电路原理图划分成一些功能模块（或单元电路），每个功能模块（或单元电路）用方框表示，在方框中注明模块的功能（或单元电路的名称）。在不同的方框之间用带箭头的连线说明各个方框之间的关系。

方框图主要用于对复杂的电子电路的组成及工作原理做简单的描述及概述，它对了解电路的设计思想及工作原理极为有益。

除了整机方框图外，还有集成电路内电路方框图及系统电路方框图。集成电路内电路方框图也是常见的方框图，很有实用意义。

从集成电路内部电路方框图可以了解到集成电路的构成、有关引脚的功能等识图信息，这对于分析该集成电路的应用电路是十分有用的。集成电路内电路有的很复杂，其引脚又很多，所以在分析电路时能有集成电路内电路方框图是很方便的。

一个整机电路是由许多单元电路构成的系统电路。系统方框图就是用方框图的形式表示该系统电路组成的情况。往往系统方框图比整机电路方框图更加详细。

方框图也是一张重要的电路图，它对分析集成电路的应用电路和复杂电路，了解整机电路的组成情况非常有用。在有些时候，没有方框图将会对识图带来许多不便。

提出方框图的概念主要是为了识图的需要。方框图可以表达单元电路之间的信号传输方向，从而能了解信号在各部分单元电路之间的传输顺序；它表达了一些复杂电路的组成情况，简洁、逻辑性强，便于分析；它包含了信号传输的途径及在传输过程中受到的处理过程等重要的识图信息。因此了解方框图对识图有重要的意义。

（3）印制电路板图

印制电路板图又称印刷电路板图。在印制电路板图上往往标注有电路元器件的图形符号及文字符号，还画有不是在印制电路板上装配的一些电子元器件与印制电路板的连接关系，因此它属于供装配实际电路时使用的一种图纸。通常所说的连线往往指的是普通导线，而在印制电路板上，元器件之间的连接靠的是印制电路板上的印制电路。印制电路是在覆有一薄层金属箔的绝缘板上制作的，制作时根据电路元器件连接的要求将金属箔上不需要的部分腐蚀掉，剩下的金属箔便作为电路元器件之间的连接线。电路中的电子元器件按照电路原理图的要求焊接在这些连线上，完成整个电路的连接。因此又把印制电路板图称为印制电路焊装图。

应该指出的是，印制电路板图的元器件分布位置往往和电路原理图中的位置有很大不同。这主要是因为在印制电路板的设计中，不只要考虑和原理图的连接线一致，同时还要考虑元器件分布的均匀性、连接线的合理性、元器件的散热及抗干扰等诸多因素，综合这些因素设计出来的印制电路板图自然无法和电路原理图的元器件分布及走线相一致。

印制电路板图上的元器件排列位置虽然和电路原理图不相一致，但它可以起到将电路原理图和实际安装线路之间进行沟通的作用。通过印制电路板图可以很方便地在实际线路板上找到电路原理图中某个元器件的具体位置。

从印制电路板图中可以得到以下识图信息：

① 印制电路板图上所标注的电子元器件图形符号及文字符号与电路原理图上的符号相一致。

② 电路原理图中各元器件的连线均为印制电路板图上的铜箔线路。一般来说，大画积的铜箔线是地线，变压器的屏蔽外壳、开关件的金属外壳和地线是相通的。

③ 在印制电路板图上，引线往往不会像电路原理图上那样有序和有规律，而是弯弯曲曲的。寻找电子元器件位置时应注意印制电路板上印制的元器件标志符号及代号。

在前面介绍的几种形式的电路图中，电路原理图是最常用也是最重要的电路图。若能够看懂电路原理图，也就基本上掌握了电路的工作原理，再对其进行分析，进一步理解后，绘制方框图及印制电路板图就相对简单多了。所以本章着重讲述电路原理图的识图方法。

5.1.2 电子电路图的识图方法与技巧

无论电子电路是繁是简，其要实现的功能和要达到的目的都不相同，但识读电子电路图的方法与技巧则是通用的。

（1）要熟悉电路原理图中各类电子元器件的符号及作用

初学者在识读电子电路图时，首先碰到的便是图中形形色色的图形符号及文字符号，如果对它们不熟悉，则无法阅读电子电路。因此对于初学者来说，首先是应当牢记电子元器件的图形及文字符号，并熟知它们在电子电路中所起的主要作用。

（2）要熟悉和牢记一些基本单元电路

任何复杂的电路都是由一些单元电路组合而成的。因此，掌握一些基本单元电路（如整流电路、稳压电路、基本放大电路、开关电路、振荡电路等）的工作原理，并能分析各个单元电路之间的关系，是能否看懂电路图的关键。

（3）要明确电路图中接地的概念

电路原理图中的接地，对电路而言是一个共用参考点，对分析电路工作原理而言，它可以方便识图。接地点的电压为零，电路中其他各点的电压都是以接地参考点为基准的。电路原理图中所标出的各点电压数据都是相对地端的大小。

电路原理图中的接地点，一般都是与电源的负极相连接。一般情况下，一张电路原理图只有一种接地符号，此时所有的地端都是相连的。

应指出的是，采用负极性电源供电的电路原理图中，接地点是电源的正极。

（4）要掌握几种分析电路常用的方法

常用的分析电路的方法有以下几种：

① 直流等效电路分析法　就是对被分析电路的直流系统进行单独分析的一种方法。在进行直流等效分析时，完全不考虑电路对输入交流信号的处理功能，只考虑由电源直流电压直接引起的静态直流电流、电压以及它们之间的相互关系。

采用直流等效分析法的目的就是为了了解半导体三极管的静态工作点，掌握静态工作状态和偏置性质。弄清级与级间的耦合方式，分析电路中的有关元器件在电路中的作用等。

直流等效分析时，首先应绘出直流等效电路图。绘制直流等效电路图时应遵循以下原则：

a. 电容器一律按开路处理。

b. 能忽略直流电阻的电感器应视为短路，不能忽略电阻成分的电感器可等效为电阻。

c. 取降压退耦后的电压作为等效电路的供电电压。

d. 把反偏状态的半导体二极管视为开路。

画出直流等效电路后，应计算出关键点的静态电压，分析电路直流系统参数，搞清静态工作点和偏置性质，以确定电路中的有关元件在电路中所处的状态及起的作用。如半导体三极管是处于饱和、放大，还是截止状态，又如半导体三极管是导通还是截止等。

② 交流等效电路分析法　就是把电路中的交流系统从电路中分离出来，进行单独分析的一种方法。应遵循以下原则：

a. 把电源视为短路。

b. 把交流旁路的电容器一律看成短路。

c. 把隔直耦合电容器一律看成短路。

画出等效电路后，再分析电路的交流状态，即电路有信号输入时，电路中各环节的电压和电流是否按输入信号的规律变化，是放大、限幅还是振荡，是限幅、消波、整形还是鉴相等。

③ 时间常数分析法　主要用来分析 R、L、C 和半导体三极管组成电路的性质。时间常数是反映储能元件上能量积累快慢的一个参数。如果时间常数不同，尽管电路的形式及接法相似，但在电路中所起的作用是不同的。常见的有耦合电路、微分电路、积分电路、钳位电路和峰值检波电路等。

④ 频率特性分析法　主要用来分析电路本身所具有的频率是否与它所处理信号的频率相适应。分析中应简单计算一下它的中心频率、上下限频率和频带宽度等。通过这种分析可以知道电路的性质，如滤波、陷波、谐振、选频电路等。

⑤ 多学相关的专业知识，勤动手实践　电子设备的电路原理图有的简单，有的复杂。对于复杂的电路原理图，识读时应具有相关的专业知识。这里所说的专业知识无外乎是电子理论、电子元器件的性能与使用、国内外常用的图形符号及文字符号等。除此之外还包括器件、材料、工艺、结构等方面的知识。对于有些电子设备的电路原理图识读时，只有电子技术方面的知识是不够的，还应学习电子设备应用方面的专业知识。例如医疗设备的电路原理图识读时，就必须具备人体生理方面的知识，否则只能当门外汉，入不了门。

⑥ 注意积累集成电路相关知识　在许多电路原理图中要用到集成电路。对于广大电子爱好者来说不可能对每一块集成电路都要花一定时间去学习，但是必须有针对性地对一些常用的集成电路的原理、功能、引脚的排列及作用要了解清楚，做到心中有数，如555时基电路、常用的运算放大器、集成稳压电路、一些数字门电路等。若在识图时遇到陌生的集成电路，首先要查阅有关资料，搞清该集成电路的功能，各引脚的排列及起什么作用，以帮助识图，加快读图的速度。

⑦ 平时要多看各种电路图　平时要多看、多读、多分析、多了解各种电子电路图。识读时可由简单电路到复杂电路。当遇到一时难以搞懂的问题，可向书本请教，在书本中寻找答案，也可以向内行人请教，加快解决问题的速度。只有这样才能不断积累经验，不断充实自己，也就能快速地识读电子电路图，读通各种电子电路图。

5.1.3 识读电子电路原理图的步骤

（1）了解电子设备的用途

在见到电子设备的电路原理图且不知它的用途时，往往感到电路错综复杂，很难理解电路各部分的作用和性能。当知道电子设备的用途后，再去识图时，则会很容易找出输入和输出之间的关系，各单元电路的作用也比较醒目了。了解电子设备的用途，实质上是为了搞清楚电路原理图的整体功能，以便在宏观上对该电路原理图有一个基本的认识。因此，在识读电路原理图时，首先要了解电子设备的用途。这是识读电路原理图的第一步，也是很重要的一步。

在了解电子设备的用途时，若有方框图则必须阅读。阅读方框图可以知道整机是由哪些单元电路组成来完成整体功能的，对全面理解工作原理大为有益。

（2）分解电路

在没有方框图的情况下，必须自己动手分解电路，将电路化整为零，画出电路原理方框图。分解电路时，以所处理的信号流程为顺序，以主要元器件为核心，将电路原理总图先分解成若干个基本组成部分，再分析每一个基本组成部分是由哪些单元电路组成的，它们的功能是什么。

一般来讲，半导体三极管、集成电路是各个单元电路的主要器件。尤其在微电子技术不断发展的今天，各种电子产品与电子设备越来越多地使用了集成电路，集成电路IC的符号也越来越多地出现在电路原理图中。

在分解电路时要注意电路的类型。单元电路可分为模拟电路和数字电路两大类。模拟电路是处理、传输和产生模拟信号的电路，而数字电路则是处理、传输和产生数字信号的电路。

（3）寻找整机电路的通路

一个电子设备往往是由不同的通路组成的，比如交流通路、供电直流通路、信号输入和输出通路、控制通路、反馈通路、显示通路等，只有把各通路分清后，才能搞清各组成部分之间的关系，以及它们之间是如何联系的。

下面是一些主要通路输入及输出之间的关系，以及通路的特点，对寻找电路通路会有帮助。

① 放大电路通道。在放大单元电路中，输出信号的幅度要比输入信号的幅度大许多倍，而其他特征不变。其中，单管共发射极的输出信号与输入信号相位相反，而两级直接耦合放大器的输出信号与输入信号相位相同。

② 信号发生电路（振荡电路）通道。信号发生单元电路是在没有输入信号的情况下，由自身产生的自激振荡，通过选频网络向外输出特定的波形和频率的信号。

③ 调谐放大通道。在调谐放大单元电路中，输入信号中只有接近谐振频率的信号才能到达输出端，其他频率则不能通过通道。

④ 数字电路通道。数字电路的输出信号有的只取决于同一时刻的输入信号，而与电路原来的状态无关；有的输出信号不仅与同一时刻的输入信号有关，还与电路原来的状态有关。

（4）分析控制逻辑关系

对于有控制通路的电路，还要分析各种控制逻辑关系，只有这样才能弄清整机控制电路的原理及功能。

上述识读电子电路原理图的步骤应根据具体情况灵活运用。

5.1.4 识图要点

（1）识读整机电路原理图的要点

① 整机电路原理图的作用及电路特点　整机电路原理图是指电子产品的整机电路图，它是用来表明整个电子产品的电路结构，表示出各单元电路之间的连接方式。表达整机电路的工作原理。在整机电路图中还给出了各元器件的参数、型号及有关测试点的直流工作电压，有的还会标出该处的信号波形。如在电视机的整机电路中集成电路各引脚上的直流电压标注及视频信号的波形标注，这些都为检修工作提供了方便。

整机电路图具有下列一些特点：

a. 同类型的电子产品其整机电路图有其相似之处；

b. 不同类型的电子产品之间，它们的整机电路图相差很大，但有些单元电路还是类似的；

c. 在整机电路图中，各部分单元电路的画法有一定的规律性，了解这些舰律对识图是有益的。

各单元电路在整机电路图中的分布规律一般是：

a. 电源电路一般画在整机电路图的右方或右下方；

b. 信号源电路一般画在整机电路图的左侧；

c. 负载电路一般画在整机电路的右侧；

d. 各级放大器电路一般是从左向右排列的；

e. 各单元电路中的电子元器件大都会集中在一起。

② 识读整机电路原理图的要点

a. 要搞清楚整机电路原理图的整体功能　任何电子产品的电路原理图都是为了完成和实现产品的整体功能而设计的。因此搞清楚电路原理图的整体功能才有可能对该电路原理图有一个基本了解。要了解电路原理图的整体功能可从电子产品的名称入手，也可以从产品的说明书中找答案。

b. 判断出电路原理图中信号流程方向　电路原理图一般是以所处理信号流程为顺序，按照一定的规律绘制的。在分析电路原理图时，也应按照信号处理的流程进行，因此必须先了解该电路图的信号处理流程方向。在判断时，一般可根据电路原理图的整体功能，找出整个电路的总输入端和总输出端，这对找出电路的信号处理流程方向是很重要的。例如在收音机电路中，天线接收调谐电路为输入端，功率放大为输出端。

判断电路原理图中的信号流程方向可借助方框图。

c. 将电路原理图进行分解　在知道了整体功能和信号流程方向后，应以主要元器件为核心，将电路原理图中的电路分解为若干个单元电路，这对于复杂电路的识读尤为重要。

分解电路时，首先应寻找自己熟悉的单元电路，看它们在电路中起什么作用，然后与它们周围的电路联系，分析这些元器件及单元电路是如何互相配合工作的，逐步扩展，直到能对全图理解为止。

半导体三极管、场效应管、集成电路等是各单元电路的主要元器件。因此，可以它们为核心去分解电路，按照信号处理流程方向进行电路的分解。

d. 找出信号通道　对于较简单的电路原理图，一般只有一个信号通道，对于较复杂的电路原理图，往往有好几个信号通道，包括一个主通道和若干个辅助通道。一般来讲，电路的基本功能都是由主通道来实现的，因此首先要分析寻找出信号主通道各单元电路以及各单元电路间的接口关系。

寻找出主信号通道后，然后去分析辅助电路及直流供电电路。辅助电路是为提高主信号通道的基本性能而设置的，而直流供电电路是向整机电路提供工作电源及能量的。

e. 开关位置和继电器触点状态　电路原理图中的开关位置和继电器触点的状态一般是指当前的工作状态和继电器没有工作时的状态。

f. 多张图纸的整机电路原理图的识读　当整机电路原理图分为多张图纸时，可以一张一张地过行识图，但对信号传输系统进行分析时，则要将各图纸连接起来分析。在识读由多张图纸组成的整机电路图时，要注意引线接插件的标注，各张图纸中的单元电路之间的电路连接是由它们完成的。

g. 标题栏及元器件明细表　在整机电路原理图的右下方有标题栏及元器件各明细表（指生产用图纸），若对电路图中某一个元器件的参数及型号不甚了解时，可查阅这些明细表，在明细表中一般都注明了详细的参数及型号。

（2）识读方框图的要点

① 方框图的作用及特点　方框图分为整机电路方框图、系统方框图及集成电路内电路方框图。整机电路方框图是方框图中最复杂的方框图，从这张方框图中可以了解到整机电路组成和各部分单元电路之间的相互关系，还可以了解到信号的传输途径。一个整机电路是由许多系统

电路构成的，系统电路方框图就是用方框图形式表示该系统电路组成等情况，它是整机电路方框图下一级的方框图，往往系统方框图比整机电路方框图更加详细。集成电路内电路方框图主要是用电路方框图来表示集成电路的内电路组成情况，以便于识图。

在几种方框图中，整机电路方框图是最重要的。

方框图的主要特点是给出了电路的组成和信号的传输方向、途径以及信号在传输过程中的处理过程。

② 识读方框图的要点

a. 图中的箭头方向表示了信号的传输方向。

b. 要了解一个复杂的电路原理图，应借助整机方框图。在方框图中可以看出整机电路是由哪些单元电路组成的，以及各单元电路间是如何连接的。对于控制电路来说，可以看出控制信号的传输过程及控制信号的来路及控制对象。

c. 在分析集成电路的应用电路过程中，当没有集成电路的引脚功能资料时，可以借助集成电路的内电路方框图来了解和推理引脚的功能。

d. 识读集成电路的内电路方框图时，不必对内电路进行分析，只需了解信号在集成电路内的传输及处理过程。

e. 在生产厂家提供的资料中，一般情况下都不会给出整机电路方框图，不过大多数同类型电子产品的电路组成是相似的。因此，可以用同一类型电子产品的整机电路方框图作为识读本电路的参考图。

（3）识读印制电路板图的要点

① 印制电路板图的作用及特点　印制电路板图是专门为元器件装配和电子产品维修使用的一种电路图，它的主要作用如下：

a. 为在实际电路板上寻找电路原理图中某个元器件的具体位置提供方便。

b. 起到电路原理图和实际电路板之间的沟通作用。

c. 给出了各元器件在电路板上的分布及具体位置，给出了各元器件引脚之间连线的走向。

印制电路板图和电路原理图相比，具有以下特点：

- 电路板上的元器件排列、分布不像电路原理图那么有规律。
- 各元器件之间的连接不用线条而采用铜箔线路；铜箔线路的排布和走向没有规律，但比较乱，给识读图带来不便。

② 识读印制电路板图的要点

a. 在印制电路板图上均画有元器件的图形符号及文字标注，它们和电路原理图上的图形符号及代号是一致的。

b. 根据一些元器件的外形特征可在印制电路板上很快找到这些元器件，外形比较容易辨认的元器件有变压器、开关器件，集成电路、功率放大管等。

c. 一些单元电路比较有特征，根据这些特征可以很方便找到，如整流电路中的二极管比较多；中放电路有中放变压器；功率放大管有散热片等。

d. 电路板上大面积的铜箔线路是地线，在印制电路板上的地线处处都是相连的。

e. 印制电路板图中的电阻器、电容器很多，找起来有些不方便，应先找到与它们相连的三极管及集成电路，再间接寻找它们就方便多了。

（4）识读单元电路图的要点

① 单元电路图的作用及特点　单元电路图可完整表达某一功能电路的结构及工作原理，有时在单元电路图中会全部标出各元器件的参数及型号。单元电路图只出现在讲解电路工作原理的书刊中，在实际的电路中并不会出现。对单元电路的学习是学会识图的关键，只有掌握了单元电路的工作原理，才能进而识读整机电路原理图。

单元电路主要是为讲述和分析某个单元电路工作原理而单独将这部分画出的电路，它可以省去与该单元电路无关的元器件符号及连线，使电路图显得简洁、清楚。

例如放大单元电路中，对电源、输入电路及输出电路加以简化。在电路中以 $+E_c$ 表示直流工作电源，其中正号表示采用正极直流电压给电路供电，地端接电源的负极；U_i 表示输入信号，是这一单元所要放大或处理的信号；U_o 表示输出信号，是经过这一单元电路放大或处理后的信号。

通过单元电路图中这样的标注可以方便地找出电源端、输入端及输出端，而在实际电路中，这些端点均与整机电路中的其他电路相连，并不标注 $+E_c$、U_i、U_o。

② 识读单元电路的要点

a. 整机电路中的各种功能单元电路繁多，有一些单元电路的工作原理又比较复杂，若在整机电路中直接进行分析就显得比较困难，这时可以通过对单元电路图分析后再去分析整机电路，这样就显得比较简单了。通常对单元电路进行的电路分析有以下几方面：

- 元器件作用分析。电路中的元器件分析就是要搞清楚电路中各元器件起什么作用，这个分析非常关键，简单地说，能不能看懂电路工作原理图就是能不能了解电路中的各元器件作用。对于陌生的电子元器件必须查找资料去学习，直至搞懂为止。
- 信号传输过程分析。信号传输过程分析就是要分析信号在该单元电路中如何从输入端传输到输出端，信号在这个传输过程中得到了如何地处理，是得到了放大还是衰减，或是受到控制。
- 分析直流电压供给电路。分析直流电压供给电路就是前面讲过的直流等效电路分析法，在此不做赘述。

b. 单元电路可分为模拟电路及数字电路两大类，必须要搞清楚。

模拟电路是产生、传输和处理模拟信号的电路，在模拟电路中，信号为连续变化的物理量。例如：放大器对输入信号进行放大；振荡器产生信号电压；调制器将信号电压调制到载波上；整流电路将交流电压转变为直流电压；逆变电路将直流电压转变为交流电压等。

数字电路是处理、传输或产生数字信号的电路，在数字电路中，信号为断续变化的物理量。数字电路是利用脉冲技术和逻辑关系来传输、变换或控制数字信号的，例如用门电路实现基本的逻辑控制；用触发器实现简单的时序逻辑关系；用比较器、加法器、编码器、译码器实现组合逻辑电路等。随着电子技术的发展，数字电路早已实现了集成化，在单元电路中广泛应用着数字集成电路。

③ 识读单元电路时，要弄清楚输入与输出信号关系。

（5）识读集成电路应用电路图的要点

① 集成电路大都是电路原理图中各单元电路的核心器件，在单元电路中起主要作用，要看懂带有集成电路的电路原理图，关键是了解和掌握集成电路的基本功能。

② 集成电路品种繁多，了解电路原理图中集成电路的功能并非易事，尤其对不常用的集成电路更是如此。但是，必须要查找相关资料来搞清楚集成电路的基本功能，在无法通过查阅资料了解集成电路的情况下，可以通过分析集成电路与其前后级电路的连接元器件，来确定该集成电路的基本功能。

③ 识别集成电路的引脚和掌握集成电路各引脚的作用及功能，是看懂含有集成电路的电路原理图的基础。集成电路的引脚是集成电路内电路与外围电路的连接点，只有按要求在这些引脚上连接上外接的元器件及电路，集成电路才能正常工作。在电路原理图上，往往不画出集成电路的内部电路框图，在这种情况下，能正确掌握集成电路引脚的作用及功能就显得尤为重要。

5.2 电子开关照明电路识读

5.2.1 模拟电子开关照明电路识读

（1）节日流水彩灯电路（图 5-1）

原理分析：电网交流 220V 电压加到电路上，经 VD_1 半波整流，给 C_1 ～ C_3 充电，当其上电压达到一定数值时，会使晶闸管 VTH_1 ～ VTH_3 导通，灯泡 EL_1 ～ EL_3 相继点亮，但 C_1 ～ C_3 上的充电不会完全同步，假设 VTH_2 先导通，EL_2 先亮；此时 C_3 继续充电，而 C_1 的电压经 VD_7 和 VTH_2 放电，VTH_1 不能导通，随着 C_3 充电，其上电压继续增高，会使 VTH_3 导通，EL_3 点亮；VTH_3 导通构成了 C_2 的放电回路，C_2 上电压下降，使 VTH_2 截止，EL_2 熄灭；与此同时，C_1 开始充电，经过一段时间，VTH_1 导通，EL_1 点亮；C_3 放电，VTH_3 截止，EL_3 熄灭；C_2 充电……如此循环，三只彩灯顺序发亮，似流水一样。

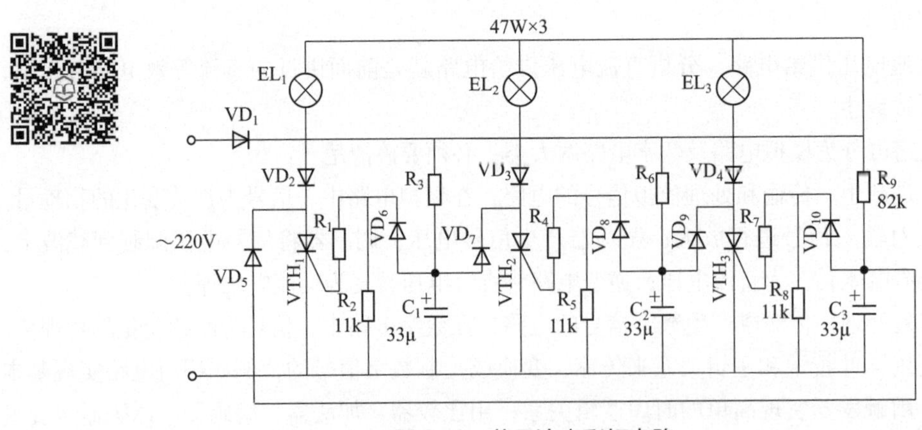

图 5-1　节日流水彩灯电路

（2）住宅走道照明控制电路（图 5-2）

原理分析：按一下开关 S_1 ～ S_n，电灯即亮，同时变压器 T 电源接通，经两级绕组降压的低压交流电通过桥式整流器和电容 C_1 滤波后，在 C_1 两端输出一个直流电压，使继电器线圈通电，电流经过电阻 R_1 以及电容 C_2 这两条支路加到晶体管 VT_1 的基极，且使 VT_1 加上正偏压。于是，复合管迅速饱和导通，继电器线圈吸合，其动合触点闭合，形成自锁，另一动断触点则断开，电源继续通过继电器线圈向 C_2 充电。由于 VT_1 的基极电流小，且 C_2 两端的电压不能突变，其正极电位只能缓慢升高，故在此期间继电器将继续保持吸合。当 C_2 充电至线圈的释放电压时，由于继电器线圈两端压差很小，不足以维持吸合，于是 K 断开，电灯熄灭，变压器绕组与电源脱离。C_2 上的残余电压则通过 VT_1 和 R_2 组成的放电回路迅速放完，以备下一次延时之用。

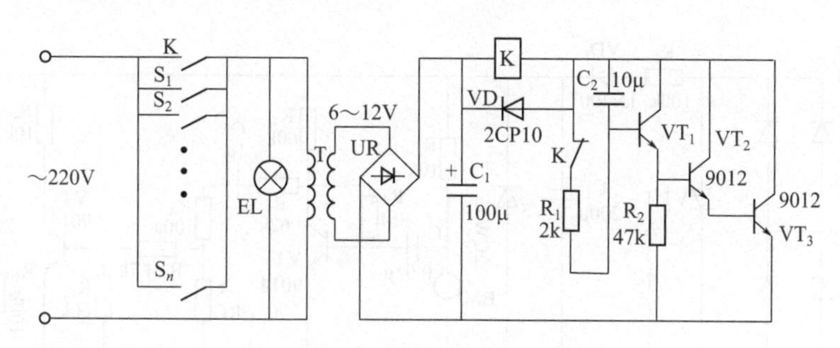

图 5-2　住宅走道照明控制电路

（3）亚超声遥控开关电路（图 5-3）

原理分析：在未捏亚超声笛时，双稳态触发器输出低电平，则 VT_5 截止，K 处于释放状态，VL 不亮，输出插座 XS 无电压输出，负载（用电设备）不工作。当捏一下亚超声笛后，亚超声传感器 BC 将接收到的亚超声信号变换成电信号，该信号经 VT_1、VT_2 放大后，去触发双稳态触发器，双稳态触发器变换成另一种状态，输出高电平，使 VT_5 导通，K 吸合，其动合触点接通，通过 XS 向负载提供工作电源，同时 VL 点亮，指示该亚超声遥控开关处于接通状态。再捏一下亚超声笛，则 VT_5 截止，K 释放，XS 上的电压消失，VL 熄灭，指示该遥控开关处于关闭状态。

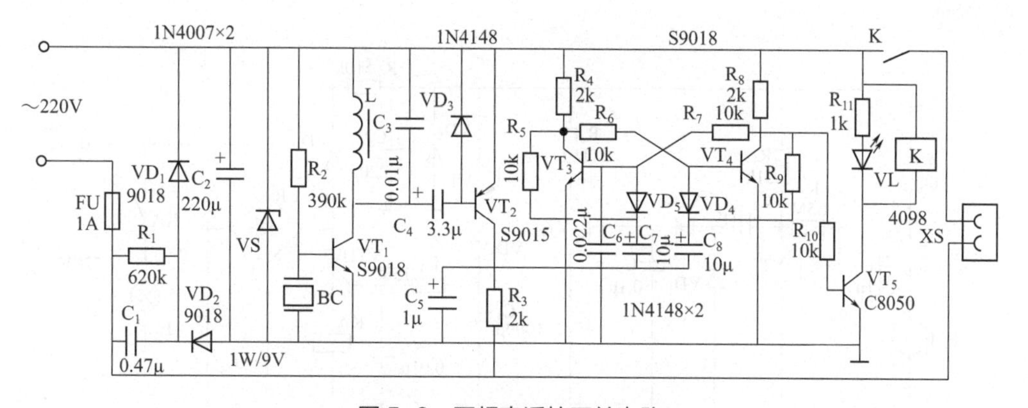

图 5-3　亚超声遥控开关电路

（4）光敏电阻延时节电开关电路（图 5-4）

原理分析：在白天光线射到光敏电阻 RG 之上时，其阻值变得很小，使 VT_2、VT_3 截止，C_4 正极电位为零（或很低），无触发电压加到晶闸管 VTH 的门极上，晶闸管关断，使得 VD_1 ～ VD_4 组成的桥路不通，作为负载的灯泡中无电流流过，灯泡不亮。

夜晚时，光敏电阻 RG 的阻值很大，为 VT_2、VT_3 导通做准备。当有声响被驻极晶体传声

器 BM 接收，则 VT_1 导通，C_3 中有电流流过，R_6 与 R_{12} 分压使 VT_2 基极电位升高，VT_2 由截止变为导通，C_4 被迅速充电，C_4 电位升高，当升高到一定程度时，VTH 被触发导通，灯泡被点亮。随后 C_4 通过 R_{10} 放电，当 C_4 正极电位低于晶闸管触发电压时，晶闸管关断，灯泡熄灭。

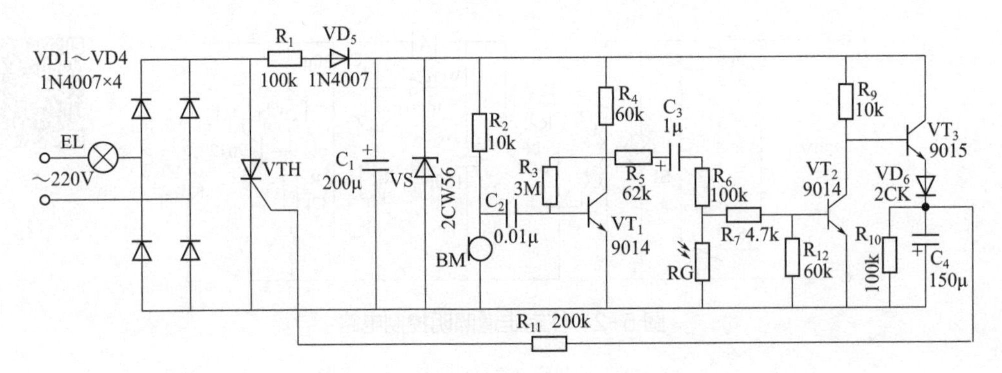

图 5-4　光敏电阻延时节电开关电路

（5）声控照明灯电路（图 5-5）

原理分析：交流 220V 电压经整流桥 UR 桥式整流、二极管 VD_4 隔离、电阻 R_6 与稳压二极管 VD_5 串联分压为音频放大电路提供基本工作电压，使音频放大电路工作在放大状态。当有声音传来时，经驻极体话筒拾取后转变为交变信号经电容 C_1 耦合后。使 VT_2 和 VT_3 组成的电子开关导通，随之 VD_3 也导通，并迅速向电容 C_4 和 C_6 充电，使晶闸管 VTH 导通，继电器 KA 得电，灯泡亮。等声音消失后，电容 C_4 开始放电，当 C_4 上的电压不足以维持晶闸管导通时，晶闸管关闭，灯泡熄灭。

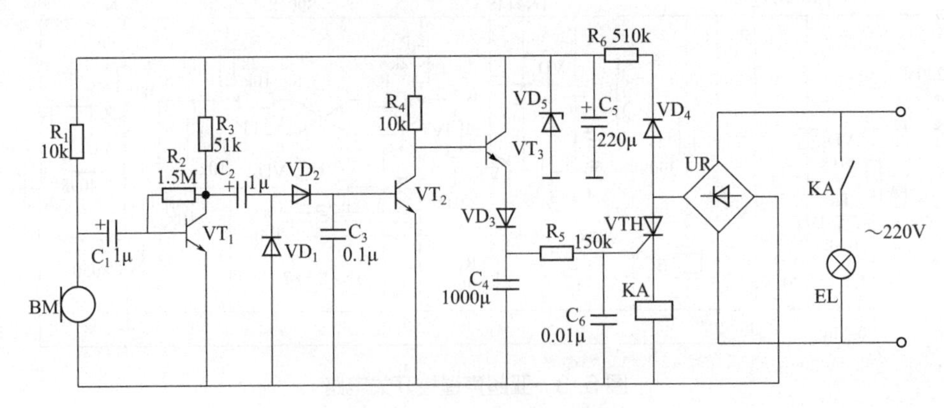

图 5-5　声控照明灯电路

（6）人走自动关灯电路（图 5-6）

原理分析：当按下 SB_1～SB_3 中的任一个时，各层楼的照明灯 EL_1～EL_3 都点亮。与此同时，220V 电压加到变压器的一次侧，经降压、VD_1～VD_4 整流后，给延时电路提供工作电压。这时由于 C_2 的电压不能突变，C_2 上的电压为零，单结晶体管 VU 不导通，使 VT_1 基极电位接近地

而截止，其集电极电位接近电源电压 VT_2 导通，继电器K吸合，其动合触点闭合自锁。随着给 C_1 充电，经过一段时间后，C_1 上的电压达到VU的导通电压时，VU导通，则 VT_1 导通、VT_2 截止，继电器K释放，动合触点断开220V电源，照明灯 EL_1 ～ EL_3 熄灭。改变 R_1 和 C_1 的数值，即可改变延时时间。

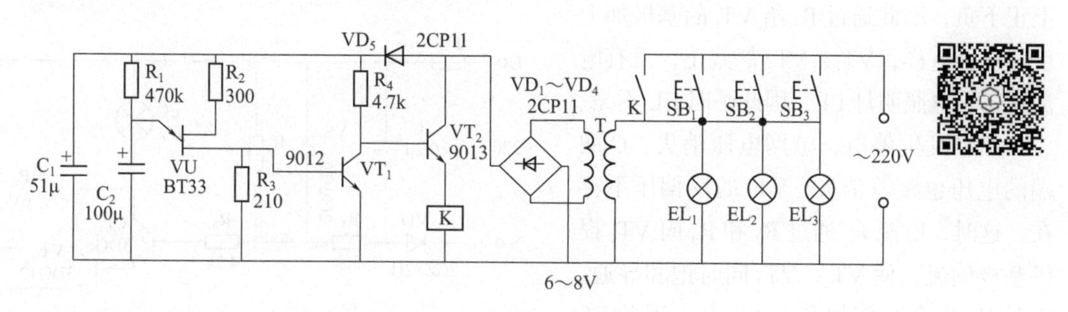

图5-6 人走自动关灯电路

（7）电子音乐闪烁电路（图5-7）

原理分析：接通电源开关 S_1，电源通过RP、R_1、C_1 充电。由于RP和 R_1 串联的阻值很大，充电很慢。当 C_1 上的电压达到大约0.7V的时候，VT_1 导通，电源经 VT_1 给 C_2 快速充电，使 VT_2 迅速导通，扬声器发声，灯泡同时闪烁。

这时电容 C_1 经过 VT_1 的基极、发射极、电源负端、正端，再经过 VT_2 的发射极集电极放电。当 C_1 两端的电压下降到很小的时候，VT_1 截止。但是，VT_2 还不能马上截止，要等电容 C_2 经过 VT_2 射极基极、电阻 R_2 放电，两端电压下降到接近于零的时候，VT_2 才能截止。

改变RP的阻值，就改变了电源对 C_1 的充电时间，也就改变了音乐闪烁频率。

（8）自动应急灯照明电路（图5-8）

原理分析：正常供电时，交流220V电压经电容器 C_1 降压，再经二极管 VD_1 的半波整流和电容器 C_2 的滤波后，以约90mA的脉冲电流给电池充电。与此同时，因为晶体管 VT_1 的基极加上正偏压而处于导通状态，使 VT_2 处于截止状态，灯泡EL不亮。一旦电网断电，晶体管 VT_1 由导通变成截止，VT_2 由截止变成导通，灯泡EL点亮。电网恢复供电后，VT_1 导通，VT_2 截止，EL熄灭，电路复位。

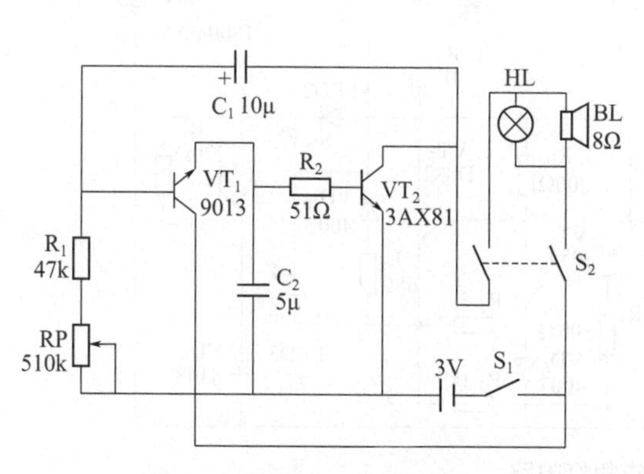

图5-7 电子音乐闪烁电路

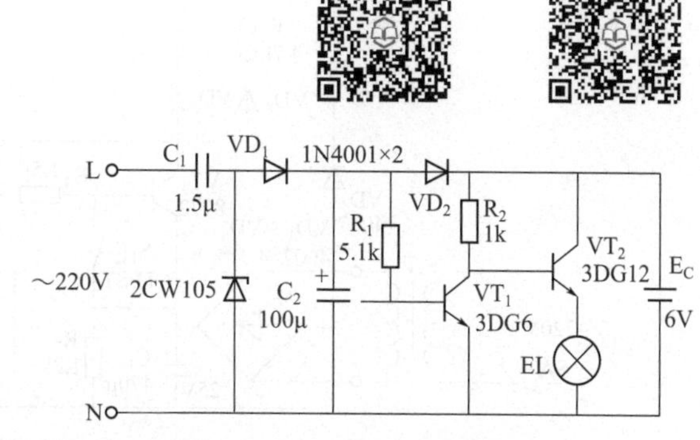

图5-8 自动应急灯照明电路

（9）停电自动应急灯照明电路（图 5-9）

原理分析：正常供电时，交流 220V 电压经二极管 VD 整流后，在滤波电容器 C 两端得到约 310V 的直流电压，这个直流电压再加到由电阻 R_1 和稳压二极管 VS 所组成的降稳压电路上，使 VS 两端输出约 7 ～ 9V 的稳定直流电压。由于极性是上正下负，因此通过 R_3 给 VT_1 的基极加上反偏压。这样，VT_1、VT_2 都截止，没有电流流过停电照明灯 EL，因此平时 EL 不亮。

如果发生停电，电网电压消失，C 两端的电压也跟着消失，VT_1 的反偏压不存在。这时，电源 E_C 通过 R_2 和 R_3 向 VT_1 提供基极偏流，使 VT_1、VT_2 同时饱和导通。于是 E_C 几乎全部加到了 EL 上，因此 EL 发光。

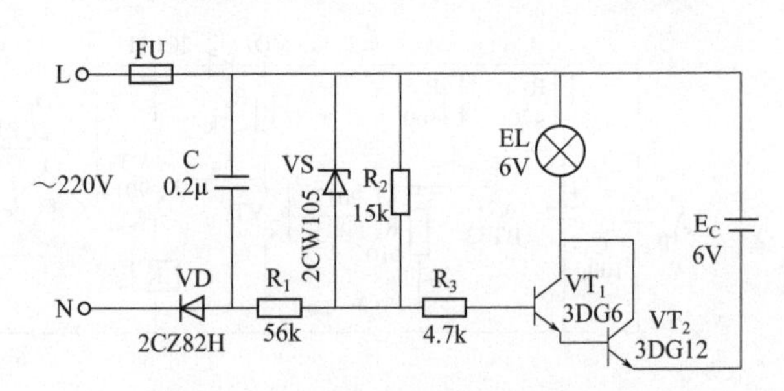

图 5-9　停电自动应急灯照明电路

（10）消防应急灯电路（图 5-10）

原理分析：220V 交流经变压器变压，再经整流滤波，由 VT_1 集电极输出 4.6V 直流电压。主要提供给充电电路给电池充电，并经 R_9 使 LED_1 发光指示。

当有外电源供电时，外电源经 VT_2、VT_6、R_8、VD_{10} 对电池进行恒流充电，且使充电指示灯 LED_3 点亮。

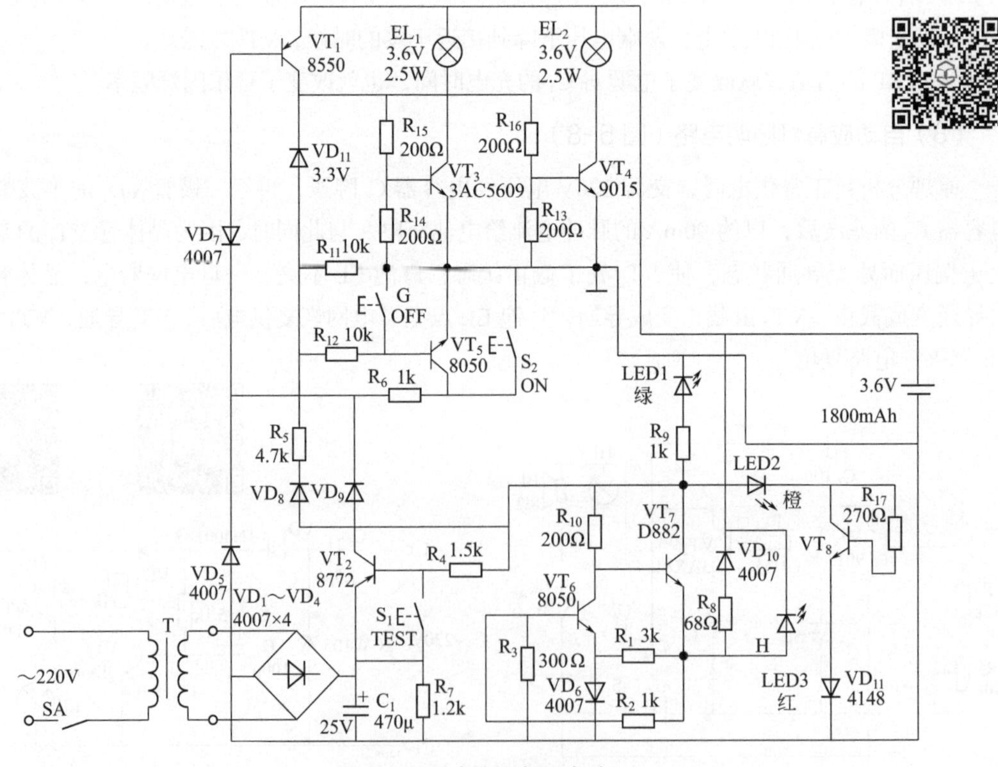

图 5-10　消防应急灯电路

没有 220V 电压时，按一下 S_2 键，VT_5 饱和导通，VT_5 的集电极电流通过 R_{12} 使 VT_7 维持导通；VD_{11} 反向击穿工作在稳压状态。VT_5 的集电极电压给 VT_3、VT_4 提供偏置使其导通。点亮 EL_1、EL_2。当按一下 G 键时，VT_7 截止，撤除了 VT_5 导通条件，灯关闭。

当有 220V 电压时，外电源经 VD_9 使 VD_7 反向截止，VT_5 无法导通，键 S_2 和 G 都不能控制灯 EL_1、EL_2 的开和关。停电后二极管 VD_7 负极电位变为零。使其瞬间正向导通，VT_5 饱和导通，构成点灯电路条件，EL_1、EL_2 点亮。来电后 VD_7 负极电位变高又反向截止，VT_5 截止，灯灭（起到自动控制的作用）。点灯控制电路中：VD_7、VT_7 通过 R_6 工作在临界状态。开关键 S_2、G 只起到触发作用。

当按住试验按键 S_1 不放时，VT_1 截止，VD_7 负极电位变低而正偏导通，使 VT_5 导通满足点灯条件，使 LED_1、LED_2 点亮。松开 S_1 键灯随即熄灭。通过试验电路可以测试点灯电路是否正常。

如果外电源电压过高使 VT_8 导通，LED_2 点亮，指示过压故障。

5.2.2　数字电子开关照明电路识读

（1）广告照明彩灯控制电路（图 5-11）

原理分析：电路以 CD4069 六非门集成电路和晶体管为主要元器件制作而成，交流 220V 电压经 UR 整流后，一路直接供给 LED 驱动电路；另一路经 R_1 限流降压、VS 稳压及 C_1 滤波后，为 IC 提供 +6V 工作电压。由 D5、D6 组成的振荡器通电工作后，输出低频振荡信号。该低频振荡信号经 D1 ～ D4 反相处理后，分别经 RP_2 ～ RP_5 加至 VT_1 ～ VT_4 的基极，使 VT_1 ～ VT_4 交替导通，四路 LED 灯交替发光。调节 RP_1 的阻值，可改变振荡器的工作频率，从而改变发光二极管闪烁发光的效果。

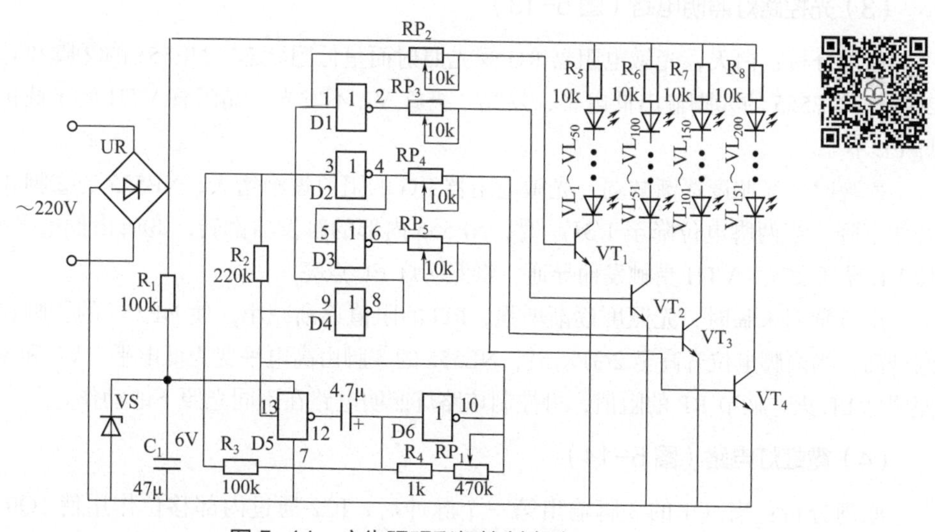

图 5-11　广告照明彩灯控制电路

（2）多路彩灯控制电路（图 5-12）

原理分析：SE9201 集成电路的 8 个输出端 Q1 ～ Q8，可驱动 8 路彩灯，由于 Q1 ～ Q4 与

Q5 ～ Q8 具有对称性，故也可简化成 4 路控制彩灯。4 个花样选择端 Bl ～ B4 通过程控器进行不同的电平连接，可组成 8 种基本花样：① 4 点追逐：B4 端子悬空，B1、B2、B3 接地；②弹性伸缩：B4 端子悬空，B1 接电源、B2、B3 接地；③跳马右旋：B4 端子悬空、B2 接电源、B1、B3 接地；④跳马左旋：B4 端子悬空，B1、B2 接电源，B3 接地；⑤依次亮同时灭：B4 端子悬空，B3 接电源，B1、B2 接地；⑥同时亮依次灭：B4 端子悬空，B1、B3 接电源，B2 接地；⑦全亮间隔闪光：B4 端子悬空、B1、B2、B3 接电源；⑧自动循环：B4 端子悬空，B2、B3 接电源，B1 接地。

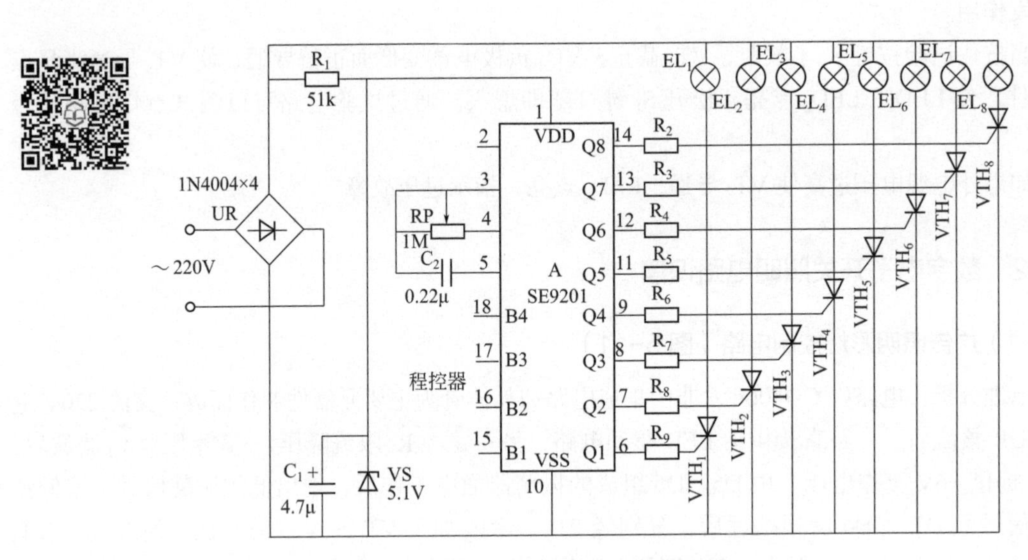

图 5-12 多路彩灯控制电路

（3）光控路灯照明电路（图 5-13）

原理分析：白天，光敏电阻器 RG 受光照射而呈低阻状态，NE555 的②脚和⑥脚电位高于 $2/3V_{CC}$，NE555 的③脚输出低电平，发光二极管 VL 不发光，晶闸管 VTH 处于截止状态，照明灯 EL 不亮。

夜晚时，光照度逐渐减弱，光敏电阻器 RG 的阻值逐渐增大，NE555 的②脚和⑥脚电位也开始下降，当两脚电位降至 $1/3V_{CC}$ 时，NE555 内部的触发器翻转，③脚由低电平变为高电平，使 VL 导通发光，VTH 受触发而导通，将照明灯 EL 点亮。

次日黎明来临时，光照度逐渐增强，RG 的阻值逐渐减小，使 NE555 的②脚和⑥脚电位逐渐升高，当两脚电位升高至 $2/3V_{CC}$ 时，NE555 的③脚由高电平变为低电平，VL 和 VTH 均截止，照明灯 EL 灭。调节 RP 的阻值，可控制该路灯照明电路在不同光照下的动作。

（4）霓虹灯电路（图 5-14）

原理分析：当 IC1 的 3 脚输出第一个脉冲后，IC2 通过内部移位作用使 1Q0 端变为高电平，VT_1 导通，触发 VTH_1 导通，T_1 得电工作，第一组霓虹灯发光。当 IC1 输出第二个脉冲时，IC2 通过移位作用，使 1Q0、1Q1 为高电平，VTH_1、VTH_2 导通，T_1、T_2 得电工作，第一组、第二组霓虹灯发光。随着 IC1 输出第 8 个脉冲时，IC2 的 2Q ③脚由低电平变为高电平，通过二极管反馈到 2Cr 端，使其自动清零，IC2 的 8 个输出端又都变为低电平，7 个被点亮的霓虹灯都熄灭，电路完成一个控制周期。调节电位器 RP_1 可改变 IC1 输出脉冲周期，从而控制霓虹灯点亮周期。

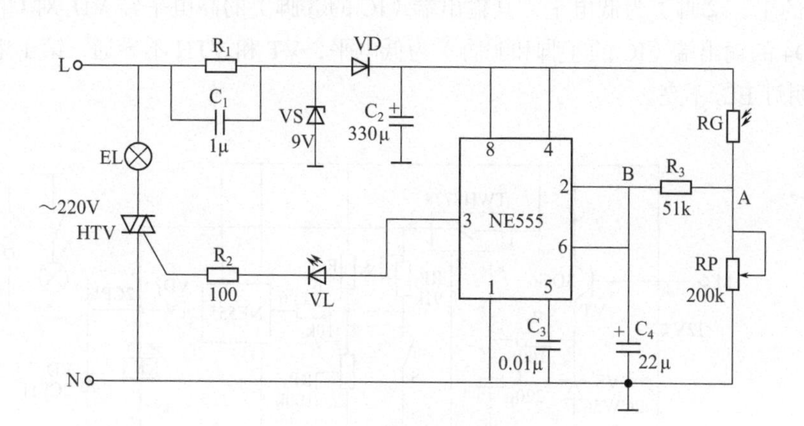

图 5-13　光控路灯照明电路

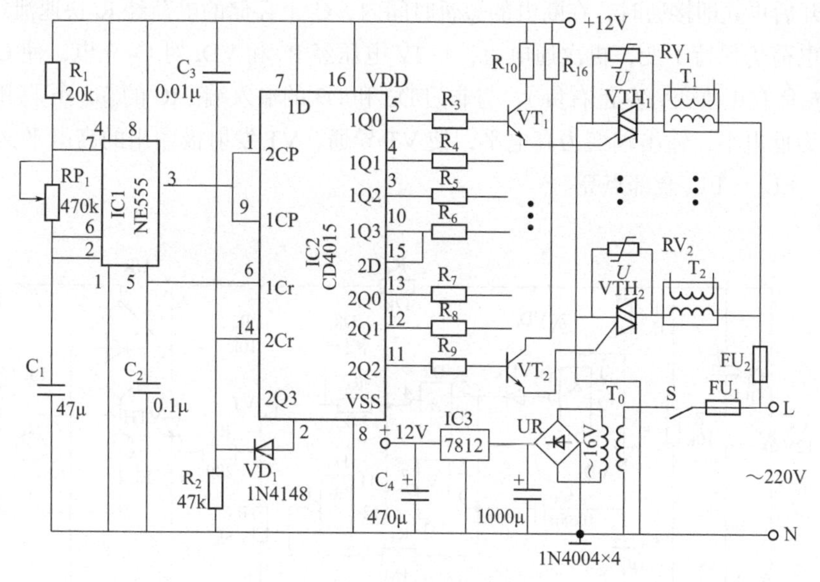

图 5-14　霓虹灯电路

（5）台灯控制电路（图 5-15）

原理分析：手触摸金属片 M 时，相当于给 VT 基极提供一个信号，经电流放大后，送到 TWH8778 大功率驱动开关集成电路，使 NE555 的⑥脚为低电平，则③脚为高电平，继电器 K 吸合，K 的动合触点闭合，灯亮。

当想关闭台灯时，再一次触摸金属片，NE555 翻转，灯灭。

（6）吊灯控制电路（图 5-16）

原理分析：接通开关 S 后，交流 220V 电压一路经 S 加在第 3 组照明灯 EL_3，将 EL_3 点亮；

另一路经整流、限流降压、滤波及稳压后，产生+12V电压。+12V电压除作为IC的工作电源外，还经R_2和VD_5对C_2充电。在+12V电压刚产生时，由于C_2两端电压不能突变，与非门D1的输入端（IC的①、②脚）为低电平，其输出端（IC的③脚）的高电平经VD_7对C_3充电，使与非门D2和D4的输出端（IC的④脚和⑩脚）为低电平，VT和VTH不导通，第1组照明灯EL_1和第2组照明灯EL_2不亮。

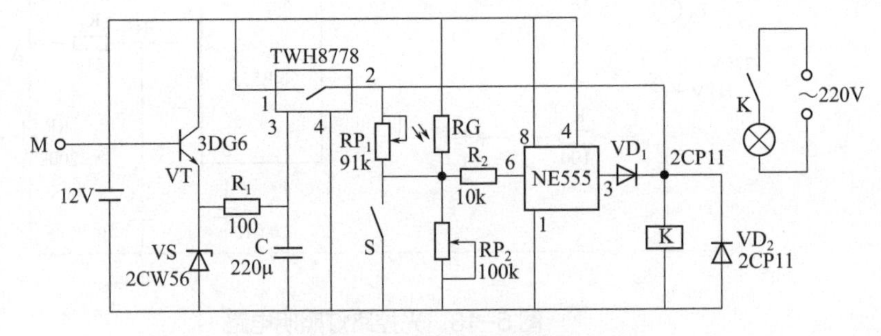

图5-15　台灯控制电路

将S断开后再立即接通时，在断电的短暂时间内，C_1上存储的电荷经R_1快速泄放掉，但C_2上所存储的电荷仍保持不变，再次通电后，+12V电压经R_2和VD_5对C_3充电，使C_3的充电极性改变（由左负右正改变为左正右负），与非门D2和D3的输入端（IC的⑤、⑥脚和⑧、⑨脚）由高电平变为低电平，输出端变为高电平，使VT导通，VT发射极输出的高电平又使VTH受触发而导通，EL_1～EL_3全部点亮。

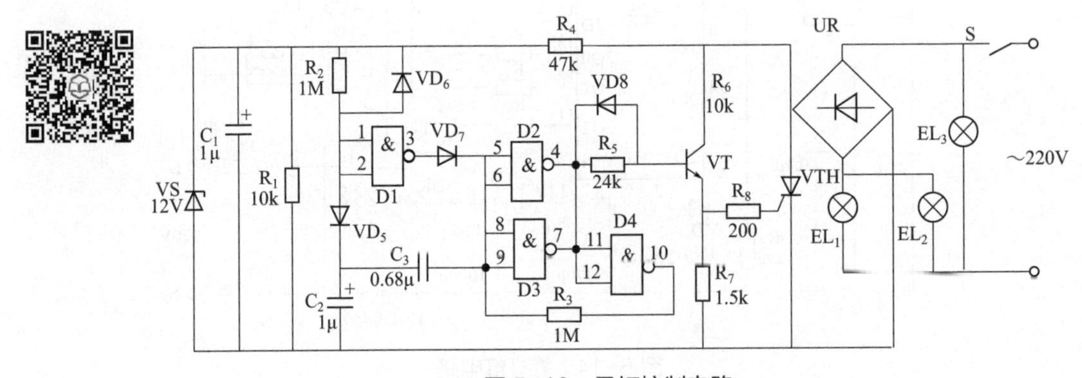

图5-16　吊灯控制电路

（7）两只触摸开关控制一盏灯电路（图5-17）

原理分析：工作时AC220V电压经熔断器FU与压敏电阻RV组成的保护电路之后分为两路：其中一路经负载EL、R_2、EL（Ne）和VTH与电源构成主回路，电源指示灯EL（Ne）点亮发光；另一路则经C_6和R_5降压VD_1～VD_4整流，再由三端稳压集成电路IC和电容C_1～C_4进行稳压和滤波之后为控制回路提供约15V的直流电压。当感应器M_1或M_2被手触摸时，人体感应信号经M_1或M_2、安全电阻R_3或R_4加至三极管VT_2的基极，经VT_2和VT_1将此信号放大后由VT_1的发射极输出并对电容C_5进行充电。当C_5两端的电压达到VTH的触发值时，VTH导通，照明灯 EL 被点亮。当手离开感应器 M_1 或 M_2 时，VT_2 基极的人体感应信号消失，VT_2 和 VT_1 由导通变为截止状态，而电容 C_5 则经电阻 R_1 缓慢放电，EL 依旧点亮，待电容 C_5 放电完毕，VTH 因无触发电压而截止，EL 熄灭。

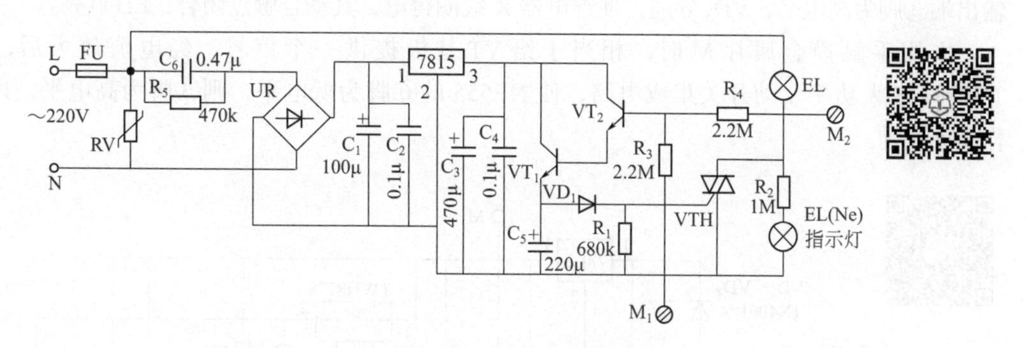

图 5-17　两只触摸开关控制一盏灯电路

（8）鸡场光、温控制电路（图 5-18）

原理分析：交流 220V 市电经电容 C_1 降压、二极管 VD_2 半波整流、VS 稳压后得到 9V 电压，供给控制电路。

光控电路传感器由光敏电阻 RG 担任，当有光照时，其阻值变小，亮阻＜10kΩ，当 RG 压降降低到 1.6V 时，IC1 不导通，其②脚输出低电平，继电器 K_1 不工作，灯泡 EL 不亮。当天变暗后，光敏电阻阻值变大，其压降升高至 1.6V 以上时，IC1 导通，②脚输出高电平，继电器 K_1 吸合，灯泡发光，为鸡舍增大照度。

温度上升时，负温度系数热敏电阻 Rt 阻值变小，热敏电阻的压降低于 1.6V，IC2 不导通，继电器 K_2 不工作。当温度下降时，热敏电阻 Rt 阻值上升，其压降升高至 1.6V 以上时，IC2 导通，继电器 K_2 吸合，为鸡舍加温。

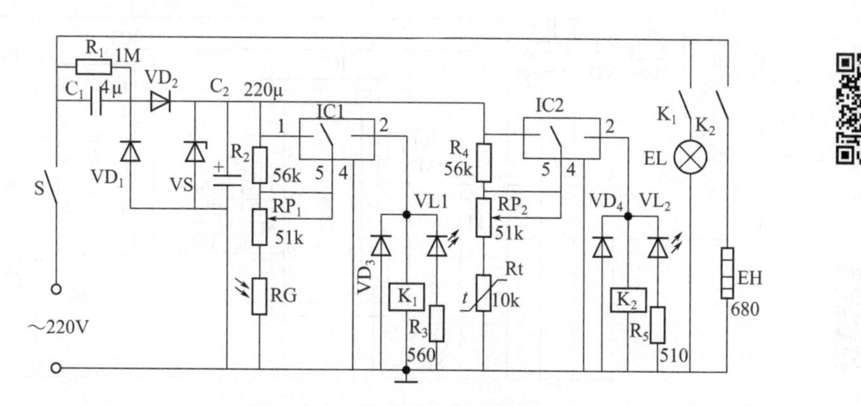

图 5-18　鸡场光、温控制电路

（9）集光、磁、触摸一体的控制电路（图 5-19）

原理分析：光敏电阻 RG 在强光线照射下是低电阻，光电流很大，经 R_2 使 NE555 的⑥脚为高电平，③脚为低电平，灯不亮。无光照时，光敏电阻 RG 暗阻很大，暗电流很小，使 NE555

的⑥脚为低电平，则③脚为高电平，VD_5 导通 K 得电吸合，则串在 T 一次侧上的动合触点闭合，EL 点亮。

受到磁力的作用，磁簧管弹簧片吸合，短接 RP，使 NE555 的⑥脚为低电平（约 1.2V），则输出端③脚为高电平，VD_5 导通，使继电器 K 线圈得电，其动合触点闭合，EL 点亮。

人用手触摸金属片 M 时，相当于给 VT 基极提供一个信号，经电流放大后，送到 TWH8778 大功率驱动开关集成电路，使 NE555 的⑥脚为低电平，则③脚为高电平，以后工作状态同前。

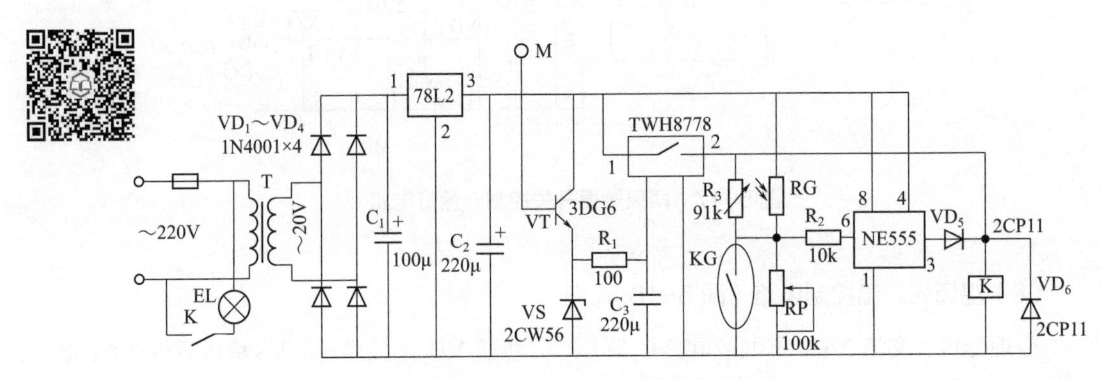

图 5-19　集光、磁、触摸为一体的控制电路

（10）七色循环彩灯电路（图 5-20）

原理分析：当控制电路获得工作电压后，IC2 内部的与非门与其外部电容 C_3、电阻 R_4 和微调电阻 RP 构成多谐振荡电路工作，并将振荡产生的脉冲信号整形后送到 IC3 的①脚然后由 IC3 内部电路进行二进制编码，并从其③、④、⑤脚输出循环组合变化的驱动控制信号，以控制彩灯 ELR、ELG、ELB 的发光、熄灭或色彩组合。

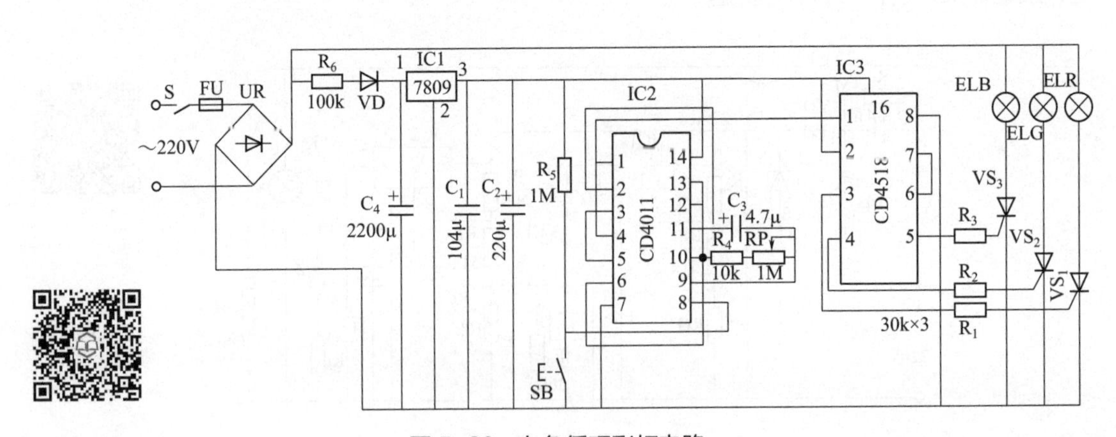

图 5-20　七色循环彩灯电路

（11）遥控插座电路（图 5-21）

原理分析：当按下遥控器控制按键时（可使用 20 例遥控器），遥控器所发射的红外线被红外线接收二极管 VDL 接收后转变成电信号，由 IC1 的⑦脚送入其内部，经整形、放大及译码后从

①脚输出一组负脉冲信号。于是 VT_1 的集电极输出正脉冲，其触发信号加至 IC2 的触发端 ⑪ 脚。因 IC2 的⑧脚为低电平，⑩脚、⑨脚接的是高电平，其输出端 ⑬ 脚应输出低电平，即触发器的触发端 3 脚输入低电平；因②脚与⑤脚相连为低电平，④脚、⑥脚为低电平，故触发器①脚输出高电平。于是控制管 VT_2 导通，双向晶闸管 VTH 导通，使插座 XS 上的用电器得电，同时发光二极管 VL 点亮，并维持此状态不变。如果再按一次遥控器控制按键，触发器翻转，①脚就会输出低电平，晶闸管关断，VL 同时熄灭，插座上的用电器停止工作。

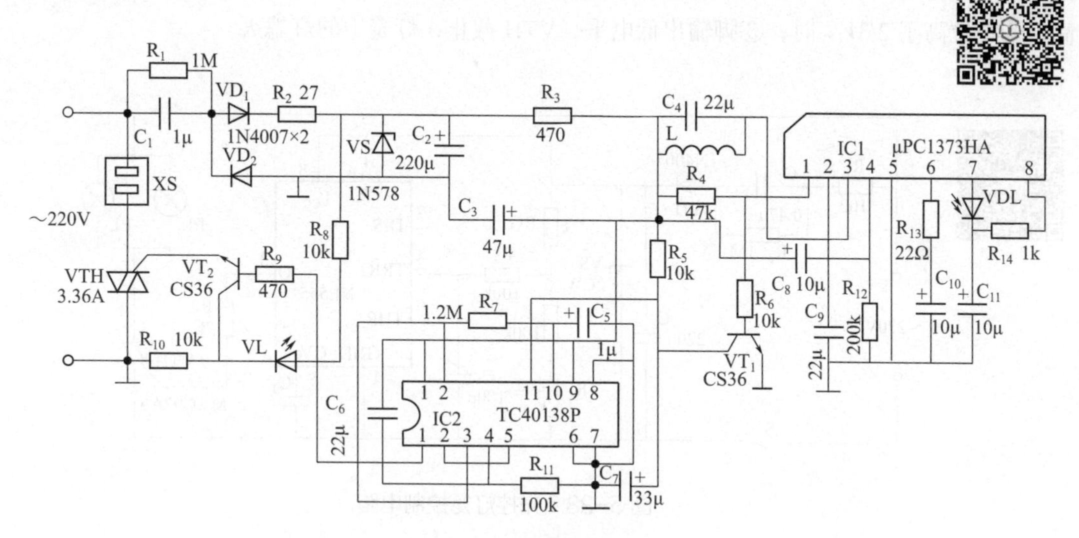

图 5-21　遥控插座电路

(12) 闪烁警示灯光控电路（图 5-22）

原理分析：电路中的 RG、RP_1、RP_2 和 C_4 与 IC 实际上组成了一个光控自励式谐振器。当晚上光线亮度较弱时，光敏电阻 RG 阻值增大，其阻值大于 RP_1 的阻值，使得 IC 的④脚由低电平信号变为高电平复位信号。此时 IC 开始工作，其③脚输出间歇性的触发信号经电阻 R_2 提供给双向晶闸管 VTH，当触发信号为高电平时，VTH 导通，警示灯 EL 开始工作；当 IC 的③脚输出低电平信号时，VTH 无法维持导通状态，而在交流过零时截止，警示灯 EL 也随之停止工作……如此反复，EL 便间歇性地工作，即闪烁。

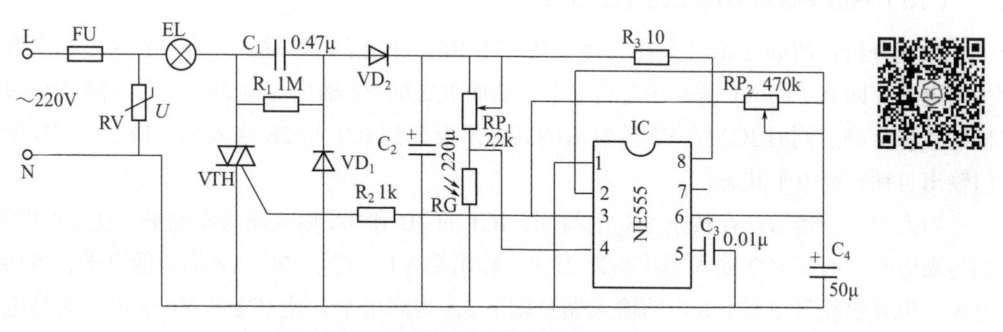

图 5-22　闪烁警示灯光控电路

若白天光线亮度较强时，光敏电阻RG的阻值较低，导致时基芯片IC因④脚为低电平信号而不能复位，其③脚呈低电平，VTH因无高电平的触发信号而截止，EL随之无法工作。

（13）光控灯笼电路（图5-23）

原理分析：黄昏时，周围环境的亮度逐渐变暗，RG的阻值也随之变大，IC的②、⑥脚电位逐渐降低，当电位小于1/3V_{CC}时，IC的③脚输出高电平，双向晶闸管VTH被触发导通，灯笼中的灯被点亮。到了早晨，天空渐渐变亮，RG的阻值逐渐变小，IC的②、⑥脚电位逐渐升高，当电位高于2/3V_{CC}时，③脚输出低电平，VTH截止，灯笼中的灯熄灭。

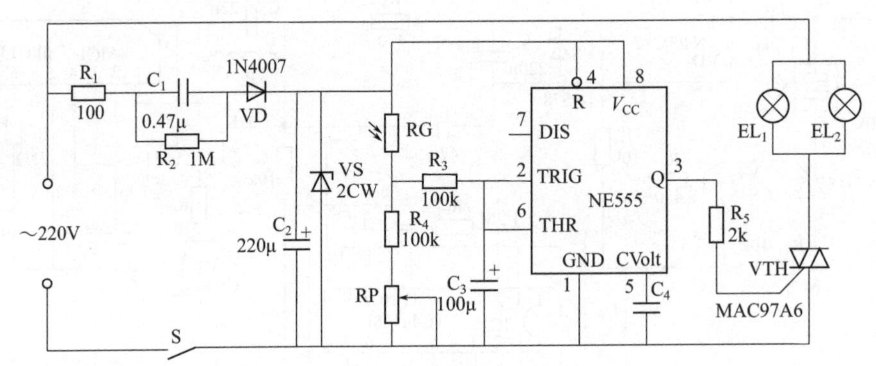

图5-23 光控灯笼控制电路

（14）光控调光电路（图5-24）

原理分析：当光敏接收管接收到发射器发出的信号后，经过KA2184处理并由⑦脚输出低电平；这一低电平直接加到VT的基极，使其导通，它的集电极输出的电流在R_4上端形成一个高电平输出；这一高电平通过R_6加至LS7232调光电路的辅助输入端（⑥脚），作为调光的控制信号。

当LS7232的⑥脚输入触发信号后，8脚就会连续输出控制双向晶闸管导通角的控制脉冲，使双向晶闸管的导通角在41°～160°之间变化。随着双向晶闸管导通角的变化，电灯也由暗变亮或由亮变暗，从而实现了对电灯的调光控制。

（15）四层楼梯灯节能电路（图5-25）

原理分析：假如开始时人在二楼，按一下SB_2，IC2的2A输入端和2Y输出端由低电平变为高电平，即IC2的A1输入端为高电平，从而IC2的Y2输出端也为高电平，使KA_2吸合，二楼的楼梯灯亮。同时IC2的Y2端输出的高电平反馈到IC1的2B输入端，使2A、2B所在的或门输出自锁在高电平状态。

当人走上三楼后，在按下SB_3的瞬间，IC1的2B和3A输入端为高电平，使2Y和3Y输出端为高电平，因而IC2输入端状态为0110，输出端Y1、Y2、Y4、Y8均为低电平，各层楼梯灯熄灭。但在手松开之前，IC1的输入端只剩下3A为高电平，使IC2的Y4输出端为高电平，三楼的灯被打开。按下SB'_1～SB'_4中的任一按钮可熄灭所有各层的楼梯灯。

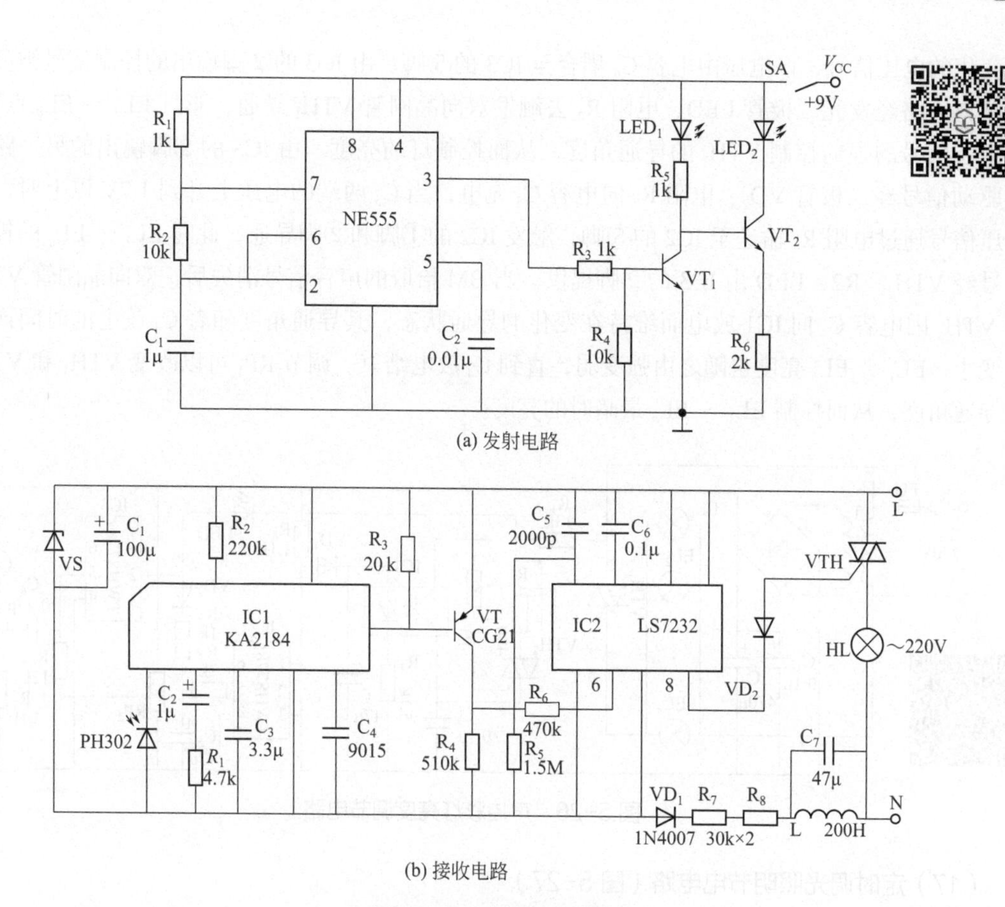

(a) 发射电路

(b) 接收电路

图 5-24　光控调光电路

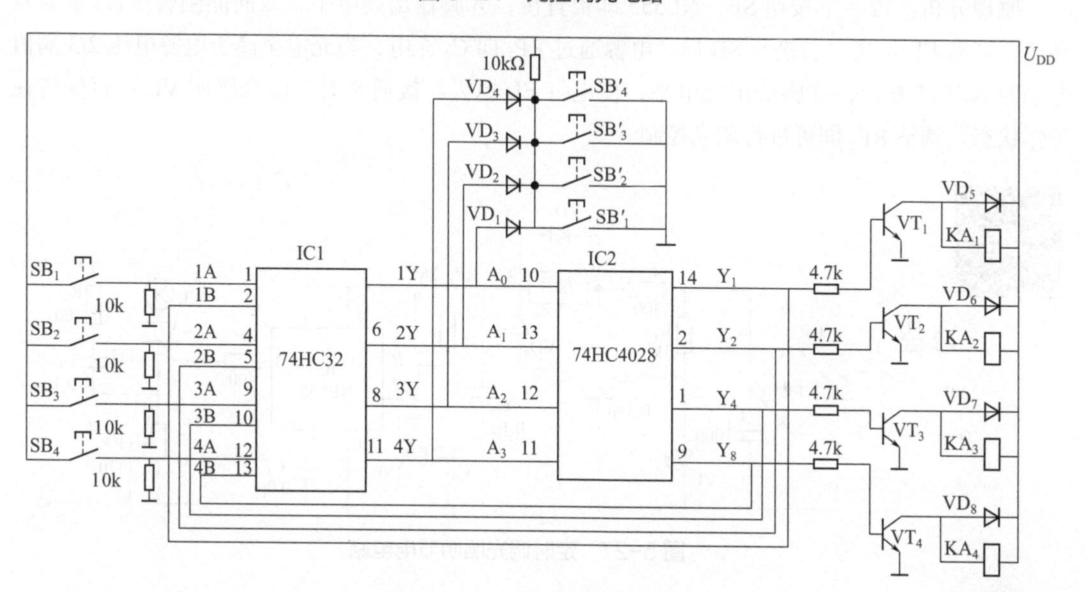

图 5-25　四层楼梯灯节能电路

（16）声控彩灯亮度调节电路（图 5-26）

原理分析：当驻极体拾音器 BM 拾取到声音信号后，在电阻 R_7 的两端产生随声音信号强弱而变化的电压信号，该电压由电容 C_6 耦合至 IC3 的⑤脚，由 IC3 的②脚输出的控制信号被分成两路，一路经发光二极管 LED、电阻 R_2 去触发双向晶闸管 VTH_1 导通，彩灯 EL_1 ～ EL_n 点亮。由声音信号的强弱控制 VTH_1 的导通角度，从而控制灯的亮度。由 IC3 的②脚输出的另一路电压驱动信号经二极管 VD_2、电阻 R_5 向电容 C_5 充电，当 C_5 两端的电压上升到 1.7V 以上时，该电压信号通过电阻 R_4 输送至 IC2 的⑤脚，触发 IC2 的①脚和②脚导通，此时 EL_1 ～ EL_n 的控制信号经 VTH_1、R2、LED 由 IC3 的②脚提供。当 BM 拾取的声音信号消失后，双向晶闸管 VTH_1 和 VTH_2 因电容 C_4 向 IC1 放电而维持在变化的导通状态，其导通角度随着 C_4 放电的时间而由大变小，EL_1 ～ EL_n 亮度也随之由强变弱，直到 C_4 放电结束。调节 RP_1 可以改变 VTH_1 和 VTH_2 的导通角度，从而控制 EL_1 ～ EL_n 最暗时的亮度。

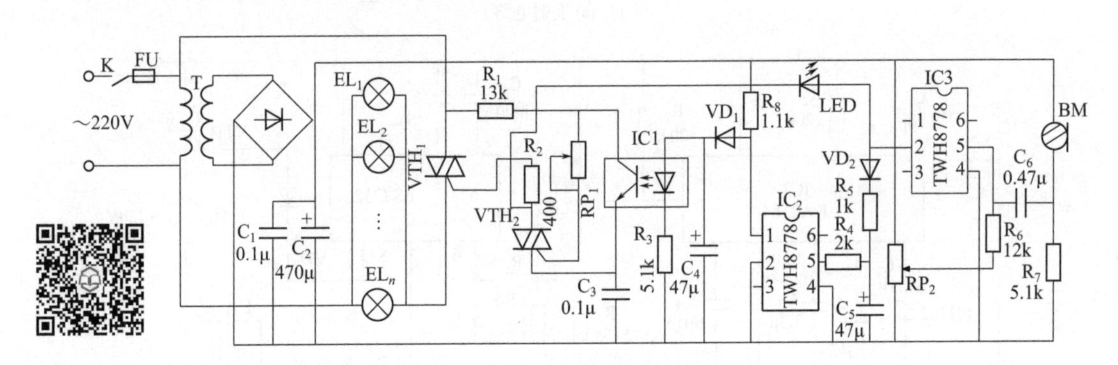

图 5-26　声控彩灯亮度调节电路

（17）定时调光照明节电电路（图 5-27）

原理分析：按一下按钮 SB，NE555 即被置位，③脚输出高电平，双向晶闸管 VTH 被触发导通，灯泡 EL 点亮。当松开 SB 后，电源通过 RP_1 向 C_4 充电，当充电至高于电源电压 2/3 阈值电平时 NE555 复位，③脚输出低电平，使电灯 EL 熄灭。接通 S 时，微光照明 VL 一直保持在工作状态。调整 RP_2 即可进行调光控制。

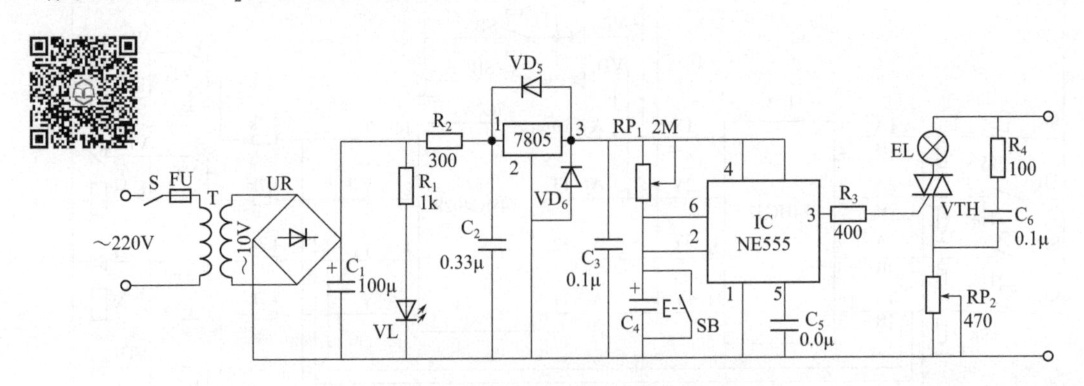

图 5-27　定时调光照明节电电路

（18）组合花灯电路（图 5-28）

原理分析：IC 在通电后清零复位，其输出端（⑥脚、⑤脚、④脚、③脚）均输出低电平，使晶闸管 VTH_1 ～ VTH_3 截止，这时三组灯泡均不亮。

连续按动 S 时，IC 的①脚将不断输入正脉冲信号，其输出端（⑥脚、⑤脚、④脚、③脚）

将按二进制0001～1000的顺序输出。IC的③脚、④脚、⑤脚分别通过R_9、R_8、R_7与VTH_3、VTH_2、VTH_1的门极接通，即IC的③脚输出高电平时，VTH_3受触发而导通，第3路灯泡EL_3亮；IC的④脚输出高电平时，VTH_2导通，第2路灯泡EL_2亮；IC的⑤脚输出高电平时，VTH_1受触发而导通，第1路灯泡EL_1亮。

IC的⑥脚与⑦脚（复位端）相连，当⑥脚输出高电平时，IC复位，其输出端均变为低电平，此时VTH_1～VTH_3均截止，3路灯泡均熄灭。

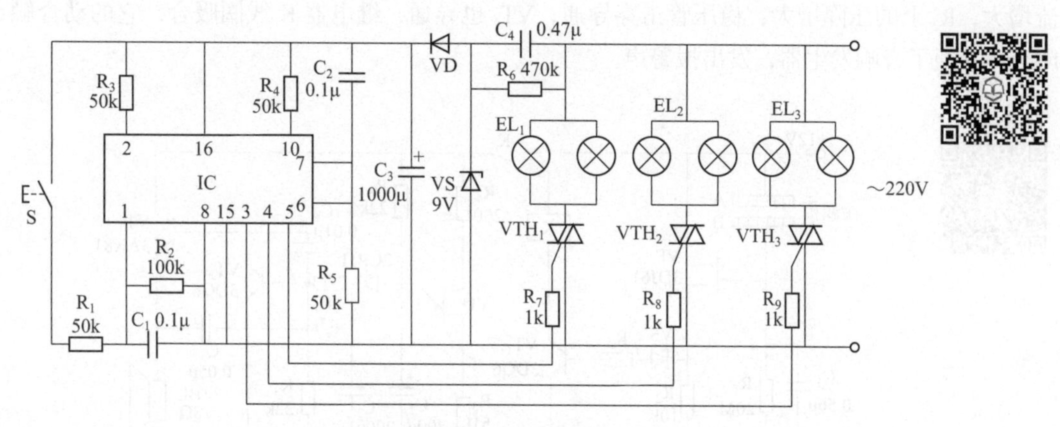

图5-28　组合花灯电路

5.3 电子电路识读

5.3.1 电子报警电路识读

（1）煤气报警电路（图5-29）

原理分析：220V市电经C_1降压限流，再由桥式整流器进行整流，并由VS稳压和C_2滤波，向电路提供低压直流电。R_1、R_2、R_3和R_4（力敏电阻）组成电桥，其输出接在由VT_1和VT_3组成的差分放大器的输入端。放大后的直流信号推动VT_2使继电器K动作，接通报警电路。

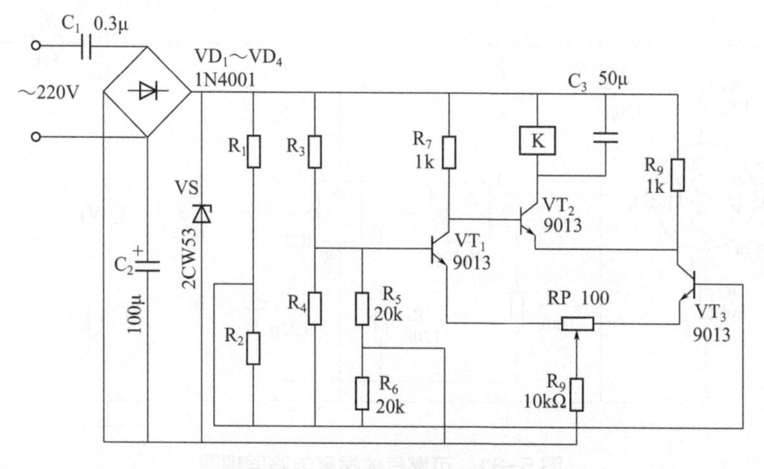

图5-29　煤气报警电路原理图

（2）火灾报警电路（图 5-30）

原理分析：两个平行金属板 A、B 为检测火焰的两个电极。没有火焰时，两个电极间绝缘，这时场效应管 VF 的栅极经 20MΩ 的电阻接地，而漏极电流在源极电阻 R_2 上产生的电压作为场效应管的负栅偏压加在栅极，这时 VF 工作在负栅压状态，漏极电流很小，因此，稳压管 VS 不导通，VT_1 截止，继电器 K 线圈不吸合，VU、VT_2、VT_3 组成的警笛音响发生器断电，没有报警声音。

当有火焰时，两个电极间的气体在高温下被电离，极板之间导电。场效应管 VF 的漏极电流增大，R_2 上的压降增大，稳压管击穿导通，VT_1 也导通，继电器 K 线圈吸合，它的动合触点闭合，接通了音响发生器，发出报警声。

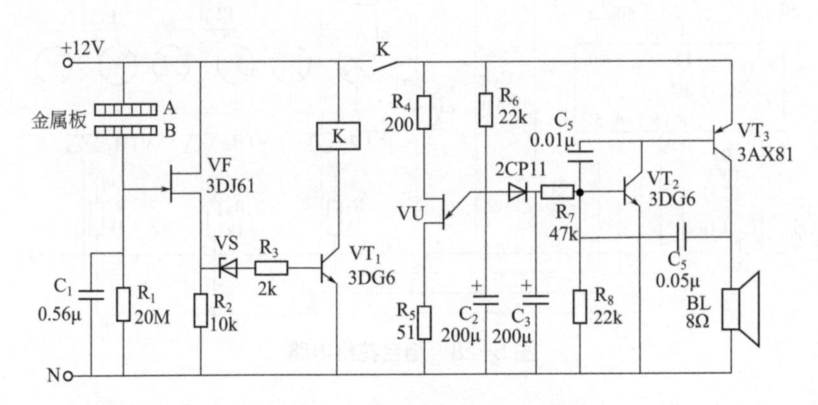

图 5-30　火灾报警电路原理图

（3）可燃气体报警电路（图 5-31）

原理分析：当室内无污染气体或可燃气体浓度在允许范围内时，气敏传感器 a、b 端之间的阻值很大，b 端（IC1 的①脚）输出电压较低，多谐振荡器不工作，扬声器 BL 中无声音。

当可燃气体泄漏，使室内的可燃气体浓度超过限定值时，气敏传感器 b 端的输出电压高于 IC1 的转换电压时，多谐振荡器工作，从 IC 的⑦脚输出振荡信号，该信号经放大后，推动扬声器 BL 发出警报声。

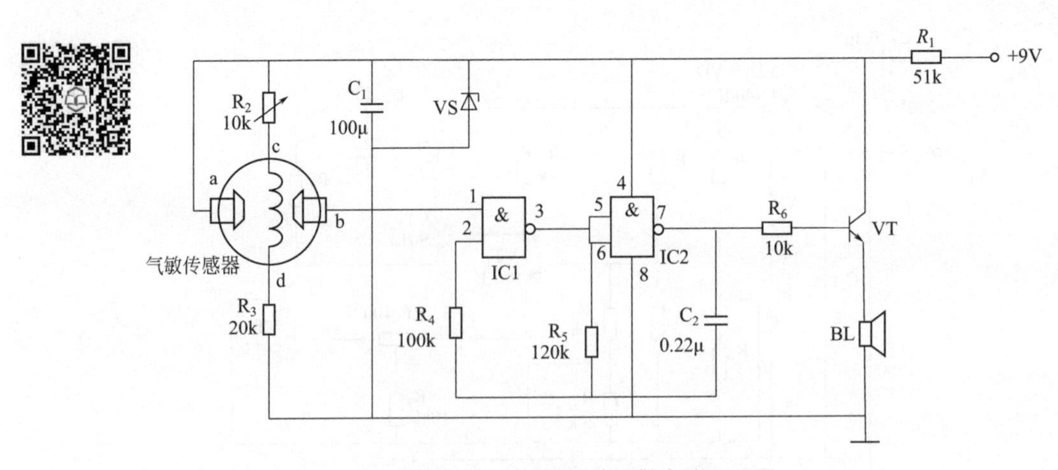

图 5-31　可燃气体报警电路原理图

（4）地震报警电路（图 5-32）

原理分析：图中，A 为一只铜圆柱体，B 为中间有孔的铜板。A 与 B 固定在地震探测架上，由于铜板的圆孔与铜圆柱体绝缘，所以平时继电器处于释放状态，报警器保持在监视状态。

当发生四级以上地震时，铜柱体 A 发生倾斜和摆动（A 与 B 之间的间隙为 2mm），A 与 B 相碰，使继电器线圈与电源接通，其动合触点闭合，扬声器发出报警，与此同时，接通了过道中的电灯，人们可以迅速转移。

SB 是地震报警电路的解除按钮。

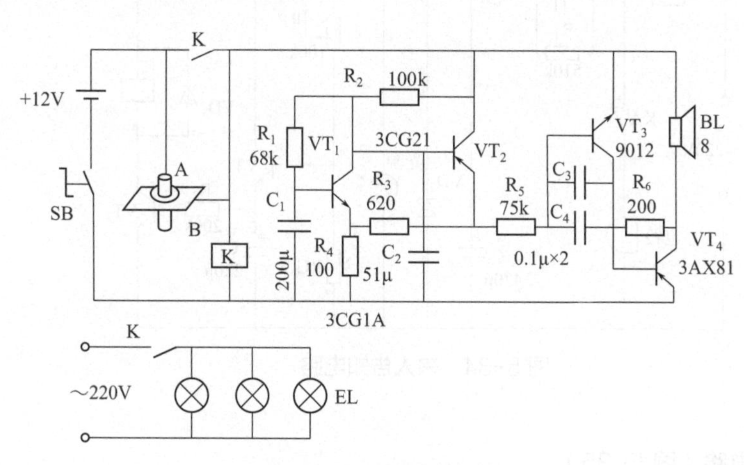

图 5-32 地震报警电路

（5）电子狗防盗报警器电路（图 5-33）

原理分析：当开关 S 接通后，时基集成电路 NE555 在周边元件的配合下工作在稳态，输出端③脚没有电压输出，后级狗叫专用模块 IC2 的控制端②脚没有获得开启电压，不能输出信号，报警器处于警戒状态。

当有人触摸 IC1 的②脚外接的金属件时，人体感应的杂散信号输入 NE555 的②脚，由 NE555 组成的稳态电路被打破。⑦脚内部对地开路，+6V 电压通过电阻 R_1 对电容 C_1 充电，在⑥脚产生上升沿锯齿波电压，输出端③脚输出高电平。狗叫专用模块 IC2 被开启，从⑧脚输出信号经 VT 放大驱动扬声器 BL 发出“汪、汪”的狗叫声，提醒外人门内养有看门狗。

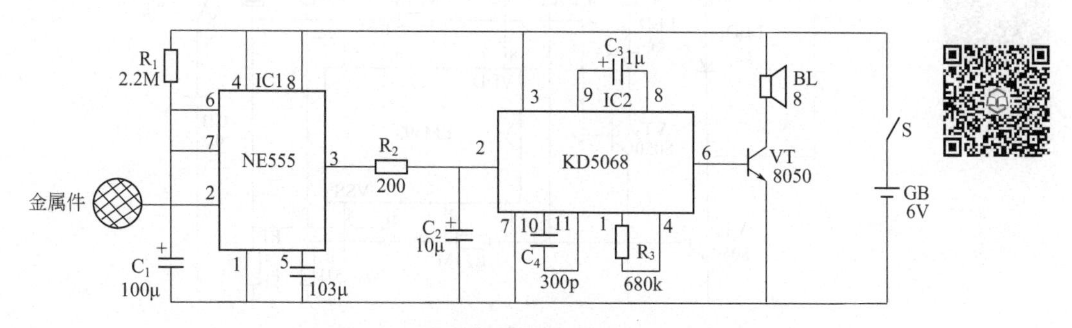

图 5-33 电子狗防盗电路

（6）来人告知电路（图 5-34）

原理分析：220V 电压经电容 C_1 降压、二极管 VD_1 整流后给电路提供工作电压。平时光敏电阻 RG 因受到光源照射而呈低阻状态，三极管 VT 因基极电压低而截止，VT_2 也截止。当有物体遮住光源时，光敏电阻 RG 呈现很大的电阻，VT_1 基极电压上升，随之导通，并迅速向电容 C_3 充电，使 VT_2 基极电压上升，VT_2 导通。继电器 K 因得电而吸合，动合触点闭合，电铃发出响声。当物体离开时，因 C_3 上的电压需慢慢释放，所以电铃响声延时一会儿停止。

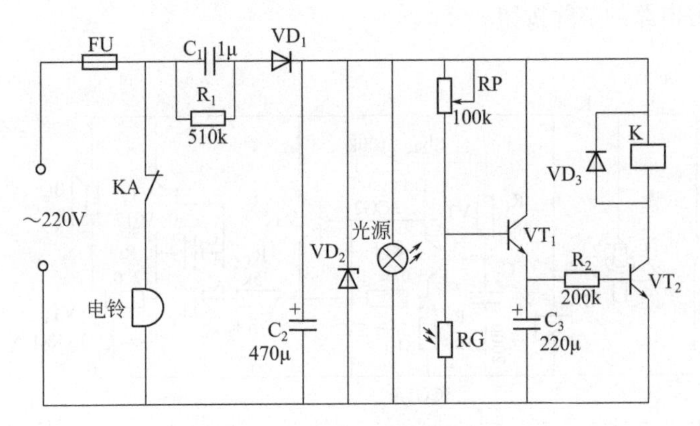

图 5-34 来人告知电路

（7）湿度报警电路（图 5-35）

原理分析：当环境湿度正常时，RH 阻值较大，与可调电阻 RP 串联对 9V 进行分压后加到比较器 LM393 的③脚和⑥脚的取样电压，高于电阻 R_5 和 R_6 串联后产生的基准 4.5V 中点电压，因此该比较器 LM393 的①脚为低电平，三极管 VT_1 截止，红色指示灯 LED_1 不点亮，同时蜂鸣器也不报警；LM393 的⑦脚为高电平，三极管 VT_2 导通，绿色指示灯点亮，指示环境湿度正常。

当环境湿度增大较多时，湿敏电阻 RH 的阻值减小，与 RP 串联产生的取样电压升高，当该电压超过 4.5V 时，则该比较器 LM393 翻转，其⑦脚翻转为低电平，绿色指示灯熄灭，①脚翻转为高电平，三极管 VT_1 饱和导通，红色指示灯点亮，同时有源蜂鸣器报警。

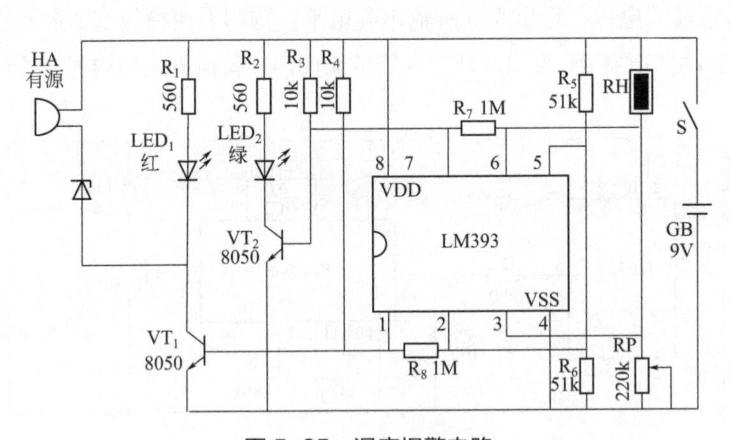

图 5-35 湿度报警电路

5.3.2　其他常用电子电路识读

（1）语音复读电路（图 5-36）

原理分析：当对着传声器 BM 讲话时，BM 拾取的语音信号一路经 C_4 加至 IC 和 MIC 端；另一路经 C_1 加至 VT_1 的基极，经 VT_1 和 VT_2 放大后，使 VT_1 和 VT_2 的集电极电压上升，VL_1 和 VL_2 导通发光，VT_3 和 VT_4 导通，VT_5 截止，IC 的 PLAYER 端为高电平，REC 端为低电平，IC 内部的录音电路开始录音。当语音信号停止后，VT_1 和 VT_3 的集电极电压又下降，使 VL_1 和 VL_2 熄灭，VT_3 和 VT_4 截止，C_3 通过 R_4 充电，当 C_3 两端电压上升至 0.7V 左右时，VT_5 导通，使 IC 的 PLAYER 端变为低电平，IC 内部的放音电路工作，BL 重复播放所录内容。按一下停止放音键 S_3，BL 停止放音。

使用外接信号时，可将单放机扬声器接信号线的两端，用来自单放机的放音信号作为控制信号和录音信号。当需要录音复读时，只需按下 S_2（使其动合触点接通，动断触点断开）和单放机的放音键即可进行录音，放音时按下单放机的停止键或暂停键，BL 即可播放所录内容，完成语音复读功能。

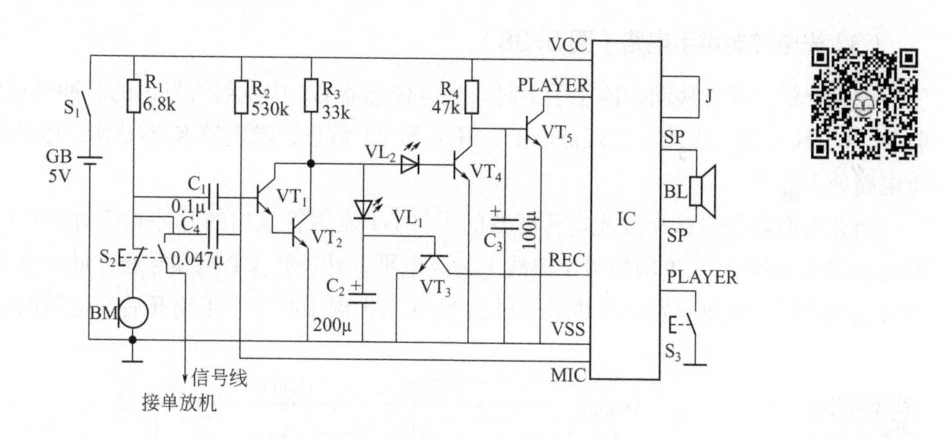

图 5-36　语音复读电路

（2）智力竞赛数字抢答器电路（图 5-37）

原理分析：当主持人按下开关 S 时，施密特触发器得电，因 4 个抢答键 SB_1 ～ SB_4 都没有按下，处于开路状态，晶闸管 VTH_1 ～ VTH_4 的门极无触发脉冲，处于阻断状态。

按下 SB_1 ～ SB_4 其中一个，假如 SB_1 最先被按下，作用于晶闸管 VTH_1 的门极，VTH_1 导通，红色发光二极管 VL_1 发光，电源通过 VL_1 和 VTH_1 作用于 NE555 的②脚和⑥脚，②脚和⑥脚变为高电平，蜂鸣片 BC 得电发出提示音响，施密特触发器翻转，③脚输出低电平，此后再按下 SB_2 ～ SB_4 时，也没有触发电压送入 VTH_2 ～ VTH_4 的门极，VTH_2 ～ VTH_4 维持关断状态，VL_2 ～ VL_4 不亮。VL_1 独亮，说明按 SB_1 者抢先成功。

最后主持人将开关 S 打开，复位晶闸管，VL_1 熄灭。进行下次抢答前，主持人重新闭合开关 S，抢答器又处于等待状态。

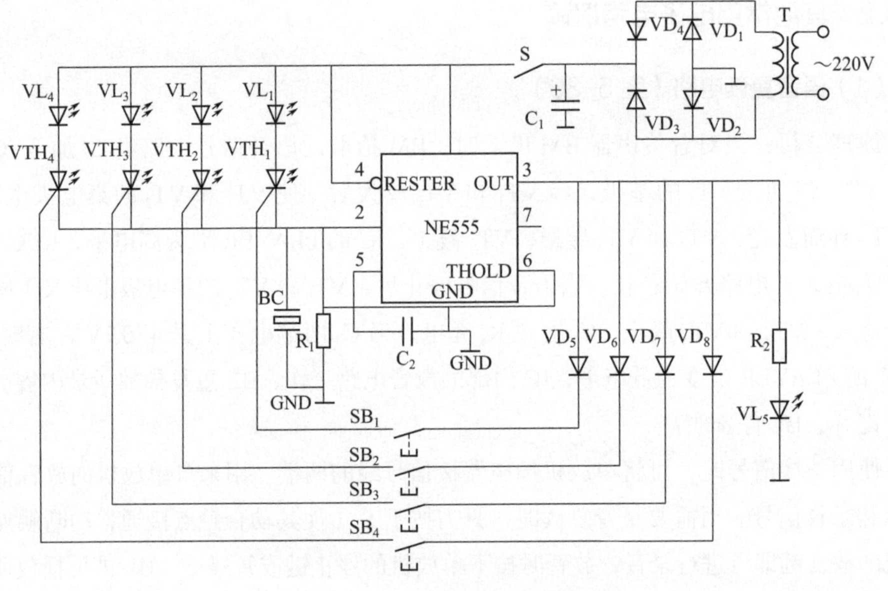

图 5-37　智力竞赛数字抢答器电路

（3）光电控制烘手电路（图 5-38）

原理分析：没有移动物体（手）时，光电传感器 GT 中发射管发出的脉冲光反射给 CT 的接收管，CT 输出级（黑线）呈现低电平，开关管 VT 截止，继电器 K 不动作，电热丝不工作，整个电路处于静态。

当有人需烘手时，靠近光电传感器的手将 GT 发射管发出的脉冲光反射给 CT 内的接收管，经传感器内部判断，CT 输出级（黑线）为高电平，开关管 VT 饱和导通，继电器 K 动作，其动合触点闭合后，电热丝发出的热量经风扇 M 吹出把湿手吹干，手离开后，电路恢复静态。

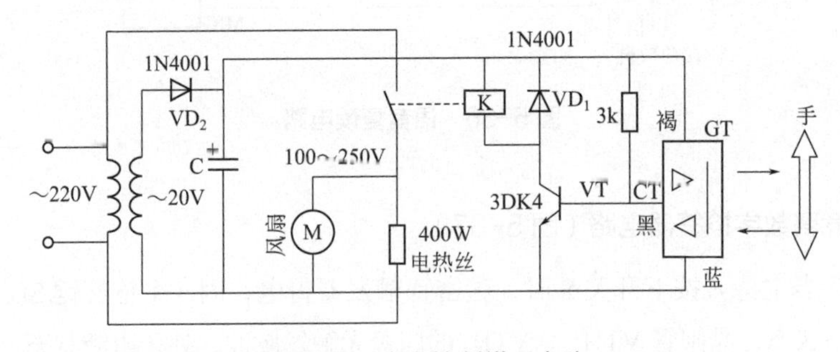

图 5-38　光电控制烘手电路

（4）超声波遥控电动机调速电路（图 5-39）

原理分析：由 NE555 组成双通道发射器，每次按下发射器，接收电路将接收到的信号，先经晶体管 VT_1 放大，电感 L、电容 C_4 选频，再经电容 C_5 耦合、二极管 VD_3 限幅、晶体管 VT_2 放大并输出脉冲，由 CD4017B 的 Q1、Q2、Q3 控制三挡调速，当第四次脉冲信号到来时，Q4 输出“1”，通过 IC 置位“0”端使 IC 清零，从而保证信号每发出一次，控制器均能自动跳挡。当 Q1、Q2、Q3 依次输出“1”时，分别推动 VT_3、VT_4、VT_5 导通，VL_1 ～ VL_3 依次发光，继电器K_1～K_3依次吸合导通。这样，就实现了电扇控制按0挡、1挡、2挡、3挡的先后顺序变化。

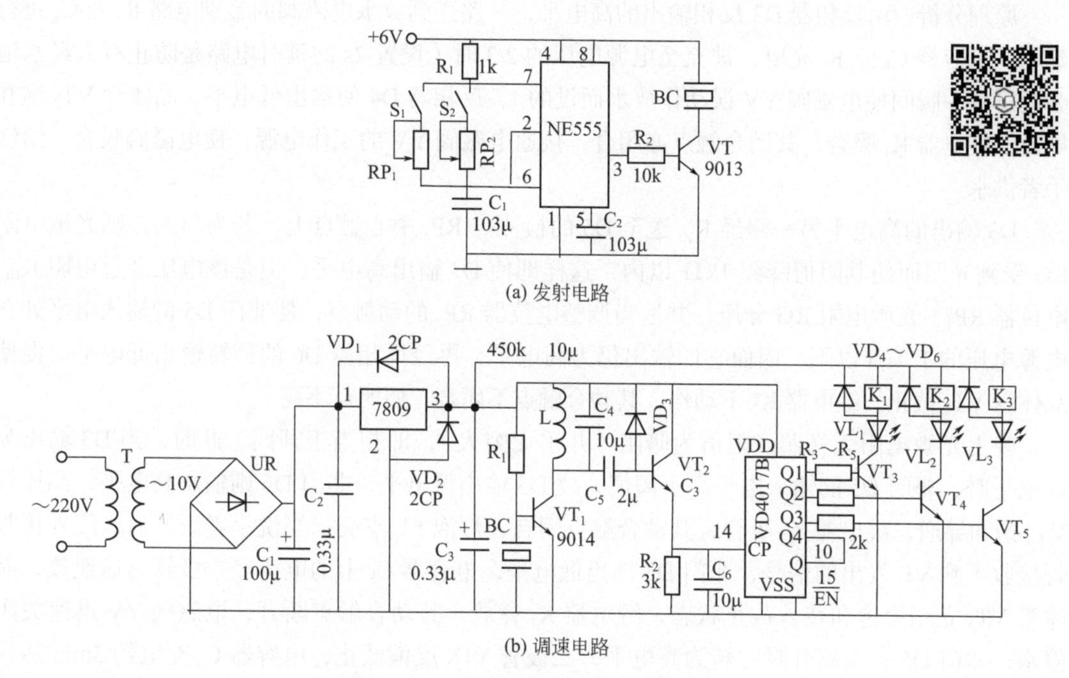

图5-39 超声波遥控电动机调速电路

(5)小鸡雌雄鉴别电路(图5-40)

原理分析：接通电源开关S，IC工作，BC将接收到的雏鸡鸣叫声转换成电信号，再经有源带通滤波器滤除5kHz以下无用频率信号，放大输出需要的频率信号。若为雌鸡则叫声频率在5.16～5.24kHz，IC有信号电压输出，LED点亮；若为雄鸡则叫声在频率4.76～4.84kHz，IC无信号电压输出，LED不亮。调整RP的电阻值，可以改变有源带通滤波器的选频频率，提高鉴别准确率。

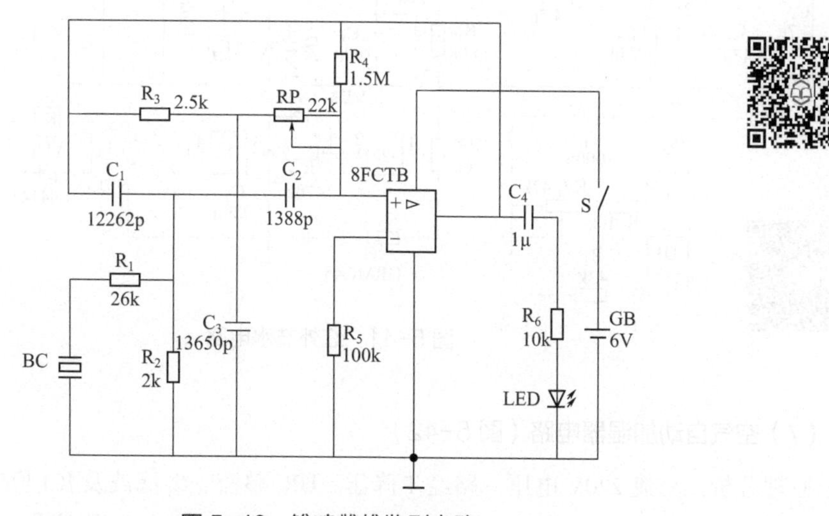

图5-40 雏鸡雌雄鉴别电路

（6）红外节水电路（图 5-41）

原理分析：由反相器 D3 反相输出的高电平，一路送到放水电磁阀的鉴别电路 R_9 及 C_8 进行延时。电容器 C_8 经 R_9 充电，被充至电源电压的 2/3 时（设置 2s 的延时电路是防止有人经水池旁通过的一瞬间使电磁阀 YV 误动作放水而设的），反相器 D4 便输出低电平，晶体管 VT_2 饱和导通，继电器 K_1 吸合，其动合触点亦闭合，接通电磁阀 YV 的工作电源，使电磁阀吸合，给洗手者供水。

D3 输出的高电平另一路经 R_{10} 送至 D5 的检测点 RP_2 中心触点上。若为白天，则光敏电阻 RG 受到光照而使其阻值降到 1kΩ 以内，这样即使 D3 输出高电平，但是该电压经过电阻 R_{10}、电位器 RP_2、光敏电阻 RG 分压，并适当调整电位器 RP_2 的动触点，使非门 D5 的输入电平处在电源电压的 1 / 3 以下，因而它的输出仍为高电平，再经反相器 D6 的翻转输出低电平，促使晶体管 VT_3 截止，继电器 K_2 不动作，其动合触点不闭合，照明灯不亮。

晚上光敏电阻无光照，阻值为暗阻（几乎无穷大），即相当于开路。此时，当 D3 输出为高电平时，非门 D5 的输入电平高于阈值，故 D5 输出低电平，非门 D6 则输出高电平，晶体管 VT_3 饱和导通，继电器 K_2 吸合，其动合触点闭合，灯泡 EL 点亮，当洗手者离开后，红外接收管接收不到 VL 发出的信号，非门 D3 输出低电平，电容器 C_8 上的电荷经二极管迅速泄放，晶体管 VT_2 立刻由饱和转入截止状态，继电器 K_1 释放，其动合触点断开，电磁阀 YV 迅速关闭停水，非门 D5 在人离开瞬时转为高电平，二极管 VD_3 反偏截止，电容器 C_9 充电约 3min 达到电源电压的 2/3，D6 转为低电平，VT_3 失去基极偏压截止，继电器 K_2 释放，其触点打开，灯泡 EL 熄灭。

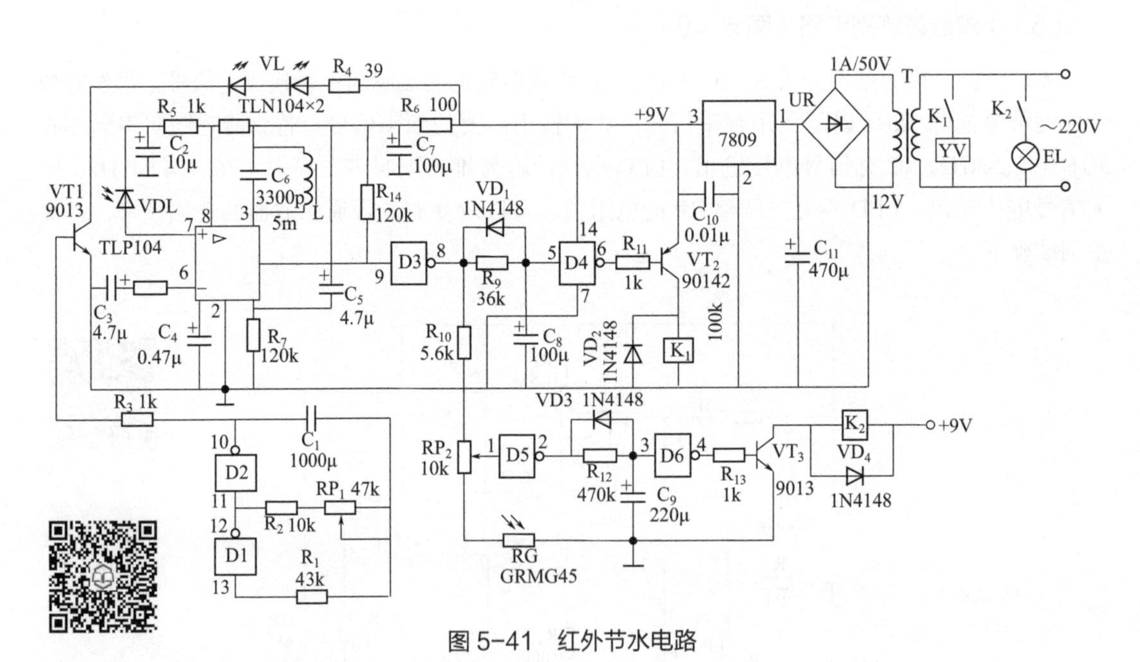

图 5-41　红外节水电路

（7）空气自动加湿器电路（图 5-42）

原理分析：交流 220V 电压一路经 T 降压、UR_1 整流、C_1 滤波及 ICl 稳压后产生＋ 12V 电压供给湿度控制电路，同时将 VL 点亮；另一路经 T 降压、R_1 和 R_2 限流及 VS_1 和 VS_2 稳压后削

波变成平顶波交流电压，此交流电压经 RP_1 调整取样、RS 降压及 UR_2 整流变成直流电压，再通过 C_3、R_3 和 C_4 滤波限流后，加至电流表 PA 上。RS 的阻值随着湿度的变化而变化，环境湿度越高，RS 的阻值越小，流过 PA 的直流电流就越大。

在湿度较低时，流过 R_4 的电流也较小，IC2 因反相输入端的电压低于正相输入端的基准电压而输出高电平，使 VT 导通，K 吸合，其动合触点接通，使加湿器工作；随着空气湿度的不断加大，RS 的阻值也开始逐渐减小，IC2 的反相输入电压也不断上升；当湿度达到设定值时，IC2 因反相输入端电压高于其正相输入端的电压而输出低电平，使 VT 截止，K 释放。

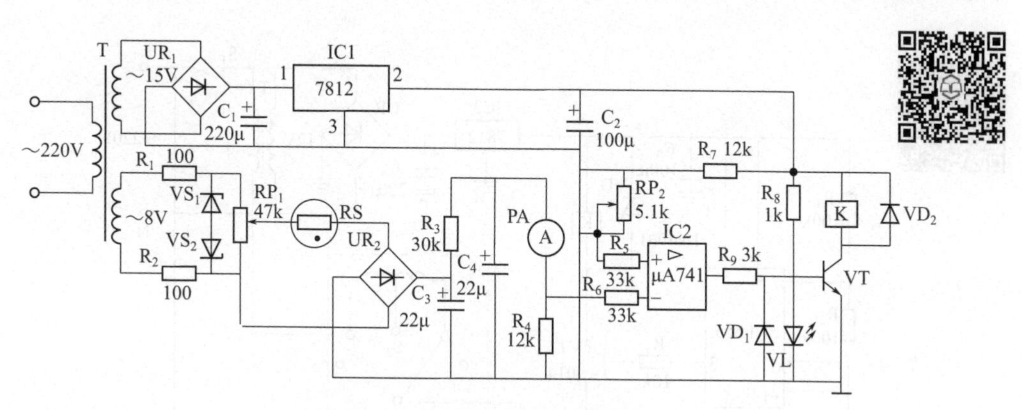

图 5-42 空气自动加湿器电路

（8）自控换气扇电路（图 5-43）

原理分析：平时，调整 RP 使差分放大器输出负压（即 VT_1 的集电极电压高于 VT_2 的集电极电压），由于晶体管 VT_3 的发射结接在差分放大器的输出端，这个输出负压使 VT_3 截止，继电器 K 不吸合。

当有害气体达到一定浓度时，HQ-2 两个电极间的电阻变小，差分放大器的输入电桥改变平衡状态，晶体管 VT_3 饱和导通，电阻 R_6 上的电压增大，VT_4 也饱和导通，继电器 K 吸合，换气扇接通电源开始排气。当有害气体排除到一定程度，HQ-2 两个电极间的电阻变大，将使 VT_3 退出饱和导通，VT_4 也截止，换气扇停止。

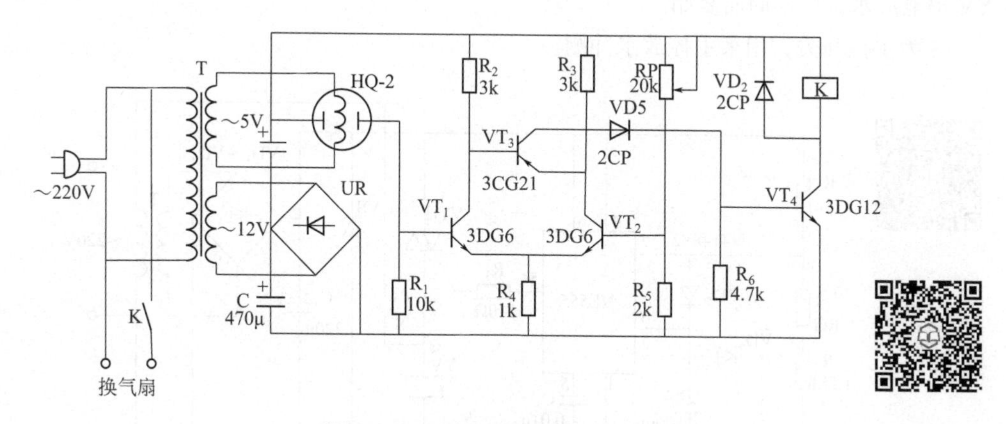

图 5-43 自控换气扇电路

（9）吊扇改自然风电路（图 5-44）

原理分析：变压器 T，桥式整流，C_4 滤波，三端稳压块 7812 提供 +12V 直流电，由 NE555 为时基集成块及周围元件构成振荡电路，周期性地控制三极管 VT 的导通，进而控制继电器 K 周期性地吸合，K 闭合时，吊扇电路通电，吊扇电动机 M 工作，K 断开时，电动机 M 失电。电扇叶片在惯性作用下，继续旋转一段时间，然后停下，这样周而复始，吊扇的风量一阵大，一阵小。调整 R_1、R_2、C_1 的值可调整间隔的时间。S_2 串接在电扇调速器电路中，可利用原调速器继续调节吊扇的风量，达到双调节的目的。

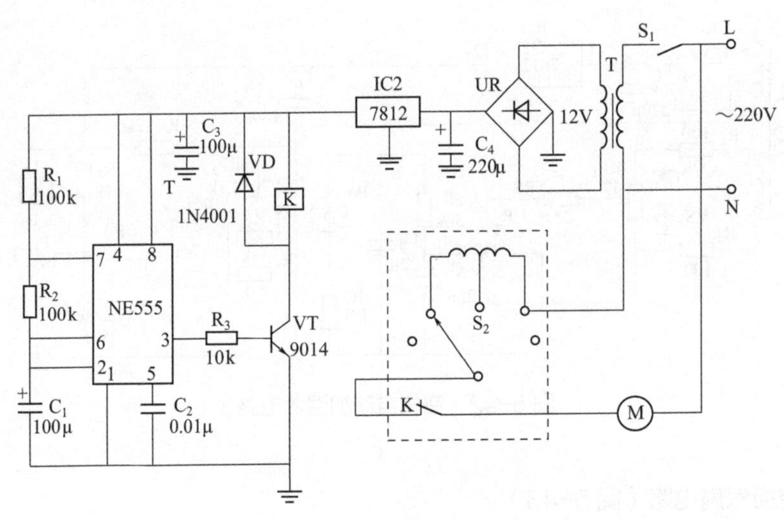

图 5-44　吊扇改自然风电路

（10）公厕自动冲水电路（图 5-45）

原理分析：NE555 时基电路与周围元器件构成占空比可自动调整的脉冲信号振荡器。接通电源时，C_2 经 R_1、VD_5 充电（时间约 10min），NE555 的②脚为低电平，③脚为高电平，电磁阀得电放水。C_2 充电结束，③脚变为低电平，VTH 截止。此后，C_2 经 VD_6、R_2、RG 和 NE555 内部放电管放电（白天 15min、夜间 1h）。C_2 放电结束，555 的③脚又变为高电平，VTH 导通，YV 得电放水，这样周而复始。

S 为手控开关，用来手控放水冲厕。

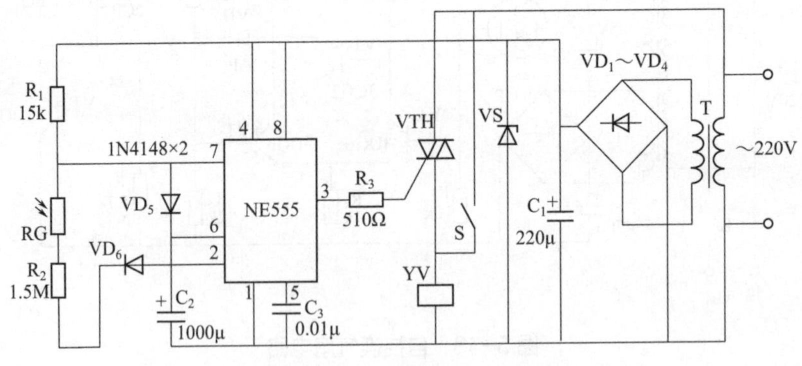

图 5-45　公厕自动冲水电路

（11）卫生间自动干手器电路（图 5-46）

原理分析：当手伸到光耦合器下面时，TWH8778 开关集成电路的 5 脚电位高于 1.6V 而导通，电流经 RP_2 触发双向晶闸管 VTH 使其导通，远红外线加热器 EH 工作，将手烘干。手离开后，开关电路自动截止，EH 停止工作。

（12）电子灭蚊器电路（图 5-47）

原理分析：当开关 S 闭合后，电源 220V 电压一路经熔断器和电容 C_1 使诱蚊灯 EL 点亮，另一路经电阻 R 向倍压整流电路供电。工作过程是：当交流 220V 电压的正半周到来时，通过熔断器，电阻 R 和二极管 VD_1 向电容 C_2 充电，在电容 C_2 两端充得左负右正的 300V 左右直流电压，而这时二极管 VD_2 因反偏而截止。当交流电压的负半周到来时，其 300V 左右负峰电压和电容 C_2 上的电压极性相同而串联在一起，并通过二极管 VD_2 向电容 C_3 充电。这时在电容 C_3 两端可得到 600V 左右的直流电压，这个电压分别加在电网 P_1 和 P_2 上面。当诱光灯的光亮使蚊子到来时，就会被高压电网击杀。

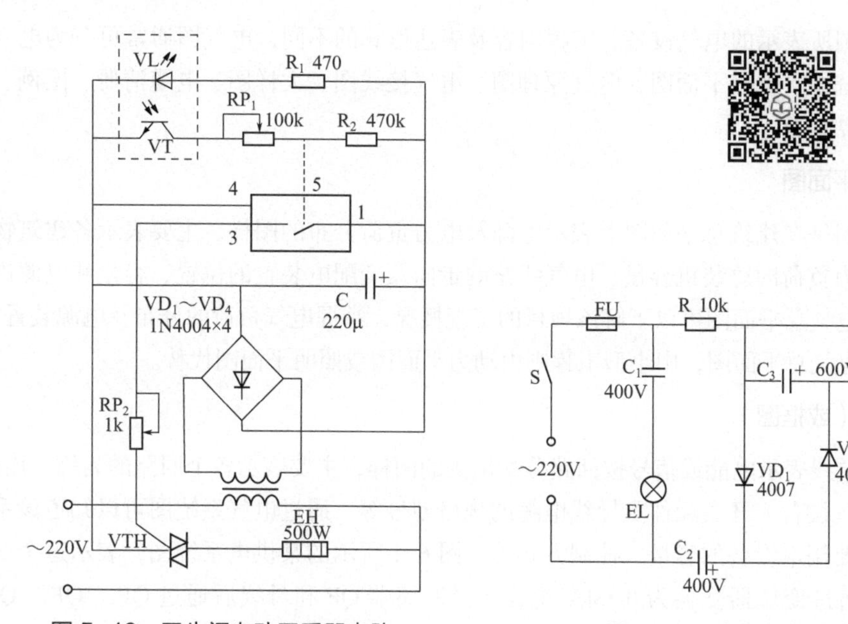

图 5-46 卫生间自动干手器电路

图 5-47 电子灭蚊器电路

知识拓展

放大电路

基本逻辑电路

集成运算放大器电路

逻辑电路知识

整流滤波电路

建筑电气工程图识读

6.1 常用建筑电气工程图

6.1.1 建筑电气工程图分类

根据各电气图所表示的电气设备、工程内容及表达形式的不同，电气图通常可分为电气总平面图、电气系统图、电气平面图、电气原理图、电气接线图、大样图、电缆清册、图例、设备材料表、设计说明等。

（1）电气总平面图

电气总平面图是在建筑总平面图上表示电源及电力负荷分布的图样，主要表示各建筑物的名称或用途、电力负荷的总装机容量、电气线路的走向及变配电装置的位置、容量和电源进户的方向等。通过电气总平面图可以了解该项目的工程概况，掌握电气负荷的分布及电源装置等。一般大型工程有电气总平面图，中小型工程则由动力平面图或照明平面图代替。

（2）系统图（或框图）

系统图是用单线表示电能或信号按回路分配出去的图样，主要表示各个回路的名称、用途、容量以及主要电气设备、开关元件及导线电缆的规格型号等。通过电气系统图可以知道该系统的回路个数及主要用电设备的容量、控制方式等。图 6-1 所示的某供电系统图，表示这个变电所把 10kV 电压通过变压器变换为 0.38kV 电压，经断路器 QF 和母线后通过 QF_1、QF_2、QF_3、QF_4 分别供给四条支路。又如图 6-4 所示的接触器直接启动电路的主电路表示了电动机的供电关系，它的供电过程是由电源 L_1、L_2、L_3 →隔离开关 QS →三相熔断器 FU →接触器 KM →热继电器热元件 FR →电动机。

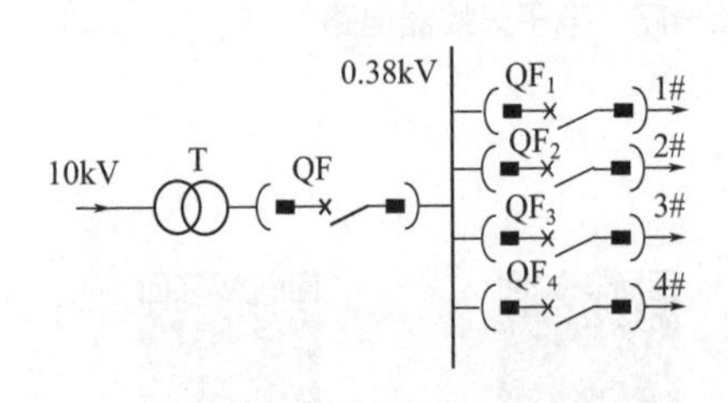

图 6-1　某变电所供电系统图

系统图或框图常用来表示整个工程或其中某一项目的供电方式和电能输送关系，也可表示某一装置或设备各主要组成部分的关系。

（3）电气原理图

电气原理图又称为原理接线图，是单独用来表示电气设备及元件控制方式及其控制线路的图样。主要表示电气设备及元件的启动、保护、信号、联锁、自动控制及测量等。这种图按工作顺序用图形符号从上而下、从左到右排列，详细表示电路、设备或成套装置的全部组成和连

接关系，而不考虑其实际位置的一种简图。电气原理图可分为电力系统图、生产机械电气控制图和电子电路图三种。

① 电力系统图　电力系统图又分为发电厂变电电路图、厂矿变配电电路图、电力及照明配电电路图。每种又可分为主接线图和二次接线图。

主接线图是把电气设备或电气元件（如隔离开关、断路器、互感器、避雷器、电力电容器、变压器、母线等），按一定顺序连接起来，汇集和分配电能的电路图。

例如图 6-2 所示的单台变压器的高压变电所主电路。电源先经过断路器 1QF 送到变压器 T，变压后再经过断路器 2QF 送到母线汇流排，向各用户分配电力。

我们把对一次设备进行控制、提示、检测和保护的附属设备称为二次设备。将表示二次设备的图形符号按一定顺序绘制而成的电气图称为二次接线图或二次电路图。

图 6-3 是某 3 ～ 6kV 高压断路器的电磁操作机构的控制回路电路图。图中表示断路器的合闸控制过程、分闸控制过程、短路跳闸控制过程以及三个状态下指示灯的指示情况。

图 6-2　单台变压器的高压变电所主电路

② 生产机械电气控制图　对电动机及其他用电装置的供电方式进行控制的电气图，称为生产机械电气控制图。一般分为主电路和辅助电路两部分。主电路是从电源到电动机或其他用电装置大电流所通过的电路。辅助电路包括控制电路、照明电路、信号电路和保护电路等。

例如图 6-4 的接触器直接启动电路图中，当合上隔离开关 QS，按下启动按钮 SB_2 时，接触器 KM 的线圈将得电，它的主触点闭合，使电动机得电启动运行；另一个辅助动合触点闭合，进行自锁。当按下停止按钮 SB_1，或热继电器 FR 动作时，KM 线圈失电，KM 主触点断开，电动机停止。可见它表示了电动机的操作控制原理。

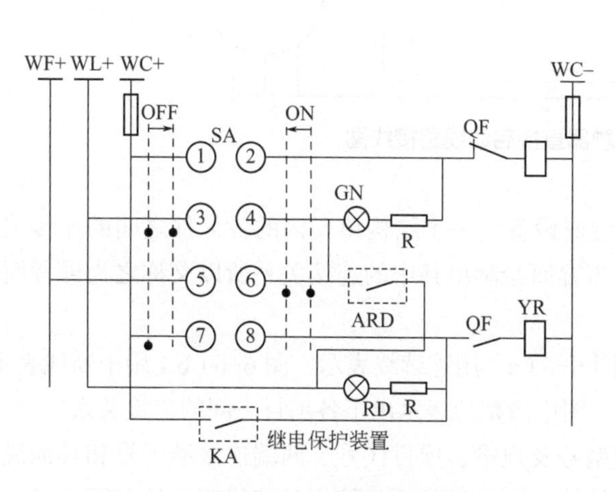

图 6-3　电磁操作机构的断路器控制回路

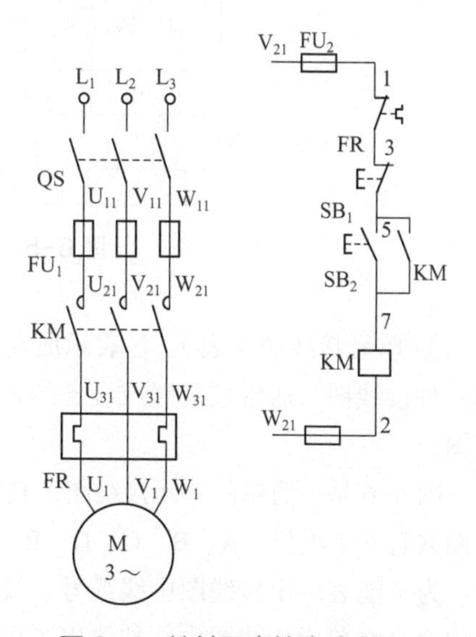

图 6-4　接触器直接启动电路

③ 电子电路图　反映由电子电气元件组成的设备或装置工作原理的电气图，称为电子电路图，又可分为电力电子电路图和电子电器图。

（4）接线图

接线图是与电气原理图配套的图样，用来表示设备元件外部接线及设备元件之间的接线。通过接线图可以知道系统控制的接线及控制电缆、控制线的走向及布置等。图 6-5 是接触器直接启动线路接线图，它清楚地表示了各元件之间的实际位置和连接关系：电源（L_1、L_2、L_3）经 QS 由 U_{11}、V_{11}、W_{11} 接至熔断器 FU_1，再由 U_{21}、V_{21}、W_{21} 接至交流接触器 KM 的主触点，再经过 U_{31}、V_{31}、W_{31} 接至继电器的发热元件，接到端子排的 U_1、V_1、W_1，最后用导线接入电动机的 U、V、W 端子。当一个装置比较复杂时，接线图又可分为以下几种。

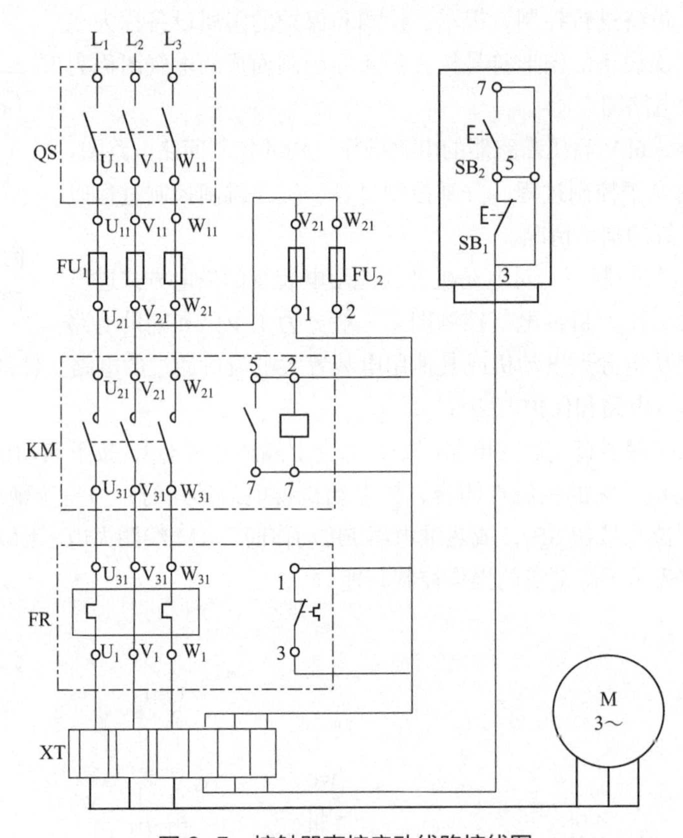

图 6-5　接触器直接启动线路接线图

① 单元接线图（表）　是表示成套装置或设备中一个结构单元内的各元件之间的连接关系的一种接线图。通常按装置或设备的背面布置而绘制出其中的连接关系所以又称之为屏背面接线图。

图 6-6 是一简单的单元接线图，其中图 6-6（a）用连续线表示，图 6-6（b）用中断线表示。该图共有 6 个项目：A、B、C、D、R、X。图中清楚地表示出了各项目之间的连接关系。

为了能表示出接线图中线缆号、线缆型号及规格、项目代号、两端连接端子号和其他说明等内容，在单元接线图中往往给出了单元接线表。对一些项目较少且接线简单的单元也可只给出单元接线表，按图 6-6 制作的单元接线表见表 6-1。

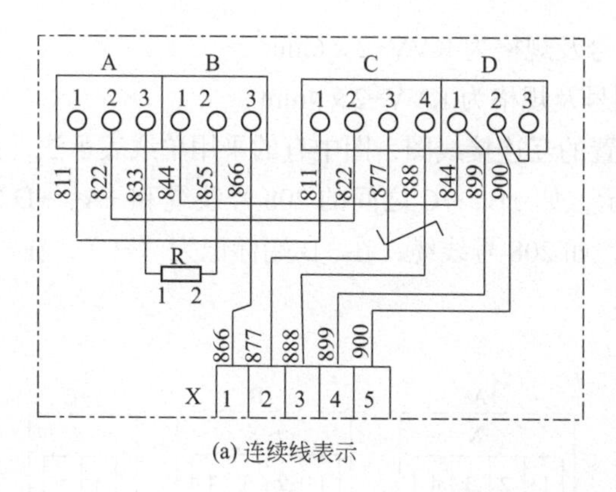

(a) 连续线表示

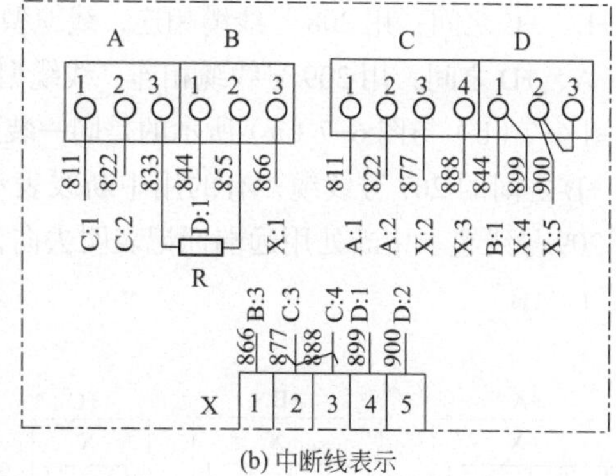

(b) 中断线表示

图6-6 简单的单元接线图

表6-1 单元接线表

线号	线缆型号及规格	连接点Ⅰ			连接点Ⅱ			附注
		项目代号	端子号	参考	项目代号	端子号	参考	
811	BX-1.5	A	1		C	1		
822	BX-1.5	A	2		C	2		
833	BX-1.5	A	3		R	1		
844	BX-1.5	B	1		D	1	89	
855	BX-1.5	B	2		R	2		
866	BX-1.5	B	3		X	1		
877	BX-1.5	C	3		X	2		绞线 T1
888	RVB-2×1.5	C	4		X	3		绞线 T1
899	RVB-2×1.5	D	1	85	X	4		
900	BX-1.5	D	2		X	5		

注：接线表应包括以下几项：

① 线缆束号，即表示连线导线所属的电缆、线束号。如为单根导线，不分束，则不表示。

② 线号，即导线标号（导线的独立标记号），也可用文字、字母表示。

③ 线缆型号及规格，即电缆或导线的型号及其规格。

④ 连接点Ⅰ、Ⅱ，即连接线两端与设备、元器件的连接点，包括项目代号、接线端子号及其有关的其他连接线的说明（列入“参考”栏）。

⑤ 附注，即与连接线有关的其他说明。

② 互连接线图（表） 是表示成套装置或设备的不同单元之间连接关系的一种接线图，一般包括线缆与单元内端子的接线板的连接，但单元内部的连接情况通常不包括在内。为了说明单元内部的连接情况，通常给出相关单元接线图的图号，以方便对照阅读。

图 6-7（a）是用连续线表示的互连接线图。它表示 4 个单元之间的连接关系。这 4 个单元的项目代号（只表示出了位置代号）分别为 +A、+B、+C、+D，其中 +A、+B、+C 三个单元用点划线方框表示，其内部各装有一个端子板，其代号均为 X，而项目 D 只表明了去向。图中各单元的互连关系如下：

+A、+B 之间：用 207 号线缆相连，线缆型号 KVV，3 芯，截面积 $2.5mm^2$，每根芯线的两端均标有相同的芯线号，如 1 号芯线的一端接 +A—X：1，另一端接 +B—X：2。

+B、+C 之间：用 208 号线缆相连，线缆型号及规格为 KVV-2 × 6mm²。

+A、+D 之间：用 209 号线缆相连，线缆型号及规格为 KVV-2 × 4mm²。

图 6-7（b）与图 6-7（a）所示的是同一装置的互连接线图，图中有的采用单线表示法，如 +A、+B 之间的 207 号线缆；有的用中断线表示，如 +B、+C 之间的 208 号线缆和 +A、+D 之间的 209 号线缆。中断处用远端标记表明去向，如 208 号线缆，在 +B 端标记为“+C”，在 +C 端记为“+B”。

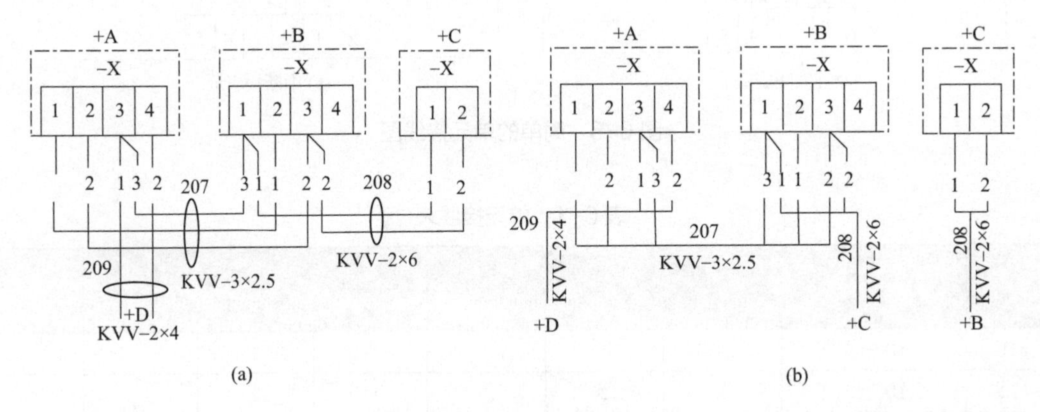

图 6-7　互连接线图表示法

表 6-2 所示的互连接线表与图 6-7 相对应，表示 +A、+B、+C、+D 单元之间 207 号、208 号、209 号三根线缆两端的连接（连接点 Ⅰ、Ⅱ）关系。

表 6-2　互连接线表

线缆号	线号	线缆型号规格	连接点 Ⅰ			连接点 Ⅱ			备注
			项目代号	端子号	参考	项目代号	端子号	参考	
207	1 2 3	KVV-3 × 2.5mm²	+A—X	1 2 3	209.1①	+B—X	2 3 1	208.2 208.1	
208	1 2	KVV-2 × 6mm²	+B—X	1 3	207.3 207.2	+C—X	1 2		
209	1 2	KVV-2 × 4mm²	+A—X	3 4	207.3	+D			去 D 见图 0014②

① 表示 209 号线缆的 1 号芯线与 207 号线缆的 3 号芯线相接。其余类同。

② 表示 209 号线缆可从 0014 号图中查出详细信息。

③ 端子接线图（表） 是表示成套装置或设备的端子以及接在端子上外部接线（必要时包括内部接线）的一种接线图。一般情况下不表示端子板与内部其他部件的连接关系。但可给出相关元件的图号，以便查阅。

图 6-8 是两个端子接线图的示例，其中左边是结构单元 +A6 的端子接线图，右边是结构单元 +B5 的端子接线图。

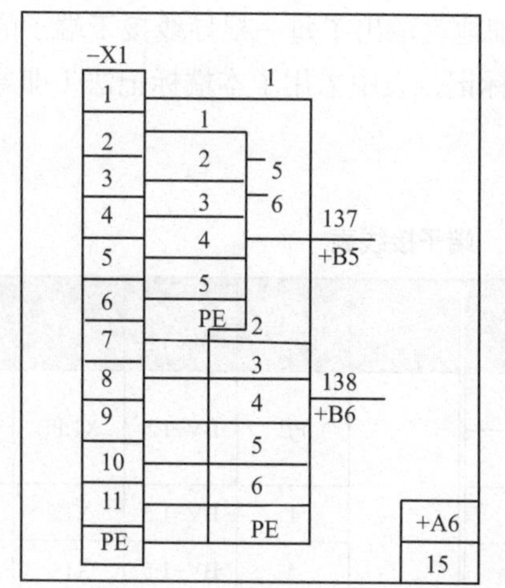

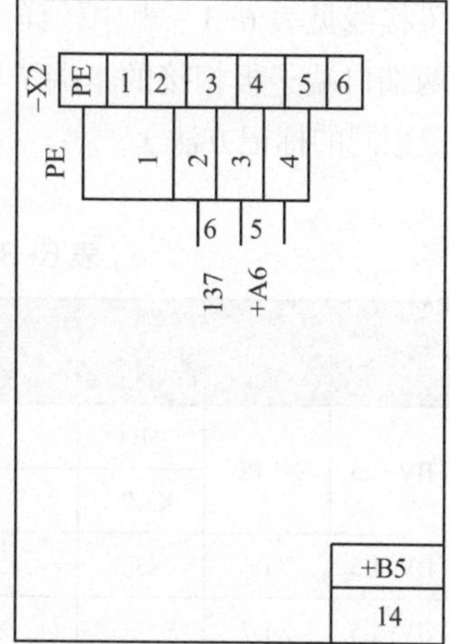

(a) 按独立标记

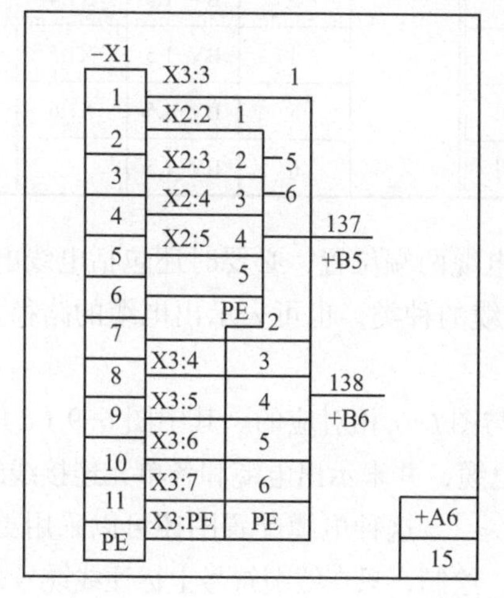

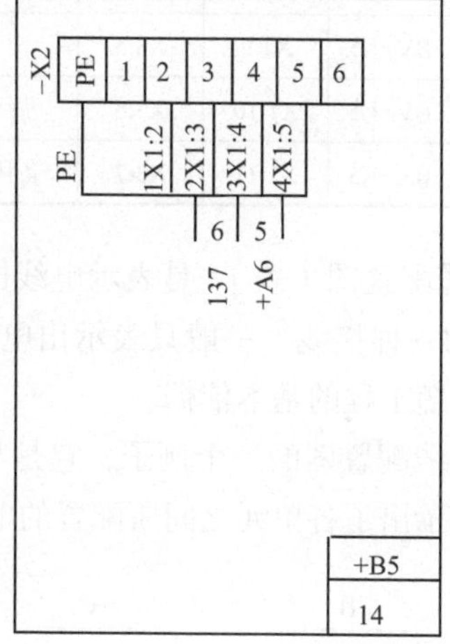

(b) 按相对标记

图 6-8　端子接线图

图中 +A6（位置代号）单元的端子排的代号为 X1，共有 12 个端子，依次标号为 1 ～ 11 和 PE，其中 5、6 为备用。+A6 单元端子接线图画在 15 号图上。

+B5 单元的端子接线图画在 14 号图上，其端子排的代号为 X2，共有 7 个端子，依序标号为 1 ～ 6 和 PE，其中 1、6 号端子为备用。

+B6 单元的端子排代号为 X3，其中端子代号为 1 ～ 6 和 PE，图中未详细画出端子接线图。

将单元 +A6、+B5、+B6 分别用 137、138 号两根线缆组相互连接起来。137 号线束将 +A6 和 +B5 连接起来，其中 5、6 号导线备用，138 号线束将 +A6 与 +B6 连接起来，共有 7 根线，分别标为 1 ～ 6 和 PE，它们都采用独立标记法。这样就可按端子接线图将 +A6 与 +B6、+A6 与 +B5 的结构单元连接起来，例如 +A6 的 X1 端子的 2 号与 +B5 的端子 X2 的 2 号用导线连接，标注 1 号线。

图 6-8（b）与图 6-8（a）是同一个端子接线图，只不过图（b）采用的是相对标记法，例如 137 号电缆束的两端分别标记 +B5、+A6，137 号电缆的 1 号芯线的两端分别标记 X2:2、X2:1。

图 6-8 的端子接线见表 6-3。表中较详细地表示出了每一根导线接于端子的标记、导线的型号规格及导线两端口端子板相接的本端子标记，表中采用了本端标记法（即导线终端的标记与其所连接的标记相同的标记方法）。

表 6-3 端子接线表

线缆号	芯线号	型号及规格	端子	远端标记	附注	线缆号	芯线号	型号及规格	端子	远端标记	附注
138	PE	BV-1.5	X1:PE	+B4		137	PE	BV-1.5	X1:PE	+B5	
				X3:PE						X2:PE	
	1	BV-1.5	X1:1	X3:3			1	BV-1.5	X1:2	X2:2	
	2	BV-1.5	X1:7				2	BV-1.5	X1:3	X2:3	
	3	BV-1.5	X1:8	X3:4			3	BV-1.5	X1:4	X2:4	
	4	BV-1.5	X1:9	X3:5			4	BV-1.5	X1:5	X2:5	
	5	BV-1.5	X1:10	X3:6	备用		5	BV-1.5	X1:6	—	备用
	6	BV-1.5	X1:11	X3:7	备用		6	BV-1.5	—	—	备用

④ 电线电缆配置图（表） 是表示电线电缆两端位置，必要时还包括电线电缆功能、特性和路径等信息的一种接线。一般只表示出电缆的种类，也可表示出电缆的路径、敷设方式等，它是计划敷设电缆工程的基本依据。

图 6-9 是电缆配置图的一个例子，它是与图 6-7 相对应的。其中图 6-9（a）各单元用实线框表示，且只表示出了各单元之间所配置的电缆，并未示出电缆和各单元连接线的详细情况。

这种电缆配置图还可以采用更简单的单线法绘制，只在线缆符号上标注线缆号，如图 6-9（b）。

表 6-4 是电缆配置表，它与图 6-9 相对应。表中附注栏内标“见图 0014”，表示 209 号线缆可从 0014 号图中查出详细的信息。

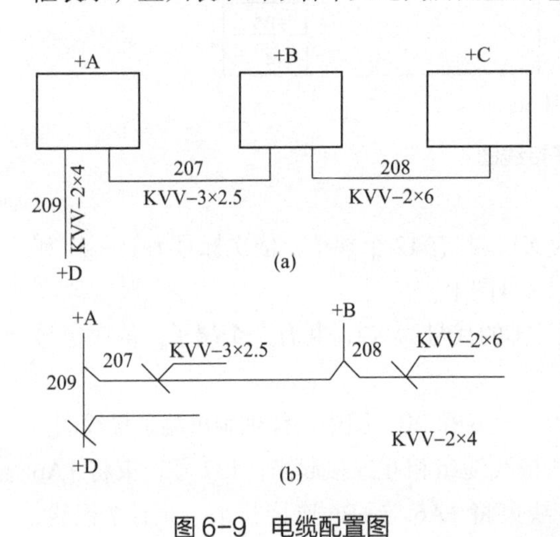

图 6-9 电缆配置图

表 6-4 电缆配置表

电缆号	电缆型号	连接点		附注
207	KVV-3 × 2.5	+A	+B	
208	KVV-2 × 6	+B	+C	
209	KVV-2 × 4	+A	+D	见图 0014

⑤ 屏面布置图 屏面布置图就是采用框形符号来表示屏面设备布置的一种位置简图。它是制造厂用来加工制作电器、电柜的依据，也可供安装接线、查找、维护管理过程中核对屏内设备的名称、位置、用途及拆装、维修等用，它与单元接线图相对应，因此可作为阅读和使用单元接线图的重要参照。

屏面布置图具有以下特点：

a. 屏面布置的项目通常用实线绘制的正方形、长方形、圆形等框形符号或简化外形符号表示，为便于识别，个别项目也可采用一般符号。

b. 符号的大小及其间距尽可能按比例绘制，但某些较小的符号允许适当放大绘制。

c. 符号内或符号旁可以标注“A”“V”等代号，继电器符号内标注“KA”“KV”等。

d. 屏面上的各种二次设备，通常是从上至下依次布置指示仪表、继电器、信号灯、光字牌、按钮、控制开关和必要的模拟线路。

图 6-10 是一较典型的二次屏面布置图。图中按项目的相对位置布置了各项目，各项目采用框形符号，但信号灯、按钮、连接片等采用一般符号，项目的大小没有完全按实际尺寸画出，但项目的中心间距则标注了严格的尺寸。屏顶上方附加的 60mm 钢板用于标写该屏的名称，如“变压器保护屏”。仪表、继电器等框形符号内标注了项目代号，如“A”“V”“KA_1”等，一些项目的框形尺寸较小，采用引出线表示。光字牌、信号灯、按钮等外形尺寸较小的项目采用比其他项目稍大的比例绘制，但符号标注清楚。光字牌内的标字不在图面上表示，而用另外表格标注。该屏 4 个光字牌的标字含义见表 6-5。

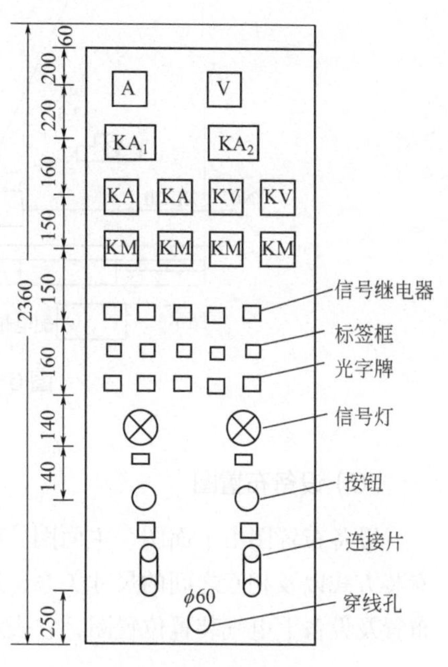

图 6-10　屏面布置图示例

需要特别指明的是，信号灯、掉牌信号继电器、操作按钮、转换开关等符号的下方设有标签框，以此向操作、维修人员提示该元件的功能，以免发生误操作或其他错误。由于标签框很小，因此图上只标注数字，标签框内的标字另用表格表示，其式样见表 6-6。

表 6-5　光字牌的标字含义

符号	标　字	编号	备　注
HE_1	10kV 线路接地	1	参考图 E08
HE_2	变压器温升过高	2	
HE_3	掉牌未复归	3	
HE_4	自动重合闸	4	参考图 E112

注：参考图未画出。

表 6-6　标签框内的标字式样

符号	标　字	编号	备　注
HA	蜂鸣器试验	1	参考图 E04
S_1	合主开关	2	参考图 E101
S_2	断主开关	3	

连接片和试验接线柱布置在屏面的下方，供调试用。在距地面 250mm 的屏面上有一个圆孔，孔径 60mm，供调试时穿导线用。

（5）电气平面图

电气平面图包括供电线路平面图、变配电所平面图、电力平面图、照明平面图、弱电系统平面图、防雷与接地平面图等。它一般是在建筑平面图的基础上制出来的。

图 6-11 是某车间的动力电气平面图，它表示了各车床的具体平面位置和供电线路。

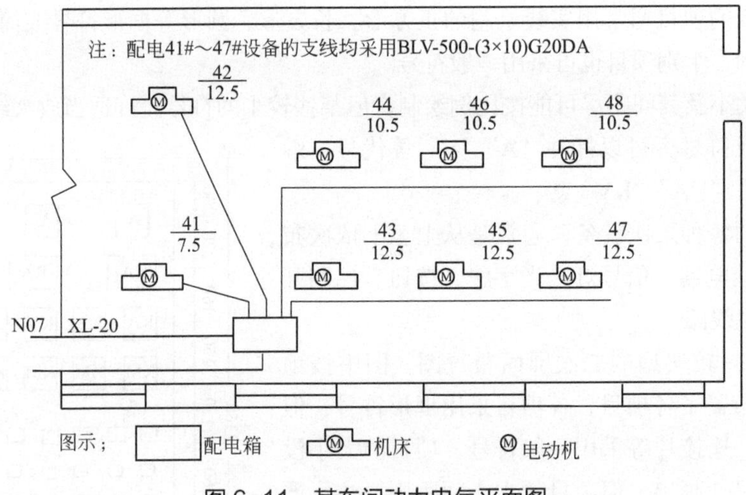

图 6-11 某车间动力电气平面图

（6）设备布置图

设备布置图由平面图、主面图、断面图、剖面图等组成。表示各种设备和装置的布置形式、安装方式以及相互之间的尺寸关系，通常这种图按三视图原理绘制。图 6-12 是某自动线的工艺布置及设备上电气装置位置图，它表示了接线箱、操作台、电控柜具体位置。

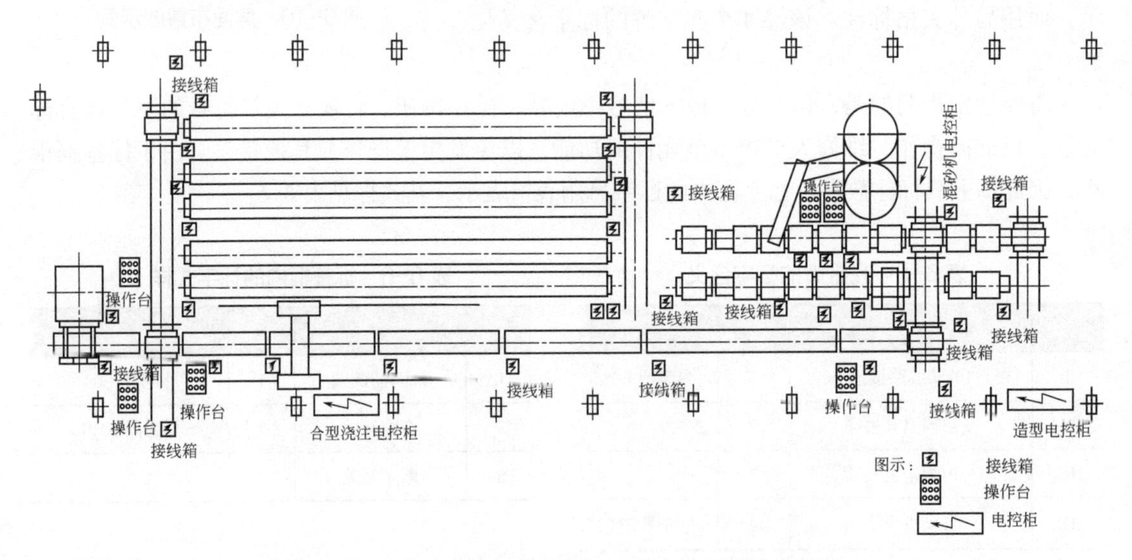

图 6-12 自动线的工艺布置及设备上电气装置位置图

（7）设备材料表

设备材料表是用表格的形式表示系统中设备材料的规格、型号、数量等内容，它可置于图中的某一位置，也可单列一页（视元器件材料多寡而定）。为了方便书写，通常是从下而上排序。表 6-7 是某项目的设备材料表（部分）。

表 6-7　设备材料表

序号	名称	型号及规格	单位	数量	备注
	动力部分				
1	中压开关柜	KYN28-12	台	46	详见 6kV 配电系统图
2	微机综合保护器		台	43	详见 6kV 配电系统图
3	低压开关柜	MNS	台	17	详见低压配电系统图
4	镀锌槽钢	〔10	m	220	
5	电缆头	6kV 3×70	套	10	
6	大跨距阶梯式桥架	玻璃钢 L=6m			
7	电力电缆	YJV-0.6/1-2×6	m	145	
8	控制电缆	KYJV-0.45/0.75-5×1.5	m	20	
	接地部分				
9	接地干线	ϕ12	m	230	
10	避雷网	ϕ8	m	80	
11	黄绿相间接地线	BV-0.45/0.75-1×150	m	30	变压器中性点接地
	照明部分				
12	照明配电箱	XSA2-24	台	1	详见照明系统图
13	荧光灯具	HYG101N236 220V 2×36W	套	37	

（8）大样图

大样图一般是用来表示某一具体设备的结构或某一元件的结构或具体安装方法的，通过大样图可以了解该项工程的复杂程度。一般非标的控制柜、箱、检测元件和架空线路的安装方法等都要用到大样图，大样图通常采用标准图集。其中剖面图也是大样图的一种。

图 6-13 的塑料线槽接线盒安装方法就给出了四种塑料接线盒的具体安装方法，通过这张图可以了解到塑料接线盒采用塑料胀管固定。由于其他三种安装方式与方式一完全相同，因而剖视图予以省略。图中还给出了这几种接线盒的名称及尺寸，供安装使用。

（9）电缆清册

电缆清册是用表格的形式表示该系统中电缆的规格、型号、数量、敷设方法、头尾接线部位等的内容，如图 6-14 所示。除较简单的工程不使用电缆清册外，一般电缆较多的工程均使用。

（10）图例

图例是用表格的形式列出该系统中使用的图形符号或文字符号，目的是使读图者容易读懂图样。举例如图 6-15 所示。

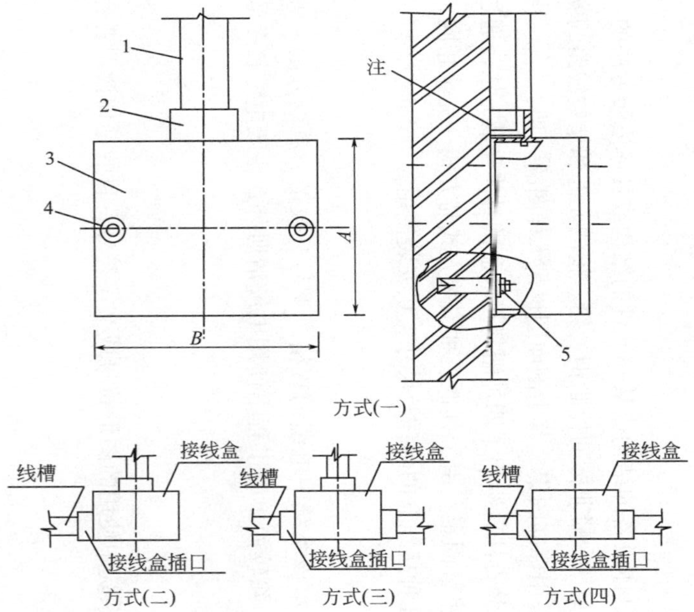

接线盒			与电气装置(GB1245—87)件配套的面板规格		适用线槽	备注
型号	A/mm	B/mm				
86HM33	86	86	86系列	86×86	PVC-25	可与生产厂86系列面板配套
129HM33	86	129		86×129		
146HM33	86	146		86×146		
172HM33	86	172		86×172		
C113	75	125	75系列	75×125	FS25、40、60、100	
C114	75	100		75×100		
C115	75	75		75×75		

注：1.接线盒上的孔大小施工时按接线盒插口或线槽尺寸切割。
2.接线盒C113、C114、C115所需配件随产品供应。

编号	名称	型号及规格	单位	数量	备注
1	线槽	与线槽配套	个		
2	接线盒插口		个	1	
3	接线盒及盒盖		个	1	
4	木螺钉	GB100-86-3×20	个	2	
5	木螺钉	GB100-86-5×40	个	2	
6	垫圈	GB95-85-5	个	2	
7	塑料胀管	$\phi 8$	个	2	

塑料线槽接线盒安装				图集号	96D301-1
审核	校对		设计	页	11

图 6-13 塑料线槽接线盒安装

××设计有限责任公司		电缆表							文件编号 EL3110-03	
									共5页	第2页
序号	电缆编号	设备容量	电缆型号	芯数截面/mm²	大约长度/m	备用芯数	穿管规格/长度/m	电缆起端	电缆终端	备注
1	2	3	4	5	6	7	8	9	10	11
17	311AL	5.08	YJV-0.6/1	5×6	40		DN32/3	公用工程变电所 照明柜AAL	公用工程变电所 照明配电箱311AL	
18	AC-1	3.19	YJV-0.6/1	4×4	10		DN25/6	公用工程变电所 AA8-1回路	公用工程变电所 变频器空调AC-1	
19	AC-2	7.19	YJV-0.6/1	4×4	40		DN25/3	公用工程变电所 AA5-1回路	公用工程变电所 机柜间空调AC-2	
23	ZMJ	3.0	YJV-0.6/1	3×4	30			公用工程变电所 AA7-2回路	公用工程变电所 AAHJ	6kV开关柜照明小母线电源
26	AD-AH3-2		YJV-0.6/1	2×10	50			公用工程变电所 直流屏	公用工程变电所 AH3	6.3kV I段控制电源

图6-14 电缆清册

图例	名称	图例	名称
	感温探测器		终端负载盒
	感烟探测器	SI	短路保护器
	彩色摄像机		电话分线盒
	手动报警按钮消防	E/O	电光信号转换器
	电话分机		感温电缆
	声光讯响器	TP	电话出线&
XF	消防电话专用模块		火灾报警器控制器
M	信号输入模块		

图6-15 某工程弱电系统图例

（11）设计说明

设计说明主要标注图中交代不清或没有必要用图表示的要求、标准、规范等。

电气图种类很多，但这并不意味着所有的电气设备或装置都应具备这些图纸。根据表达的对象、目的和用途不同，所需图的种类和数量也不一样，对于简单的装置，可把电路图和接线图二合一，对于复杂装置或设备应分解为几个系统，每个系统也有以上各种类型图。总之，在能表达清楚的前提下，电气图越简单越好。

6.1.2 建筑电气图的标注方法及其应用

（1）用电设备的标注

一般形式为：$\frac{a}{b}$ 或 $\frac{a}{b}+\frac{c}{d}$

式中 a——设备编号；

b——额定功率，kW；

c——线路首端熔断片或自动开关释放器的电流，A；

d——标高，m。

例如：$\frac{\text{P101A}}{7.5}+\frac{30}{1.5}$ 表示电动机编号为P101A、功率7.5kW、熔丝电流30A、标高1.5m。

（2）电力和照明设备的标注

一般形式为：$a\frac{b}{c}$ 或 $a-b-c$

式中 a——设备编号；

b——设备型号；

c——设备功率，kW。

例如：$\text{P101A}\frac{\text{Y200L}-4}{30}$ 或P101A-(Y200L-4)-30表示电动机编号为P101A、型号Y200L-4、功率30kW。

当需要标注引入线时的形式为：$a\frac{b-c}{d(e\times f)-g}$

式中 d——导线型号；

e——导线根数；

f——导线截面，mm^2；

g——导线敷设方式及部位。

例如：$\text{P101A}\frac{(\text{Y200L}-4)-30}{\text{BL}(3\times 35)\text{G40}-\text{DA}}$ 表示电动机编号为P101A、型号Y200L-4、功率30kW、三根35mm^2的橡套铝芯电缆、穿管直径40mm、水煤气钢管沿地板暗敷设引入电源负荷线。

电气工程图中表达导线敷设方式和部位标注的文字代号见表6-8和表6-9。

表6-8 电气工程图中表达导线敷设方式标注的文字代号

敷设方式	标注代号	
	英文代号	汉语拼音代号
用轨型护套线敷设		
用塑制线槽敷设	PR	XC
用硬质塑料管敷设	PC	VG
用半硬质塑料管敷设	FEC	SG
用可挠型塑料管敷设		RG
用薄电线管敷设	TC	DG
用厚电线管敷设		
用水煤气钢管敷设	SC	G
用金属线槽敷设	SR	GC
用电缆桥架（或托盘）敷设	CT	
用瓷夹敷设	PL	CJ
用塑制夹敷设	PCL	VT
用蛇皮管敷设	CP	
用瓷瓶式或瓷柱式绝缘子敷设	K	CP

表6-9　电气工程图中表达导线敷设部位标注的文字代号

敷设方式	标注代号	
	英文代号	汉语拼音代号
沿钢索敷设	SR	S
沿屋架或屋架下弦敷设	BE	LM
沿柱敷设	CLE	ZM
沿墙敷设	WE	QM
沿天棚敷设	CE	PM
在能进入的吊顶内敷设	ACE	PNM
在梁内暗敷设	BC	LA
在柱内暗敷设	CLC	ZA
在屋面内或顶板内暗敷设	CC	PA
在地面内或地板内暗敷设	FC	DA
在不能进入的吊顶内暗敷设	AC	PNA
在墙内暗敷设	WC	QA

（3）配电线路的标注

一般形式为：$a-b\,(c\times d+n\times h\,)e-f$

式中　a——线路编号；

b——导线型号；

c——导线根数；

d——导线截面，mm^2；

n——中性线（保护性）根数；

h——中性线（保护性）截面，mm^2；

e——导线敷设方式；

f——导线敷设部位。

例如：24-BV(3×70+1×50)G70-DA，表示这条线路在系统编号为24、聚氯乙烯绝缘铜芯导线、三根$70mm^2$、一根$50mm^2$中性线、穿水煤气钢管直径70mm、沿地板暗敷设。

（4）照明灯具的标注

一般形式为：$a-b\dfrac{c\times d\times L}{e}f$

式中　a——灯数；

b——型号或编号；

c——每盏灯具的灯泡数；

d——灯泡容量，W；

e——灯泡安装高度，m；

f——安装方式；

L——光源种类。

例如：$8-\text{YZ40RR}\dfrac{2\times 40}{2.5}\text{L}$表示这个房间或某一区域安装8只型号为YZ40RR的荧光灯、每只灯2根40W灯管、吊链安装、吊高2.5m。光源种类L主要指：白炽灯（IN）、荧光灯（FL）、荧光高压汞灯（Hg）、高压钠灯（Na）、碘钨灯（I）、氙灯（Xe）、弧光灯（ARC）及上述光源组成的混光灯、红外线灯（IR）、紫外线灯（UV）等。光源种类一般不标出，因为灯具型号已示出光源的种类。如需要时，则在光源种类处标出代表光源种类的字母。

如果安装方式为吸顶安装时，f 不标，此时 e 用—表示。

照明灯具安装方式标注的代号及其意义见表 6-10。

表 6-10　照明灯具安装方式标注的代号及其意义

敷设方式	标注代号	
	英文代号	汉语拼音代号
线吊式	CP	
自在器线吊式	CP	X
固定线吊式	CP1	X1
防水线吊式	CP2	X2
吊线器式	CP3	X3
链吊式	Ch	L
管吊式	P	G
吸顶式或直附式	S	D
嵌入（不可进入的顶棚）式	R	R
嵌入（可进入的顶棚）式	CR	DR
墙壁内安装	WR	BR
台上安装	T	T
支架上安装	SP	J
壁装式	W	B
柱上安装	CL	Z
座装	HM	ZH

（5）开关及熔断器的标注

一般形式为：$a\dfrac{b}{c/i}$ 或 $a-b-c/i$

式中　a——设备编号；

b——设备型号；

c——额定电流，A；

i——整定电流，A。

例如：$\mathrm{m_1}\dfrac{\mathrm{DZ20Y-200}}{200/200}$ 或 $\mathrm{m_1}$-（DZ20Y-200）-200/200 表示开关编号 $\mathrm{m_1}$、开关型号 DZ20Y-200、额定电流 200A、开关的整定值为 200A。

当需要标注引入线时的形式为：$a\dfrac{b-c/i}{d(e\times f)-g}$

式中　d——导线型号；

e——导线根数；

f——导线截面，mm^2；

g——导线敷设方式。

（6）电缆的标注

电缆的标注形式与配电线路标注方式基本相同，但当电缆与其他设施交叉时，标注方式

为：$\dfrac{a-b-c-d}{e-f}$

标注中　a——保护管根数；

b——保护管直径，mm；

c——保护管长，m；

d——地面标高，m；

e——保护管埋设深度，m；

f——交叉点坐标。

例如：$\dfrac{4-100-8-1.0}{0.8-f}$ 4根保护管。直径100mm、管长8m、标高1.0m、埋设深度0.8m，交叉点f一般用文字标注，如与××管道交叉，××管应见管道平面布置图。

（7）其他标注

其他电气设备及线路的标注方法见表6-11。

表6-11　其他电气设备及线路的标注方法

标注名称	标注方式	说明
最低照度	⑮	示出15lx
照明照度检查点	①● a ②● $\frac{a-b}{c}$	①a：水平照度 ②$a-b$：双侧垂直照度，lx c：水平照度，lx
安装或敷设标高	① ±0.000 ▼ ② ±0.000 ▼	①用于室内平面、剖面图 ②用于总剖面图上的室外地面
导线规格型号或敷设方式的改变	① $\frac{3\times16}{}\times\frac{3\times10}{}$ ② $\frac{}{}\times\frac{\phi2\frac{1''}{2}}{}$	①$3\times16mm^2$导线改为$3\times10mm^2$ ②无穿管敷设改为穿管$\phi2\frac{1}{2}$in敷设

6.1.3　建筑电气平面图专用标志

在电力、电气照明平面布置和线路敷设等建筑电气平面图上，往往画有一些专用的标志，以提示建筑物的位置、方向、风向、标高、高程、结构等。这些标志对电气设备安装、线路敷设有着密切关系。

（1）方位

建筑电气平面图一般按“上北下南，左西右东”表示建筑物的方位，但在许多情况下，都是用方位标记表示其朝向。方位标记见图6-16，其箭头方向表示正北方向（N）。

（2）风向频率标记

风向频率标记是根据这一地区多年统计出的各方向刮风次数的平均百分值，并按一定比例绘制而成的，如图6-17所示。它像一朵玫瑰花，故又称风向玫瑰图，其中实线表示全年的风向频率，虚线表示夏季（6～8月）的风向频率。由图可见，该地区常年以西北风为主，夏季以西北

风和东南风为主。

（3）建筑物定位轴线

定位轴线一般都是根据载重墙、柱、梁等主要载重构件的位置所画的轴线。定位轴线编号的方法是：水平方向，从左到右，用数字编号；垂直方向，由下而上用字母（易造成混淆的 I、O、Z 不用）编号，数字和字母分别用点画线引出。如图 6-18 所示，其轴线分别为 A、B、C、D 和 1、2、3、4。

有了这个定位轴线，就可确定图上所画的设备位置，计算出电气管线长度，便于下料和施工。

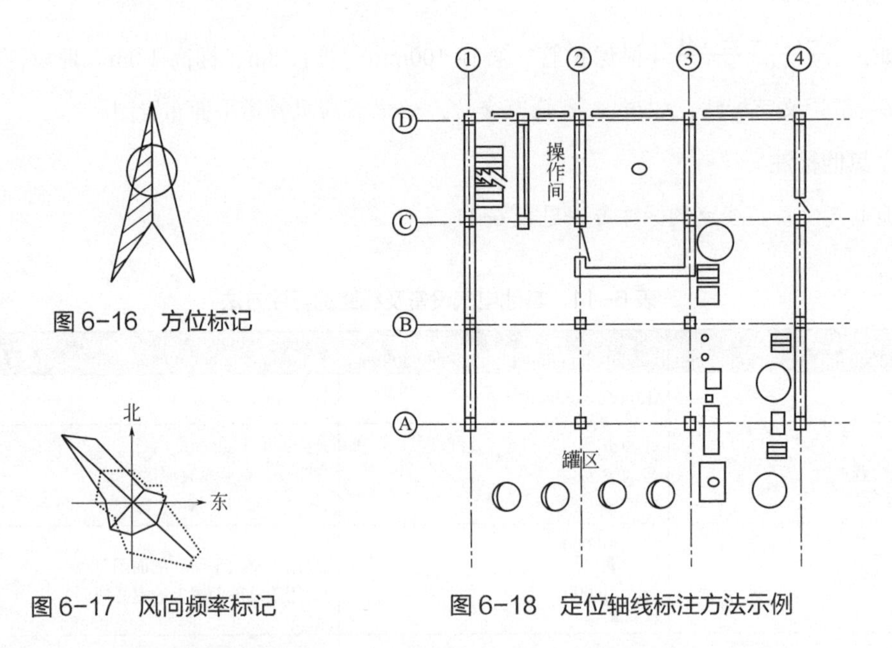

图 6-16　方位标记

图 6-17　风向频率标记

图 6-18　定位轴线标注方法示例

6.2 识图的基本方法

所谓识图（或称读图），就是要认识并确定电路图上所画设备的名称、型号和规格，设备（或电气元件）各个组成如何连接，设备之间如何连接，电路元器件技术要求和工作原理，以便正确地对电路进行安装、配线、维修和检查等。

读图的程序一般按设计说明、电气总平面图、电气系统图、电气设备平面图、控制原理图、二次接线图和电缆清册、大样图、设备材料表和图例并进的程序进行。

6.2.1 识图的步骤和基本方法

识读电气工程图时，一般可分三个步骤。

（1）粗读

所谓粗读就是将施工图从头到尾大概浏览一遍，主要了解工程的概况，做到心中有数。粗读应掌握工程所包含的项目内容（变配电、动力、照明、架空线路或电缆、电动起重机械、电梯、通信、广播、电缆电视、火灾报警、保安防盗、微机监控、自动化仪表等项目）、电压等级、变压器容量及台数、大电机容量和电压及启动方式、系统工艺要求、输电距离、厂区负荷及单元分布、弱电设施及系统要求、主要设备材料元件的规格型号、联锁或调节功能、厂区平面布置、防爆防火及特殊环境的要求及措施、负荷级别、有无自备发电机组及UPS及其规格型号容量、土建工程要求及其他专业要求等。粗读除浏览外，主要是阅读电气总平面图、电气系统图、设备材料表和设计说明。

（2）细读

所谓细读就是按读图程序和读图要点即每项应注意并掌握的内容仔细阅读每一张施工图，达到读图要点中的要求，并对以下内容做到了如指掌：

① 每台设备和元件安装位置及要求；

② 每条管线缆走向、布置及敷设要求；

③ 所有线缆连接部位及接线要求；

④ 所有控制、调节、信号、报警工作原理及参数；

⑤ 系统图、平面图及关联图样标注一致，无差错；

⑥ 系统层次清楚、关联部位或复杂部位清楚；

⑦ 土建、设备、采暖、通风等其他专业分工协作明确。

（3）精读

所谓精读就是将施工图中的关键部位及设备、贵重设备及元件、电力变压器、大型电机及机房设施、复杂控制装置的施工图重新仔细阅读，系统掌握中心作业内容和施工图要求。

对于一般小型且较简单或项目单一的工程，在读图时可直接进行精读，而对大、中型且项目较多的工程，在读图时应按粗读—细读—精读的步骤进行。当然，读图过程中，有时对某一部分还要进行复读或翻来覆去地阅读，除了正确理解图样外，主要目的是加强对施工图的印象。

6.2.2 识图的要点

（1）设计说明

识读设计说明时，要注意并掌握下列内容。

① 工程规模概况、总体要求、采用的标准规范、标准图册及图号、负荷级别、供电要求、电压等级、供电线路及杆号、电源进户要求和方式、电压质量、弱电信号分贝要求等。

② 系统保护方式及接地电阻要求、系统防雷等级、防雷技术措施及要求、系统安全用电技术措施及要求、系统对过电压和跨步电压及漏电采取的技术措施。

③ 工作电源与备用电源的切换程序及要求、供电系统短路参数、计算电流、有功负荷、无功负荷、功率因数及要求、电容补偿及切换程序要求、调整参数、试验要求及参数、大容量电动机启动方式及要求、继电保护装置的参数及要求、母线联络方式、信号装置、操作电源、报警方式。

④ 高低压配电线路形式及敷设方法要求、厂区线路及户外照明装置的形式、控制方式、某些具体部位或特殊环境（爆炸及火灾危险、高温、潮湿、多尘、腐蚀、静电、电磁等）安装要求及方法、系统对设备、材料、元件的要求及选择原则，动力及照明线路的敷设方法及要求。

⑤ 供电及配电采用的控制方式、工艺装置采用的控制方法及联锁信号、检测和调节系统的技术方法及调整参数、自动化仪表的配置及调整参数、安装要求及其管线敷设要求、系统联动或自动控制的要求及参数、工艺系统的参数及要求。

⑥ 弱电系统的机房安装要求、防腐要求、密封要求、管线敷设方式、防雷接地要求及具体安装方法，探测器、终端及控制报警系统安装要求，信号传输分贝要求、调整及试验要求。

⑦ 铁构件加工制作和控制盘柜制作要求、防腐要求、密封要求、焊接工艺要求，大型部件吊装要求及其混凝土基础工程施工要求及其标号，设备冷却管路试验要求，蒸馏水及电解液配制要求，化学法降低接地电阻剂配制要求等非电气的有关要求。

⑧ 所有图中交代不清、不能表达或没有必要用图表示的要求、标准、规范、方法等。

⑨ 除设计说明外，其他每张图上的文字说明或注明的个别、局部的一些要求等，如相同或同一类别元件的安装标高及要求等。

⑩ 土建、暖通、设备、管道、装饰、空调制冷等专业对电气系统的要求或相互配合的有关说明、图样，如电气竖井、管道交叉、抹灰厚度、基准线等。

（2）总电气平面图

识读总电气平面图时，要注意并掌握以下有关内容。

① 建筑物名称、编号、用途、层数、标高、等高线，用电设备容量及大型电机容量台数、弱电装置类别、电源及信号进户位置。

② 变配电所位置、变压器台数及容量、电压等级、电源进户位置及方式，系统架空线路及电缆走向、杆型及路灯、拉线布置，电缆沟及电缆井的位置、回路编号、主要负荷导线截面及根数、电缆根数、弱电线路的走向及敷设方式，大型电动机及主要用电负荷位置以及电压等级、特殊或直流用电负荷位置、容量及其电压等级等。

③ 系统周围环境、河道、公路、铁路、工业设施、电网方位及电压等级、居民区、自然条件、地理位置、海拔等。

④ 设备材料表中的主要设备材料的规格、型号、数量、进货要求、特殊要求等。

⑤ 文字标注、符号意义、其他有关说明、要求等。

（3）电气系统图

1）识读变配电装置系统图时，要注意并掌握以下有关内容。

① 进线回路个数及编号，电压等级，进线方式（架空、电缆），导线电缆规格型号，计量方式，电流电压互感器及仪表规格型号、数量，防雷方式及避雷器规格型号、数量。

② 进线开关规格型号及数量、进线柜的规格型号及台数、高压侧联络开关规格型号。

③ 变压器规格型号及台数、母线规格型号及低压侧联络开关（柜）规格型号。

④ 低压出线开关（柜）的规格型号及台数、回路个数用途及编号、计量方式及表计、有无直控电动机或设备及其规格型号台数启动方法、导线电缆规格型号，同时对照单元系统图和平面图查阅送出回路是否一致。

⑤ 有无自备发电设备或 UPS，其规格型号容量与系统连接方式及切换方式、切换开关及线路的规格型号、计量方式及仪表。

⑥ 电容补偿装置的规格型号及容量、切换方式及切换装置的规格型号。

2）识读动力系统图时，要注意并掌握以下内容。

① 进线回路编号、电压等级、进线方式、导线电缆及穿管的规格型号。

② 进线盘、柜、箱、开关、熔断器及导线规格型号、计量方式及表计。

③ 出线盘、柜、箱、开关、熔断器及导线规格型号，回路个数用途、编号及容量，穿管规格，启动柜或箱的规格型号，电动机及设备的规格型号、容量、启动方式。同时核对该系统动力平面图回路标号与系统图是否一致。

④ 有无自备发电设备或 UPS，内容同前。

⑤ 电容补偿装置，内容同前。

3）识读照明系统图时，要注意并掌握以下内容。

① 进线回路编号、进线线制（三相五线、三相四线、单相两线制）、进线方式、导线电缆及穿管的规格型号。

② 照明箱、盘、柜的规格型号、各回路开关熔断器及总开关熔断器的规格型号、回路编号及相序分配、各回路容量及导线穿管规格、计量方式及表计、电流互感器规格型号，同时核对该系统照明平面图回路标号与系统图是否一致。

③ 直控回路编号、容量及导线穿管规格、控制开关规格型号。

④ 箱、柜、盘有无漏电保护装置，其规格型号、保护级别及范围。

⑤ 应急照明装置的规格型号和台数。

4）识读通信系统图时，要注意并掌握以下内容。

① 总机规格型号及门数、外线进户对数、电源装置的规格型号、总配线架或接线箱的规格型号及接线对数、外线进户方式及导线电缆穿管规格型号。

② 各分路送出导线对数、房号插孔数量、导线及穿管规格型号，同时对照平面布置图，核对房号及编号。

③ 发射天线规格型号、根数、引入电缆规格型号。

5）识读广播音响系统图时，要注意并掌握以下内容。

① 广播音响设备规格型号、电源装置规格型号，送出回路个数及其开关规格型号，导线及管路规格型号，自办节目的设备规格型号及天线规格型号、电缆引入方式。

② 各分路送出导线回路数、房号、编号、对照平面图，核对房号及编号。

6）识读电缆电视系统图时，要注意并掌握以下内容。

① 天线个数及其规格型号、天线引入信号的 dB 值、前端设备的规格型号及输出信号的 dB 值、自办节目的设备规格型号、电缆的规格型号、电源装置规格型号及功能。

② 系统的回路个数及电缆的规格型号、各回路从顶层至最底首个房间信号 dB 值及线号、中间放大器、线路放大器规格型号、送至架空电缆的规格型号及信号的 dB 值、各插孔规格型号。

③ 对照平面图核对编号及信号 dB 值。

④ 系统与保安系统的联络方式及控制功能。

7）识读火灾自动报警及消防系统图时，要注意并掌握以下内容。

① 集中报警控制器和区域报警控制器规格型号、台数，电源装置规格型号、台数，火警报警装置和消防控制设备规格型号，消防通信设备规格、型号，火灾事故广播设备规格型号，信号盘及操作控制柜规格型号、功能，监视器规格型号、台数，上述各设备送出的回路个数、编

号及导线或电缆的规格型号、被控制设备的名称规格型号及编号、机房及其他设施规格型号及管线电缆规格型号。

② 各区域报警控制器输入回路个数、探测器规格型号、数量编号及房号、输出回路个数、导线及穿管规格型号。

③ 集中报警控制器输入回路个数、导线或电缆穿管规格。

④ 喷洒灭火系统中喷洒头规格型号、个数及编号和房号，水流报警阀规格型号、个数及编号，气压水罐规格型号，泵房动力系统图（水泵、稳压泵、消防泵等）。

⑤ 卤代烷灭火系统中喷头规格型号、个数及编号、房号，瓶头阀、分配阀及储罐规格、型号、个数及编号。

⑥ 二氧化碳、泡沫、干粉、蒸汽及氮气等灭火系统主要设备的型号、规格及分布的编号房号等。

⑦ 防排烟系统中防火阀、送风机、排风机、排烟机规格型号编号、房号及其电气动力系统图。

⑧ 安全疏散系统中疏散指示标志、防火门、防火卷帘的规格型号、编号及房号，以及上述设施中的管线规格、型号。事故照明系统图和消防电源系统图及消防电梯系统图同前。

⑨ 通风空调系统中的动力系统图。

⑩ 消防栓系统中的消防水泵、气压水罐、稳压泵的规格型号及动力系统图。

⑪ 系统中其他设施的规格型号及管线缆的规格型号。

⑫ 火灾事故广播系统及消防通信系统同④和⑤。

⑬ 对照平面图核对送入回路及探测器的编号、房号。

8）识读保安防盗系统图时，应注意并掌握以下内容。

① 机房监视器规格型号、台数，信号报警装置规格型号，传输电缆规格型号，送入信号回路个数、编号及房号，摄像探测器规格型号及个数，电源装置的规格型号。

② 电门锁系统中控制盘的规格型号，监控回路个数、编号、房号，电源装置、管线缆规格型号。

③ 系统与电视和通信广播系统的联络方式。

④ 对照平面图核对回路的编号、房号等。

9）识读微机监控系统图，应注意并掌握以下内容。

① CPU 主机规格型号、台数，打印机、监视器、模拟信号装置的规格型号、台数，电源装置及 UPS 规格型号，接线箱规格型号，引入回路个数、编号及房号，引入回路的管线电缆规格型号。

② 数遥采集器规格型号台数及功能，电磁量传感器及执行器规格型号、台数，热工量和机械量传感器及执行器规格型号及台数，爆炸危险环境探测器及传感器执行器的规格型号、台数，火灾探测器及传感器执行器的规格型号、台数，有毒有害气体及环境保护监测传感器和执行器规格型号及台数，其他传感器、探测器、执行器规格型号及台数。传输信号管线电缆规格型号，各类传感器、探测器、执行器的编号及房号，并对照弱电平面图核对编号、房号。

③ 系统电源装置、系统与其他系统的联络及其管线缆等。其他系统指火灾自动报警、防盗保安、通信广播、电缆电视、自动化仪表系统等。

10）识读自动化仪表系统图时，应注意并掌握以下内容。

① 被测量的类别（温度、压力、流量、物位、机械量、化学量等），被测介质（蒸气、水、

烟气、空气、风、CO_2、CO、SO_2、pH 值等），一次仪表及取样装置的规格型号及编号，就地安装仪表及变送器的规格型号及编号，一次导线导管规格型号和长度及线号，接线盒及二次导线或电缆导管规格型号和长度及编号走向，仪表盘上仪表及二次仪表的规格型号，仪表盘上切换开关、信号指示、报警装置及其他电气装置的规格型号。

② 仪表、电动调整装置与其他装置或电气设备的联锁条件及方式、调节阀或调节挡板与仪表或仪表盘上装置的关系、执行器的规格型号用途及其联锁控制方式。

③ 现场就地仪表接线盒接线图、现场其他非仪表件的规格型号、个数（包括截止阀、针型阀、冷凝器、平衡器保温箱等）。

④ 仪表电源装置及连线方式。

（4）电气平面图

1）阅读户外变电所平面布置图时，要注意并掌握以下有关内容。

① 变电所在总平面图上的位置及其占地面积的几何形状及尺寸，电源进户回路个数、编号、电压等级、进线方位、进线方式及第一接线点的形式（杆、塔）、进线电缆或导线的规格型号、电缆头规格型号，进线杆塔规格、悬式绝缘子的规格片数及进线横担的规格。

② 混凝土构架及其基础的布置、间距、比例、高度、形式（门形、单杆支柱），中心线位置、数量、规格、用途及其结构形式，避雷针的位置、个数、规格、形式结构，电缆沟位置、盖板结构及其沟断面布置，控制室及室内部分配电装置、电容器室以及休息室、检修间、备品库等房间的位置、面积、几何尺寸、开间布置等。

③ 隔离开关、避雷器、电流互感器、电压互感器及其熔断器、断路器、电力变压器、跌落熔断器、所用变压器、阻波器、滤波器、耦合电容器等室外主要设备的规格型号、数量、安装位置。

④ 一次母线、二次母线的规格及组数，悬式绝缘子规格片数组数，穿墙套管规格型号、组数、安装位置及标高，二次侧母线桥的结构形式、标高材料规格、支柱绝缘子规格型号及数量、安装位置、间距。

⑤ 控制室信号盘、控制盘、电源柜、直流柜、模拟盘的规格型号、数量、安装位置，室内电缆沟位置。

⑥ 二次配电室进线柜、计量柜、开关柜、控制柜、联络柜、避雷柜的规格型号、台数、安装位置，室内电缆沟位置，引出线的穿墙套管规格型号、编号、安装位置及标高，引出电缆的位置、编号。室内敷设管路的规格及导线电缆规格、根数。

⑦ 修理间电源柜、动力配电柜的规格型号、安装位置、电缆沟位置，管路布置及其规格，导线及电缆规格。

⑧ 电容器室电容柜或台架的规格型号、安装位置、电缆沟位置。

⑨ 接地极、接地网平面布置及其材料的规格型号、数量、引入室内的位置及室内布置方式、接地电阻要求、与设备接地点的连接要求、敷设要求。

⑩ 上述各条内容有无与设计规范不符、有无与土建、采暖、通风、给排水等专业冲突矛盾之处。

2）识读户外变压器台平面布置图时，要注意并掌握以下有关内容。

① 变压器台的容量及安装位置、电源电压等级、回路编号、进户方位、进线方式、第一接

线点形式、进线规格型号、电缆头规格、进线杆规格、悬式绝缘子规格片数及进线横担规格。

② 变压器安装方式（落地、杆上）、变压器基础面积高度、围栏形式（墙、栏杆或网）高度及设置、跌开式熔断器和避雷器规格型号安装位置、横担构件支撑规格及要求、杆头金具布置形式、接地引线及接地板的布置、接地电阻要求、悬式绝缘子及针式绝缘子数量及规格、高低压母线规格及安装方式、电杆规格及数量、卡盘和底盘、隔离开关规格型号及安装方式、低压侧熔断器的规格型号、低压侧总柜或总箱的位置、规格、结构形式以及低压出线方式、计量方式等。

3）识读户内变配电所平面布置图时，要注意并掌握以下有关内容。

① 见户外变配电所平面布置图的①。

② 变配电所的层数、开间布置及用途、楼板孔洞用途及几何尺寸。

③ 各层设备平面布置情况，开关柜、计量柜、控制柜、联络柜、避雷柜、信号盘、电源柜、操作柜、模拟盘、电容柜、变压器等的规格、型号、台数、安装位置，首层电缆沟位置、引出线穿墙套管规格型号、编号、安装位置，引出电缆的位置编号，母线及母线桥结构形式及规格型号、组数等。室内敷设管路的规格及导线电缆的规格型号、根数。

④ 见户外变配电所的⑨和⑩。

4）识读动力平面图时，应注意并掌握以下有关内容。

① 设备基础及电动机位置，电动机容量、电压、台数及编号，控制箱的位置及规格型号，从控制箱到电动机安装位置的管路、线槽、电缆沟的规格型号及线缆规格型号根数和安装方式，直控大型电动机线缆敷设方式及引入位置、规格型号。

② 电源进户位置、方式、线缆规格型号、第一接线点位置及引入方式、电源总柜规格型号及安装位置、总柜与各控制柜箱的连接形式及线缆规格型号。

③ 接地母线、引线、接地极的规格型号、数量、敷设方式、接地电阻要求。

④ 控制回路、检测回路的线缆规格型号、数量及敷设方式，控制元件、检测元件规格型号及安装位置。

⑤ 核对系统图与动力平面图的回路编号、用途名称、容量及控制方式是否相同。

⑥ 建筑物为多层结构时，上下穿越的线缆敷设方式（管、槽、插接或封闭母线、竖井等）及其规格型号、根数、相互联络方式。单层结构的不同标高下的上述各有关内容及平面布置图。

⑦ 系统采用的接地保护方式及要求。

⑧ 单独设立控制室的动力平面图，应掌握控制室的位置、控制回路数、控制柜结构或规格型号，并对照控制原理图及电缆清册核对控制方式、联锁回路、控制柜排列安装位置、电缆沟或线槽的安装位置和安装方式。

⑨ 具有仪表检测的动力电路应对照仪表平面布置图核对联锁回路、调节回路的元件及线缆的布置及安装敷设方式。

⑩ 室内采用明装架空母线的规格、绝缘子规格型号、电源引入及引下线规格、安装方式、对应设备及开关箱柜的规格型号等。

⑪ 各类特殊环境电气设备及管线的上述内容。

5）识读照明平面图时，应注意并掌握以下有关内容。

① 灯具、插座、开关的位置、规格型号、数量，控制箱的安装位置及规格型号、台数、从控制箱到灯具插座、开关安装位置的管路（包括线槽、槽板、明装线路等）的规格走向及导线

规格型号根数和安装方式，上述各元件的标高及安装方式和各户计量方法等。

② 电源进户位置、方式、线缆规格型号、第一接线点位置及引入方式、总电源箱规格型号及安装位置，总箱与各分箱的连接形式及线缆规格型号。

③ 核对系统图与照明平面图的回路编号、用途名称、容量及控制方式（集中、单独控制）是否相同。

④ 建筑物为多层结构时，上下穿越的线缆敷设方式（管、槽、竖井等）及其规格型号、根数、走向、连接方式（盒内、箱内等）。单层结构的不同标高下的上述各有关内容及平面布置图。

⑤ 系统采用的接地保护方式及要求。

⑥ 采用明装线路时，其导线或电缆的规格、绝缘子规格型号、钢索规格型号、支柱塔架结构、电源引入及安装方式、控制方式及对应设备开关元件的规格型号等。

⑦ 其他特殊照明装置的安装要求及布线要求、控制方式等。

⑧ 土建工程的层高、墙厚、抹灰厚度、开间布置、梁窗柱梯井厅的结构尺寸、装饰结构形式及其要求等土建资料。

⑨ 各类机房照明要求及上述有关内容。

⑩ 各类特殊环境照明布置要求及上述有关内容。

6）识读通信、广播、音响平面图时，应注意并掌握以下有关内容。

① 机房位置及平面布置，总机柜、配线架、电源柜、操作台的规格型号及安装位置要求，交流电源进户方式、要求、线缆规格型号，天线引入位置及方式。

② 市局外线对数、引入方式、敷设要求、规格型号，内部电话引出线对数、引出方式（管、槽、桥架、竖井等）、规格型号、线缆走向。

③ 广播线路引出对数、引出方式及线缆的规格型号、线缆走向、敷设方式及要求。

④ 各房间话机插座、音箱及元器件的安装位置标高、安装方式、规格型号及数量、线缆管路规格型号及走向；多层结构时，上下穿越线缆敷设方式、规格型号根数、走向、连接方式。

⑤ 屋顶天线布置位置、规格型号、数量、安装方式，信号线缆引下及引入方式、引入位置、规格型号。

⑥ 核对系统图与平面图的信号回路编号、用途名称等。

⑦ 见照明平面图中的⑧。

7）识读电缆电视平面布置图时，应注意并掌握以下有关内容。

① 机房位置及平面布置，前端设备规格型号、台数，电源柜和操作台规格型号及安装位置要求，交流电源进户方式、要求、线缆规格型号，天线引入位置及方式、天线数量。

② 信号引出回路数、线缆规格型号、电缆敷设方式及要求、走向。

③ 各房间电视插座安装位置标高、安装方式、规格型号、数量、线缆规格型号及走向、敷设方式；多层结构时，上下穿越电缆敷设方式及线缆规格型号；有无中间放大器，其规格型号、数量、安装方式及电源位置等。

④ 有自办节目时，机房、演播厅平面布置及其摄像设备的规格型号、电缆及电源位置等。

⑤ 屋顶天线布置、天线规格型号、数量、安装方式、信号电缆引下及引入方式、引入位置、电缆规格型号、天线电源引上方式及其规格型号，天线安装要求（方向、仰角、电平等）。

⑥ 见通信广播音响平面图的⑥和⑦。

8）识读火灾自动报警及自动消防平面图时，应注意并掌握以下有关内容。

① 机房平面布置及机房（消防中心）位置，集中报警控制柜、电源柜及UPS柜、火灾报警柜、消防控制柜、消防通信总机、火灾事故广播系统柜、信号盘、操作柜等机柜的室内安装排列位置、台数、规格型号、安装要求及方式，交流电源引入方式、相数及其线缆规格型号、敷设方法，各类信号线、负荷线、控制线的引出方式、根数、线缆规格型号、敷设方法，电缆沟、桥架及竖井位置、线缆敷设要求。

② 火灾报警及消防区域的划分，区域报警器、探测器、手动报警按钮的安装位置标高、安装方式，引入引出线缆的规格型号、根数及敷设方式，管路及线槽安装方式及要求、走向。

③ 消防系统中喷洒头、水流报警阀、卤代烷喷头、二氧化碳等喷头的安装位置标高、房号，管路布置走向及电气管线布置走向、导线根数，卤代烷及二氧化碳等储罐或管路的安装位置标高、房号等。

④ 防火阀、送风机、排风机、排烟机、消防泵及设施、消火栓等设施的安装位置标高、安装方式及管线布置走向、导线规格根数、台数、控制方式。

⑤ 疏散指示灯、防火门、防火卷帘、消防电梯的安装位置标高、安装方式及管线布置走向、导线规格根数、台数及控制方式。

⑥ 多层建筑结构时见动力平面图的⑥。

⑦ 系统采用的接地保护方式及要求。

⑧ 核对系统图与平面图的回路编号、用途名称、房间号、管线槽井是否相同。

9）识读保安防盗平面图时，应注意并掌握以下内容。

① 机房平面布置及机房（保安中心）位置、监视器、电源柜及UPS柜及模拟信号柜、通信总柜、操作柜等机柜室内安装排列位置、台数、规格型号、安装要求及方式，交流电源引入方式、相数及其线缆规格型号、敷设方法，各类信号线、控制线的引入引出方式、根数、线缆规格型号、敷设方法、电缆沟、桥架及竖井位置、线缆敷设要求。

② 各监控点摄像头或探测器、手动报警按钮的安装位置标高、安装及隐蔽方式、线缆规格型号、根数、敷设方法要求，管路或线槽安装方式及走向。

③ 电门锁系统中控制盘、摄像头、电门锁的安装位置标高、安装方式及要求，管线敷设方法及要求、走向，终端监视器及电话的安装位置和方法。

④ 对照系统图核对回路编号、数量、元件编号。

⑤ 同火灾系统平面图的⑥和⑦。

10）识读微机监控平面图时，应注意并掌握以下内容。

① 机房（计算机中心）平面布置及位置，CPU主机、打印机、监视器、终端机、模拟信号装置的规格型号台数及安装位置，电源装置及UPS、接线箱规格型号及安装位置，引入信号回路个数、编号、房号、引入方式、线缆规格型号，机房铜排接地网布置及其结构形式。

② 各房间、监控区域内，数据采集器、传感器、探测器、执行器的回路编号、房号、安装方式及位置标高，管线槽架布置方式及走向、安装方式，竖井及槽架位置及其内部线槽排列方式、密封隔离要求，线缆管槽上下引入方式及要求，线缆槽架规格型号、根数、敷设要求。各元件电源管路布置走向及线缆规格型号、安装敷设方式等。

③ 消防中心、保安中心、通信广播机房、电视机房、电气及仪表控制室与计算机中心联络的管线槽架规格型号、安装方式、敷设要求及走向。

④ 对照系统图核对回路编号、房号，上下穿越及接地要求等。

11）识读自动化仪表平面布置图时，应注意并掌握以下有关内容。

① 仪表控制室（机房）平面布置及位置，仪表柜、操作台、模拟盘、电源柜及 UPS 的安装位置、排列方式、安装方式，线缆管架敷设位置标高、安装方式，引入引出管线规格型号、根数，电缆沟、竖井位置，电源引入方式及线缆规格型号。

② 不同标高下，一次仪表及取样元件或传感器、变送器、就地仪表、执行器及非仪表元件（截止阀、针形阀、冷凝器、平衡器、保温箱等）的规格型号、个数、安装位置标高及方法，管线缆架规格型号、敷设方式及走向、回路编号、用途名称、上引下引位置及方式。

③ 各类仪表电源装置及其管线缆架平面布置、规格型号、走向、安装敷设方式等。

（5）控制原理图（包括二次回路、自动装置、微机综合控制保护装置）

1）识读动力（主要指电动机）控制原理图时，应注意并掌握以下有关内容。

① 电动机及启动柜规格型号、电压等级、启动方式（直接、串联阻抗、自耦变压器、星角、延边三角、软启动、变频启动等）、被拖负载的机械特性（恒转矩、恒功率、反抗性通风机）、冷却方式（风冷、油循环、水循环）、油路水路提供的检测信号形式（压力、温度、流速）、被拖负载的运行方式（连续、间断、周期性间断）、电动机及设备的基础是否与电动机容量及转速相符等。

② 开关（断路器、接触器、开启式负荷开关、变频器、软启动器）规格型号及台数用途（启动、运转、切换），保护方式（熔断器、热继电器、空气开关延时脱扣器、过电流继电器、电压继电器、差动保护）及其保护元件的规格型号、功能作用，切换方式及切换元件（时间继电器、速度继电器、电流继电器）的规格型号、功能作用。

③ 电子调节及控制设备的双向晶闸管、触发电路、电源装置、保护元件及其他形式电子电路元件的规格型号、功能作用。

④ 调速方式（变极、调压、调频）及其控制电路中各个元件的规格型号、功能及调速要求。非电类信号或触点的位置和功能。

⑤ 系统报警指示元件的规格型号、功能，系统联锁装置的功能及各继电器触点的分布，通断后的功能作用及对电路的影响。

2）识读断路器控制及信号回路的原理时，应注意并掌握以下有关内容。

① 断路器规格型号、操作机构的类别（手动操作机构、电磁操作机构、电动操作机构、重锤操作机构、压缩空气操作机构、液压传动操作机构）规格型号，机构内熔断器、继电器、信号灯、操作转换开关、接触器、小型电动机、各类线圈、整流器件（二极管）的规格型号及作用功能。

② 操作电源类别（交流、直流）名称及电压、各开关辅助触点和继电器触点的分布位置及其作用功能、保护回路的作用功能及其来自继电保护回路的接点编号、位置、接入方式。

③ 断路器事故跳闸后，中央事故音响信号回路的工作状态。

④ 继电保护回路动作后，断路器跳闸过程及信号系统的工作状态。

⑤ 继电保护回路与断路器控制回路的连接方式、接点编号。

3）识读接地信号监察装置原理图时，应注意并掌握以下有关内容。

① 电压互感器、继电器规格型号及各继电器的功能作用。

② 继电器触点分布情况。

4）识读操作电源原理图时，应注意并掌握以下有关内容。

① 操作电源的类别（交流、直流）、元件规格型号及功能作用。

② 直流操作电源的类别（电容储能、镉镍蓄电池组、复式整流）、整流器、继电器、闪光装置、绝缘监察装置、蓄电池组规格型号及功能作用。

③ 各组操作电源的形成及作用。

5）识读备用电源自动投入装置的原理图时，应注意并掌握以下有关内容。

① 自投开关的类别（自动开关、接触器）及继电器的规格型号、功能作用。

② 继电器及自投开关辅助触点的分布情况，其动作后对电路所产生的影响。

6）识读自动重合闸装置的原理图时，应注意并掌握以下有关内容。

① 重合闸继电器工作原理、功能作用、规格型号，各继电器功能作用、触点分布，转换开关的规格型号及功能作用。

② 自动重合闸回路与断路器控制回路及保护回路的关系和控制功能。

③ 重合闸装置的电源回路。

7）识读电力变压器继电保护控制原理图时，应注意并掌握以下内容。

① 变压器规格型号、继电保护的方式（差动保护、气体保护、过电流保护、低电压保护、过负荷保护、温度保护、低压侧单相接地）、各继电器规格型号及功能作用、继电器触点分布以及触点动作后对电路所产生的影响、电流互感器规格型号及装设位置。

② 继电保护回路与控制掉闸回路的连接方式、信号系统功能作用。

8）识读电力线路继电保护原理图时，应注意并掌握以下内容。

① 线路电压等级、继电保护方式（电流速断、过电流、单相接地、距离保护、横联差动保护）、各继电器规格型号及功能作用，继电器触点分布、电流互感器规格型号及装设位置。

② 保护回路与控制掉闸回路的连接方式，信号系统功能作用。

9）识读母线继电保护同电力线路继电保护。

10）识读电力电容器组继电保护原理图时，应注意并掌握以下内容。

① 电力电容器规格型号及数量、继电保护方式（过电流保护、横联差动保护、过电压保护、单相接地保护）、各继电器规格型号及功能作用、继电器触点分布、电流互感器规格型号及装设位置。

② 保护回路与控制掉闸回路的连接方式，信号系统功能作用。

11）识读开关柜控制原理图时，应注意并掌握以下内容。

① 开关柜规格型号、电压等级、功能作用及所控设备、采用的继电保护方式（短路、过电流、断相、温度等）、控制开关作用功能、继电器触点分布、电流互感器规格型号及装设位置。

② 保护回路与控制掉闸回路的连接方式、信号系统功能作用。

12）识读火灾自动报警装置的控制原理图时，应注意并掌握以下内容。

① 报警控制器、探测器规格型号及工作原理、线制（多线制、两线制）、编码方式、联动系统的功能作用。

② 探测器的分布、区域报警控制器与集中报警控制器（消防中心）联络方式。

13）识读电梯控制原理图时，应注意并掌握以下内容。

① 继电器逻辑控制原理图

a. 电动机调速原理（变极、调压），系统保护装置（极限、行程、超重、断绳、错相、过电流、超速、短路、欠电压、弱磁、断相等）工作原理，元件规格型号及安装位置、触点分布、功能作用，与机械配合的各种安全装置（选层器钢带张紧轮、限速器、超重装置、门关闭或门锁、安全绳等）的工作原理及与电气保护的配合、安装位置、功能作用。

b. 各接触器、继电器功能作用、触点分布及通断后对电路的影响。

c. 电动机主回路、主操作回路、呼梯召唤回路、开门机回路、平层回路、信号回路、各保护回路的功能作用及工作原理。

② 微机控制原理图

a. 微机控制分微机、可编程控制器、微处理器、单片机等几种，一般情况下，这些部件的主控板和控制板是为电梯专门设计生产的，为了调速的方便通常配用变频器与拽引电机连接，同时设置旋转编码器与主机同轴，记录层站位置，进而准确减速、平层、停梯。开关门机构有采用变频门机系统的，与主控板配合使用。微机控制电梯也都配置一些接触器、继电器、行程开关、按钮、信号装置、速度信号感应器等，有些设置与继电器电梯相同。

b. 主控板规格型号、电源形式及电压、主控板与接触器、继电器、按钮、行程限位开关、楼层显示器、信号装置、感应器、指令控制信号等器件端子的连接方式。

c. 主回路元器件及变频器规格型号，连接方式、主回路控制及保护方式，主机与编码器连接方式，变频器与主控板指令控制信号的连接方式，主机及主回路的保护方式及元件的规格型号。

d. 系统保护回路中运行计数器、急停继电器、门联锁继电器的保护方式、保护内容以及元器件的连接方式，与主控板、主电路的连接方式。

e. 门机系统采用的门机形式及与主控板的连接方式。

f. 掌握系统与继电器控制方式的相同之处，对继电器控制系统的理解有助于对微机控制系统的理解。

g. 上述继电器的相关内容。

h. 接线图有助于对整机的理解。

14）识读自动化仪表调节控制原理图时，应注意并掌握以下内容。

① 调节框图，变送器、调节器、伺服放大器、执行器、操作器规格型号及功能作用，反馈回路的功能作用。

② 调节参数、各元件之间接线方式。

15）微机综合控制保护装置包括以下内容。

① 微机综合控制保护装置的规格、型号、用途。

② 电流信号采集和输入方式。

③ 电压信号采集和输入方式。

④ 其他信号采集和输入方式。

⑤ 接线方式。

⑥ 产品相应要求或产品说明书。

⑦ 安装、调试及运行维护注意事项等。

16）识读其他控制、调整原理图时，主要是掌握元件功能作用、辅助触点分布、接线方式、工艺系统要求、信号指示系统的功能作用等。

（6）安装接线图

识读安装接线图必须对照上述各类原理图，弄清元件型号规格及接线端子是否一致，要正确区分哪些接线已在设备本身或元件内部接好，哪些接线应另用导线或电缆进行重新接线；必须正确掌握每段导线的头和尾与设备或元件的连接点；当标有引至 ××× 或来自 ××× 时，应立即找出 ××× 的位置或其接线端子板，认真核对线芯数和接线点位置；当读较为复杂的安装接线图时，应将其分割为几部分；连接导线或电缆的线芯数必须满足接线端子的数量；要弄清楚元件或设备安装位置及端子板安装位置。

（7）电缆清册

识读电缆清册时，应注意并掌握以下内容。

安装单位名称（指使用这条电缆的设备，如风机、水泵、压力变送器等）、电缆编号、电缆类别（电力电缆、信号或控制电缆，交流电缆、直流电缆）、电压等级、规格型号芯数、电缆走向及起止位置地点、电缆计算长度（这个数值只作为参考数值，不作为割锯电缆的凭证，割锯电缆一般应实测实量）、电缆的用途。核对电缆清册上的电缆应与平面图和接线图上的编号、规格型号、芯数是否相等。

（8）大样图

识读大样图时，应注意并掌握以下内容。

材料及材质要求，几何尺寸、加工要求、焊接防腐要求、安装具体位置、内部结构形式、元件规格型号及功能作用、具体接线部位及接线方式、元件排列安装位置、制作比例、开孔要求及其部位尺寸、螺纹加工要求、安装操作程序及要求、组装程序、与其他图样的联系及要求等。

（9）架空线路施工图

识读架空线路施工图时，应注意并掌握以下内容。

① 电压等级、输送距离及容量、线路形式（单杆、双杆、铁塔、混合）、起止地点及主要路径。

② 杆塔编号、杆塔形式（直线、转角、耐张、终端）、标志高、档距、耐张段长度、转角角度、跨越物（河、渠、树林、道路、田地、土埂、草坪、碱滩、沙丘、山坡等）。

③ 杆塔形式的结构、主要材料、数量，拉线的结构、主要材料、数量，三盘（底盘、卡盘、拉线盘）规格数量，各类金具、横担、抱箍、栏杆、叉梁、支撑、拉板、垫板、垫块、拉环等零件加工大样图，杆头及整杆、绝缘子串组装图等。

④ 线路始端从变配电所引出示意图，末端引入变配电所示意图，引入引出装置的结构、材料、加工图。

⑤ 避雷线接地要求，接地杆数量及具体接地部位、连接方式、接地要求，大跨越具体安装技术要求等。

（10）设备材料表

识读设备材料表时，主要是掌握工程中的设备、材料、元件的规格型号、数量或质量、有无指定厂家供货、并应与前述各图相符。需要说明的是，设备材料表中的内容不作为工程施工

备料或安装的依据。施工备料的依据，必须是经过会审后的施工图、会签的设计变更、现场实际发生的经甲方或监理或设计签发的技术文件。

6.3　建筑电气工程图识读示例

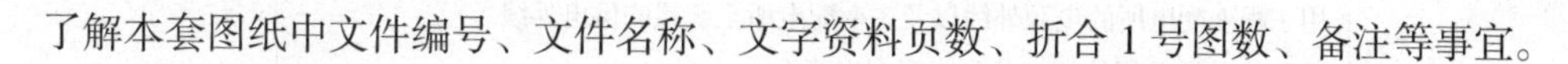

6.3.1　变配电所电气工程图识读示例

（1）资料图纸目录（图6-19）

了解本套图纸中文件编号、文件名称、文字资料页数、折合1号图数、备注等事宜。

序号	文件编号	文 件 名 称	文字资料页数	折合1号图数	备注
1	EL3110-00	资料图纸目录	1	0.125	
2	EL3110-01	说明书	1	0.125	
3	EL3110-02	电气设备材料表	3	0.375	
4	EL3110-03	电缆表	5	1.25	
5	EL3110-04	6kV配电系统图	4	3.125	
6	EL3110-05	6kV配电屏排列组合图	2	1.0	
7	EL3110-06	6kV配电小母线布置图	1	0.25	
8	EL3110-07	低压配电系统图	5	4.0	
9	EL3110-08	低压配电屏排列组合图	1	0.75	
10	EL3110-09	直流系统接地故障检测图	1	0.625	
11	EL3110-10	照明系统图	1	0.25	
12	EL3110-11	直流系统原理接线图	1	0.5	
13	EL3110-12	微机监控系统结构示意图	1	0.25	
14	EL3110-13	温度监控系统结构示意图	1	0.875	
15	EL3110-14	低压电路图	10	3.75	
16	EL3110-15	变配电所平、剖面图	3	1.0	
17	EL3110-16	电缆桥架布置图	2	0.75	
18	EL3110-17	配电剖面图	3	1.125	
19	EL3110-18	照明平面图	3	1.125	
20	EL3110-19	接地平面图	3	1.125	
21	EL3110-20	防雷平、立面图	2	1.0	
22	EL3110-21	土建条件图	5	2.125	

编　制	校　核	审　核	审　定		

图6-19　变配电所资料图纸目录

（2）设计说明（图6-20）

了解本工程设计依据、设计范围、采用的施工及验收标准规范。

一. 设计依据：

《化工新区公用工程变配电所项目方案设计》及其审查意见。

设计有限责任公司编制的经审查通过的化工新区电气施工图设计统一规定。

化工新区公用工程变配电所项目施工图设计委托书。

二. 设计范围：

本设计包括公用工程变配电所的变配电、照明、防雷、接地设计。不包括总降压变电所和604变电所的馈出柜、总降压变电所和604变电所至公用工程变配电所的电源外线以及本变配电所至装置的供电外线。

三. 本装置采用的施工及验收标准规范为：

《建筑电气工程施工质量验收规范》（GB 50303—2002）

编　制	校　核	审　核	审　定		

图 6-20　变配电所设计说明

（3）设备材料表（图 6-21）

了解本工程使用的材料设备名称、型号及规格、数量及使用位置。

（4）电缆清册（图 6-22）

了解本工程中所用电缆编号、电缆型号、芯数截面（mm^2）、大约长度（m）、备用芯数、穿管规格 / 长度（m）、电缆起端、电缆终端、配套设备容量，备注中还可以了解到所用设备的名称等，以便看其他图时使用。

（5）电气系统图

① 6kV 配电系统图（图 6-23）　通过这种图可以了解到该 6kV 系统采用两条进线，分别引至Ⅰ、Ⅱ母线，母线规格为 TMY-3(2 × 100 × 10)，各开关柜型号均采用 KYN25-12 型，断路器及操动机构型号为 VEP12T 31.5kA。采用综合保护器进行保护，型号 REX521，每条线路设置三组电流互感器，型号为 LZZBJ9-10、0.5 级、150/5、10P。每条线路设置一台避雷器，型号为 TBP-B-7.6-J。每条线路设置一台电压互感器，型号 JDZJ-6。每柜设置一台接地开关，型号 JN2-10。零序电流互感器与综合保护器配套，开关状态显示器型号为 ED96。

序号	名称	型号及规格	单位	数量	备注
	动力部分				
1	中压开关柜	KYN28-12	台	46	详见6kV系统图
2	密集型封闭母线桥	6kV 3000A	组	2	与中压开关柜成套
3	微机综合保护器		台	43	详见6kV系统图
4	中压电容器柜	1000kvar	台	2	
5	低压开关柜	MNS	台	17	见低压配电系统图
6	密集型封闭母线桥	0.4kV 2000A	组	4	与低压开关柜成套
7	稳压柜	LKMC-W80	台	1	
8	镀锌槽钢	⊏10	米	220	
9	镀锌角钢	∟30×4	米	80	
10	大跨距梯级式桥架	玻璃钢800×150	米	36	盖板成套供货
11	电力电缆	YJV-0.6/1-2×6mm^2	米	145	
12	控制电缆	YJV-0.6/1-10×1.5mm^2	米	235	
	接地部分				
13	铜包钢接地线	ϕ12	米	230	接地干线
	照明部分				
14	照明配电箱	XSA2-24	台	1	详见照明系统图
15	灯具	光源成套供货			
16	荧光灯	HYG101N236 220V 2×36W	套	37	
17	开关				
18	导线				

编制	校核	审核	审定		

图6-21 变配电所电气设备材料表

序号	电缆编号	设备容量	电缆型号	芯数截面/mm^2	大约长度/m	备用芯数	穿管规格/长度/m	电缆起端	电缆终端	备注
1	311AL	5.08	YJV-0.6/1	5×6	40		*DN*32/3	照明柜AAL	照明配电箱311AL	
2	AC-1	3.19	YJV-0.6/1	4×4	10		*DN*25/6	AA8-1回路	变频器空调AC-1	
3	AC-2	7.19	YJV-0.6/1	4×4	40		*DN*25/3	AA5-1回路	机柜间空调AC-2	
4	ZMJ	3.0	YJV-0.6/1	3×4	30			AA7-2回路	AAHJ	
5	AD-AH3-2		YJV-0.6/1	2×10	50			直流屏	AH3	
6	TM1		YJV-6/6	3×70	60			AHJ10	1#变压器TM1	
7	TM2		YJV-6/6	3×70	60			AH7	2#变压器TM2	
8	TM3		YJV-6/6	3×70	50			AHJ8	3#变压器TM3	
9	ACP1		YJV-6/6	3×70	70			AH33	ACP1	
10	ACP2		YJV-6/6	3×70	80			AH34	ACP2	
11	AD-1		YJV-0.6/1	4×10	65			AH8-2	直流屏电源AD-1	
	控制电缆									
1	P-9101-C1		KYJV-0.45/0.75	10×1.5				AA8-4	现场操作柱	
2	P-9101-C2		KYJV-0.45/0.75	5×1.5				AA8-4	仪表间	

图6-22 变配电所电缆清册

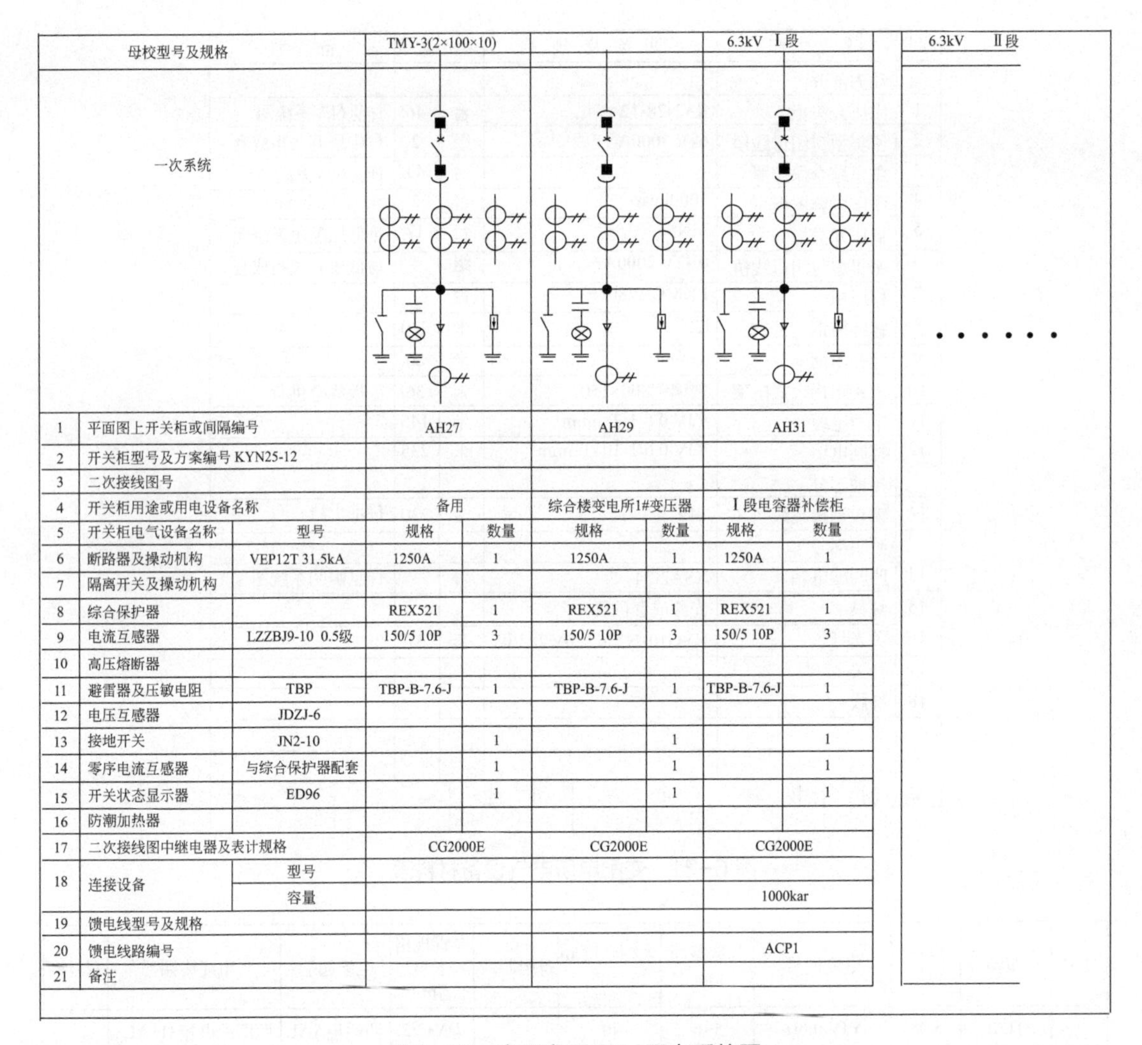

序号	项目	型号	规格	数量	规格	数量	规格	数量
	母校型号及规格		TMY-3(2×100×10)				6.3kV Ⅰ段	
	一次系统							
1	平面图上开关柜或间隔编号		AH27		AH29		AH31	
2	开关柜型号及方案编号 KYN25-12							
3	二次接线图号							
4	开关柜用途或用电设备名称		备用		综合楼变电所1#变压器		Ⅰ段电容器补偿柜	
5	开关柜电气设备名称	型号	规格	数量	规格	数量	规格	数量
6	断路器及操动机构	VEP12T 31.5kA	1250A	1	1250A	1	1250A	1
7	隔离开关及操动机构							
8	综合保护器		REX521	1	REX521	1	REX521	1
9	电流互感器	LZZBJ9-10 0.5级	150/5 10P	3	150/5 10P	3	150/5 10P	3
10	高压熔断器							
11	避雷器及压敏电阻	TBP	TBP-B-7.6-J	1	TBP-B-7.6-J	1	TBP-B-7.6-J	1
12	电压互感器	JDZJ-6						
13	接地开关	JN2-10		1		1		1
14	零序电流互感器	与综合保护器配套		1		1		1
15	开关状态显示器	ED96		1		1		1
16	防潮加热器							
17	二次接线图中继电器及表计规格		CG2000E		CG2000E		CG2000E	
18	连接设备	型号						
		容量					1000kar	
19	馈电线型号及规格							
20	馈电线路编号						ACP1	
21	备注							

图 6-23 变配电所 6kV 配电系统图

② 低压配电系统图（图 6-24） 通过这种图可以了解到低压该系统电源由 6.3kV 应急段经 TM3 变压器（型号 S10-Ma-250/10 D, yn11）变压后，由断路器（型号 ATNS-400H/TMD400B 4P）引至低压母线，低压回路通过备自投 ATS 与来自另一电源 AA7-5 回路互为备用。每个回路的断路器型号都在图中给出，还给出了对应的回路编号，再查控制回路图，就知道该回路的控制方法。AHJ3-1、AHJ3-2、AHJ3-3 为循环水插接装置 CZ1、CZ2、CZ3，容量 30kW，AHJ3-4、AHJ3-5 为循环水消防稳压泵，采用变频器（型号 LC1-D80.c），3 个电流互感器型号为 LMZJ1-0.5-100/1，零母线规格为 TMY-50×5，控制母线规格为 TMY-50×5 等等。

（6）配电屏排列组合图（图 6-25、图 6-26）

通过这种图可以了解到各配电屏在变配电室的安装位置，每个配电屏中的具体回路名称、容量。

（7）照明系统图（图 6-27）

通过这种图可以了解到照明系统引入线位置、总电源开关编号及型号、支路开关型号、各

支路的额定容量、各回路编号、用电相别、支路导线型号、芯数、截面、配管管径、支路容量、负载（灯数、插座、通风器、空调插座）数量等。

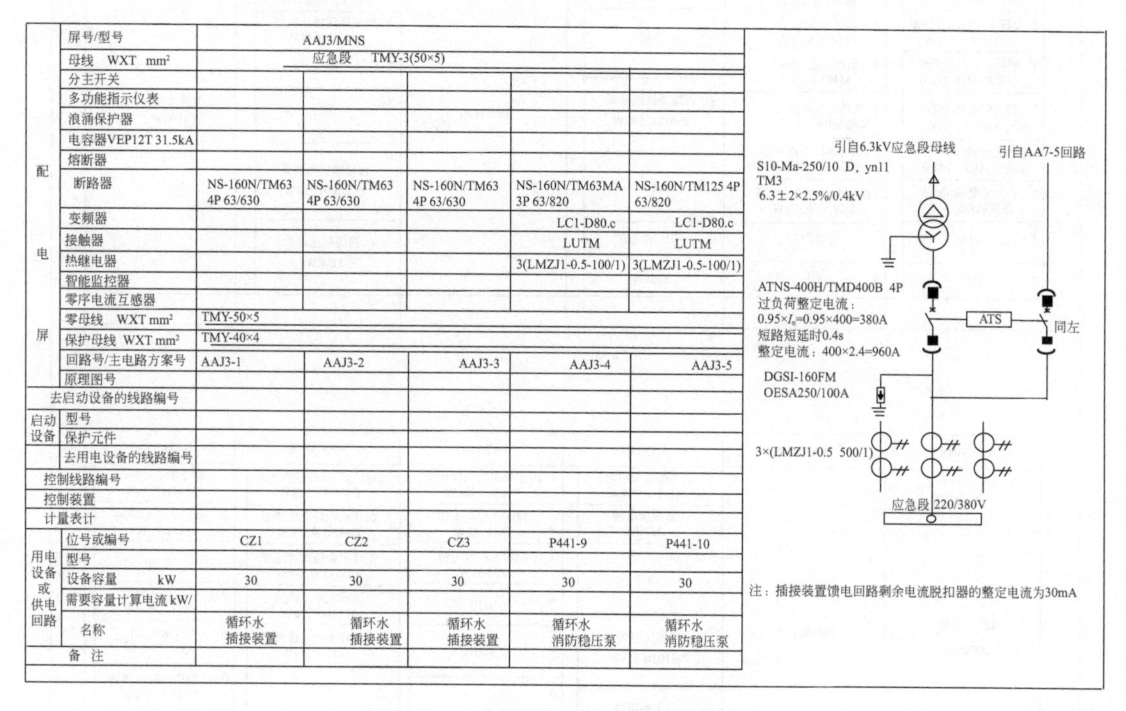

图6-24 变配电所低压配电系统图

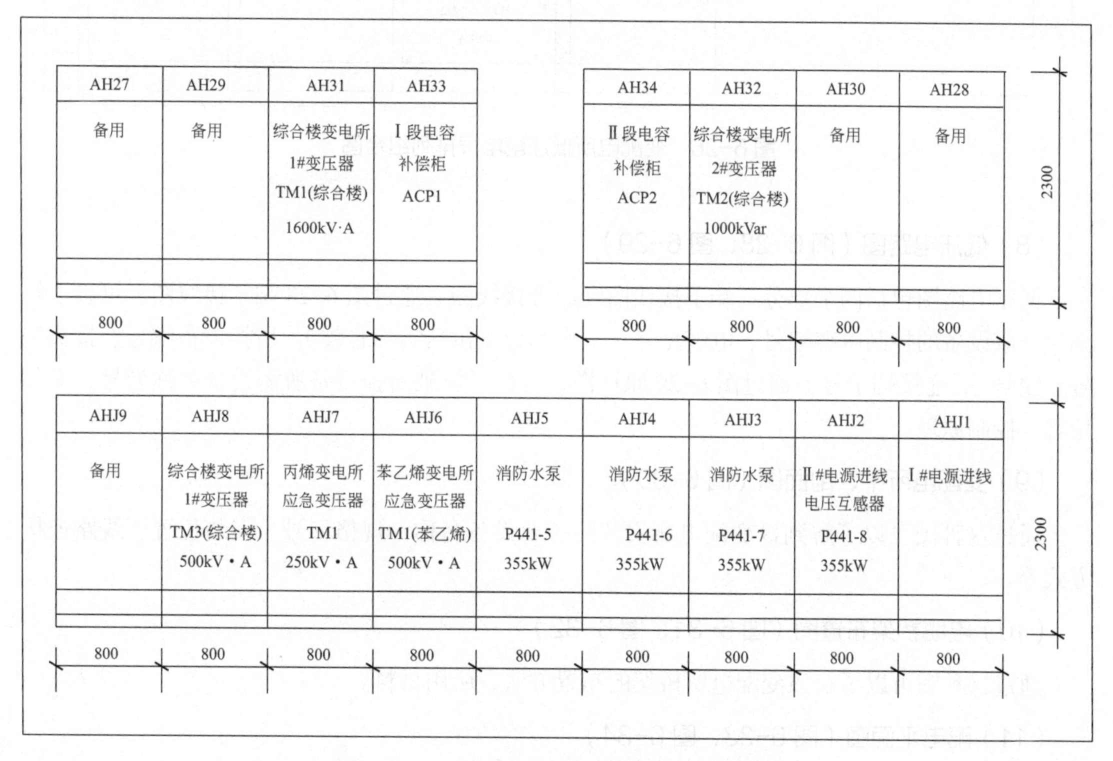

图6-25 变配电所6kV配电屏排列组合图

AA12/MNS	AA10/MNS	AA8/MNS	AA6/MNS	AA4/MNS	AA2/MNS
1 循环水UPS-2 6kV·A	1 循环水电动蝶阀 M441-2 22kW	1 变频器室空调 AC-13.19kW	2#进线柜	1 动力配电箱电源1 AC-2 7.19kW	Ⅱ段补偿柜 200kvar
2 动力配电箱(循环水电伴热)AP1 10kW	2 循环水电动蝶阀 M441-4 11kW	2 备用		2 机柜间空调 AP-1 16.6kV·A	
3 循环水全自动过滤器 R441-4 0.37kW	3 循环水电动闸阀 M441-6 3kW	3 备用		3 丙烯罐区新风机组 SA-1A 0.8kW	
4 循环水全自动加药装置X441-1 15kW	4 循环水电动闸阀 M441-8 3kW	4 丙烯罐区丙烯泵 P-9101 30kW		4 备用	
5 动力配电箱(暖通风机)AP2 20kW	5 生活污水泵房同步排吸泵P463-1 22kW	5 备用		5 备用	
6 动力配电箱(循环水电动葫芦)AK1 3.8kW	6 循环水同步排吸污水泵P441-14 2.2kW	6 空压站电源 150kW		6 丙烯罐区丙烯泵 P-9102B 55kW	
7 动力配电箱(电动葫芦)AK2 3.8k	7 循环水全自动过滤器 R441-2 0.37kW			7 换热站电源1 120kW	
8 备用	8 备用				
9 备用	9 备用				

AA1/MNS	AA3/MNS	AA5/MNS	AA7/MNS	AA9/MNS	AA11/MNS
Ⅰ段补偿柜 200kvar	母线联络柜	1 动力配电箱电源2 AP-1 16.6kW	1 污水泵房同步排吸泵 P463-2 22kW	1 循环水同步排吸污水泵 P441-13 2.2kW	1 循环水电动闸阀 M441-5 3kW
		2 直流屏电源 AD-1A	2 照明小母线电源 2MJ 3kW	2 循环水全自动过滤器 R441-1 0.37kW	2 循环水电动闸阀 M441-7 3kW
		3 备用	3 照明小母线电源 ZM 5kW	3 循环水全自动过滤器 R441-3 0.37kW	3 备用
		4 丙烯罐区丙烯泵 P-9102B 55kW	4 备用	4 循环水电动蝶阀 M441-1 22kW	4 循环水管道泵 P441 18.5kW
		5 空压站电源 150kW	5 备用	5 循环水电动蝶阀 M441-3 11kW	5 动力配电箱 AK3 3.8kW
		6 备用	6 备用	6 备用	6 电加热模拟换热器 E441-1 25kW
			7 换热站电源2 120kW	7 备用	7 备用

图6-26 变配电所低压配电屏排列组合图

（8）低压电路图（图6-28、图6-29）

低压电路图包括两个部分：端子接线图和原理接线图。通过图6-28端子接线图，可以了解到控制该设备的控制电缆编号、电缆型号、工作芯数（包括实际芯数）、所控设备编号、接头编号（线号）、连接端子号。通过图6-29原理图，可以了解到所控设备所需设备名称型号、安装位置、控制原理。

（9）变配电所平、剖面图（图6-30）

通过这种图可以了解到该变配电所安装的主要设备名称、规格型号、安装位置、线路连接方式等。

（10）电缆桥架布置图（图6-31、图6-32）

通过这种图可以了解该变配电所桥架的布置方法、所用材料。

（11）配电平面图（图6-33、图6-34）

通过这种图可以了解到低压电源经过封闭式母线输送到各配电屏（图6-33），再由各配电屏分配到各个用电设备，槽板内电缆编号在方格表内给出（图中未具体标出）。还可以了解到各配电屏电缆的走向（图 6-34）。

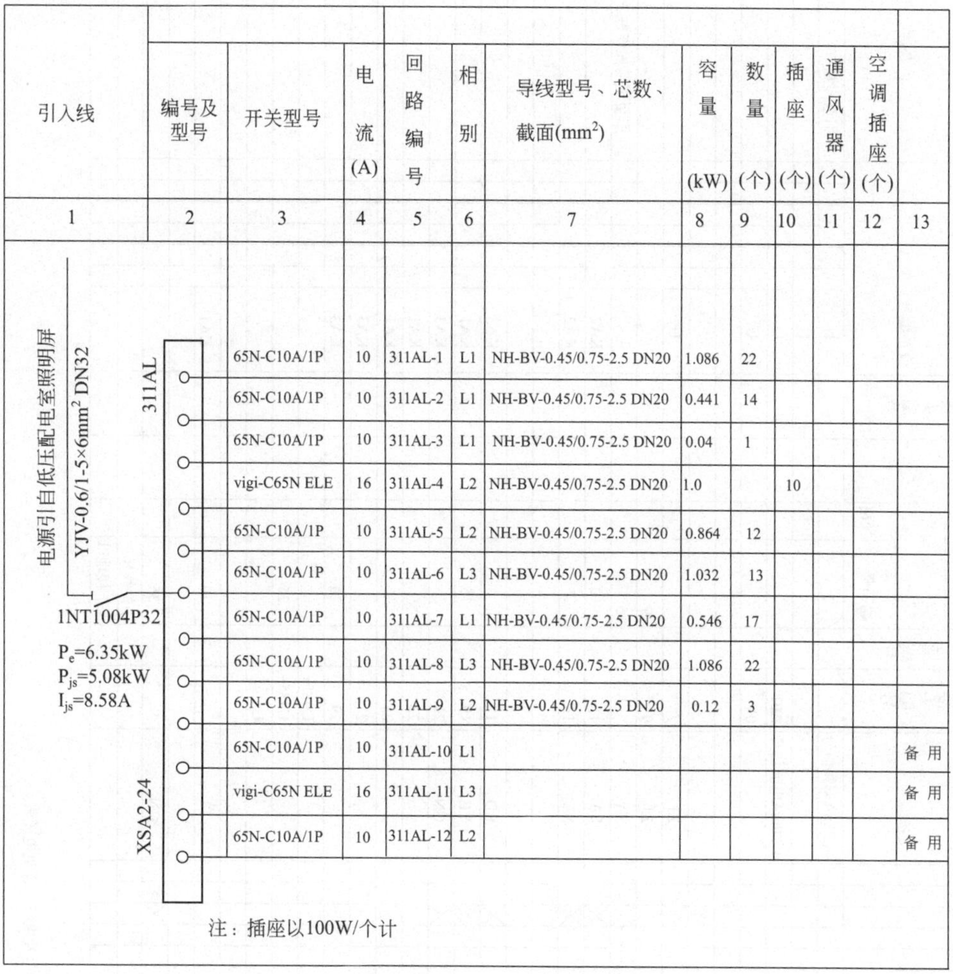

引入线	编号及型号	开关型号	电流(A)	回路编号	相别	导线型号、芯数、截面(mm^2)	容量(kW)	数量(个)	插座(个)	通风器(个)	空调插座(个)	
1	2	3	4	5	6	7	8	9	10	11	12	13
电源引自低压配电室照明屏 YJV-0.6/1-5×6mm^2 DN32 1NT1004P32 P_e=6.35kW P_{js}=5.08kW I_{js}=8.58A	311AL XSA2-24	65N-C10A/1P	10	311AL-1	L1	NH-BV-0.45/0.75-2.5 DN20	1.086	22				
		65N-C10A/1P	10	311AL-2	L1	NH-BV-0.45/0.75-2.5 DN20	0.441	14				
		65N-C10A/1P	10	311AL-3	L1	NH-BV-0.45/0.75-2.5 DN20	0.04	1				
		vigi-C65N ELE	16	311AL-4	L2	NH-BV-0.45/0.75-2.5 DN20	1.0		10			
		65N-C10A/1P	10	311AL-5	L2	NH-BV-0.45/0.75-2.5 DN20	0.864	12				
		65N-C10A/1P	10	311AL-6	L3	NH-BV-0.45/0.75-2.5 DN20	1.032	13				
		65N-C10A/1P	10	311AL-7	L1	NH-BV-0.45/0.75-2.5 DN20	0.546	17				
		65N-C10A/1P	10	311AL-8	L3	NH-BV-0.45/0.75-2.5 DN20	1.086	22				
		65N-C10A/1P	10	311AL-9	L2	NH-BV-0.45/0.75-2.5 DN20	0.12	3				
		65N-C10A/1P	10	311AL-10	L1							备用
		vigi-C65N ELE	16	311AL-11	L3							备用
		65N-C10A/1P	10	311AL-12	L2							备用

注：插座以100W/个计

图 6-27 变配电室照明系统图

（12）照明平面图（图 6-35）

通过这种图可以了解到各个部位灯具型号、数量、安装方法及控制回路编号，插座的数量、安装位置及方法等。

（13）接地平面图（图 6-36）

通过这种图可以了解到整个建筑需要接地的设备、安装方法，还可以了解一些部件的制作方法，例如图中断接卡做法等。

（14）弱电系统图（图 6-37）

通过这种图可以了解到消防火灾报警控制系统检测设备的按照位置、系统组成。还有广播电视、调度电话系统的安装位置、系统组成，各个系统的布线方法等。

项目代号	电缆编号	电缆型号	工作芯数	设备编号	接头编号	远端编号	端子板 端子号	端子板 规格	接头编号	设备编号	备注
	P441-9-C2	7×2×1.5	10	4~20mA调频信号			1			U	引至控制室
		DJYPVP-0.3/0.5								U	
				4~20mA电流信号	A01					U	
					0V					U	
							5				
				ZJ	7					U	
				ZJ	9						
	P441-9-C1	8×1.5	7	SA							引至现场操作柱
		KYJV-0.45/0.75		SA	11		10			KA2	
				SA	13					KA2	
				RD	17					KA3	
				YE	19		15			KA1	
				GN	21					KA3	
					23					KA1	
					25					KA1	
					27					KA3	
					29		20			KA3	
					U485+						
					U485−		25				
					U						
							30			KA1	
				GN	2		35				
							中性线N				
							保护接地PE				

说明： 1. 本图适用于循环水P441-9~10管道泵电机控制。
2. 本图以P441-9为例列出电缆编号，其他设备位号及电缆号详见电缆表。

图 6-28 端子接线图

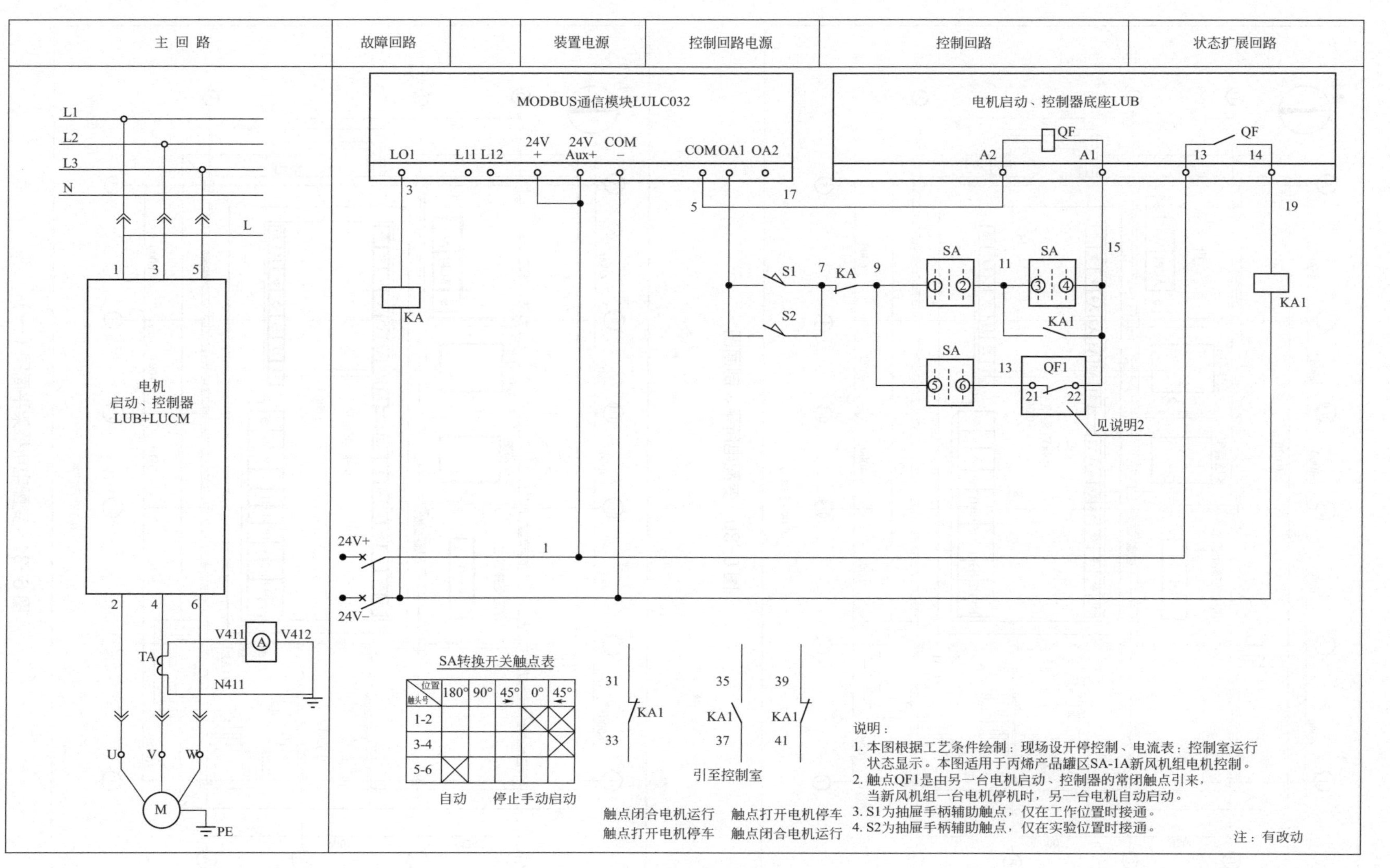
主 回 路
故障回路
装置电源
控制回路电源
控制回路
状态扩展回路
MODBUS通信模块LULC032
LO1
L11 L12
24V +
24V Aux+
COM −
COM OA1 OA2
电机启动、控制器底座LUB
QF
A2
A1
13
14
L1
L2
L3
N
L
电机
启动、控制器
LUB+LUCM
KA
S1
S2
SA
KA1
QF1
21
22
见说明2
24V+
24V−
V411
V412
N411
TA
U
V
W
M
PE
SA转换开关触点表
位置
触头号
180°
90°
45°
0°
45°
1-2
3-4
5-6
自动
停止手动启动
31
33
35
37
39
41
引至控制室
触点闭合电机运行 触点打开电机停车
触点打开电机停车 触点闭合电机运行
说明：
1. 本图根据工艺条件绘制：现场设开停控制、电流表；控制室运行状态显示。本图适用于丙烯产品罐区SA-1A新风机组电机控制。
2. 触点QF1是由另一台电机启动、控制器的常闭触点引来，当新风机组一台电机停机时，另一台电机自动启动。
3. S1为抽屉手柄辅助触点，仅在工作位置时接通。
4. S2为抽屉手柄辅助触点，仅在实验位置时接通。
注：有改动

图6-29 原理图

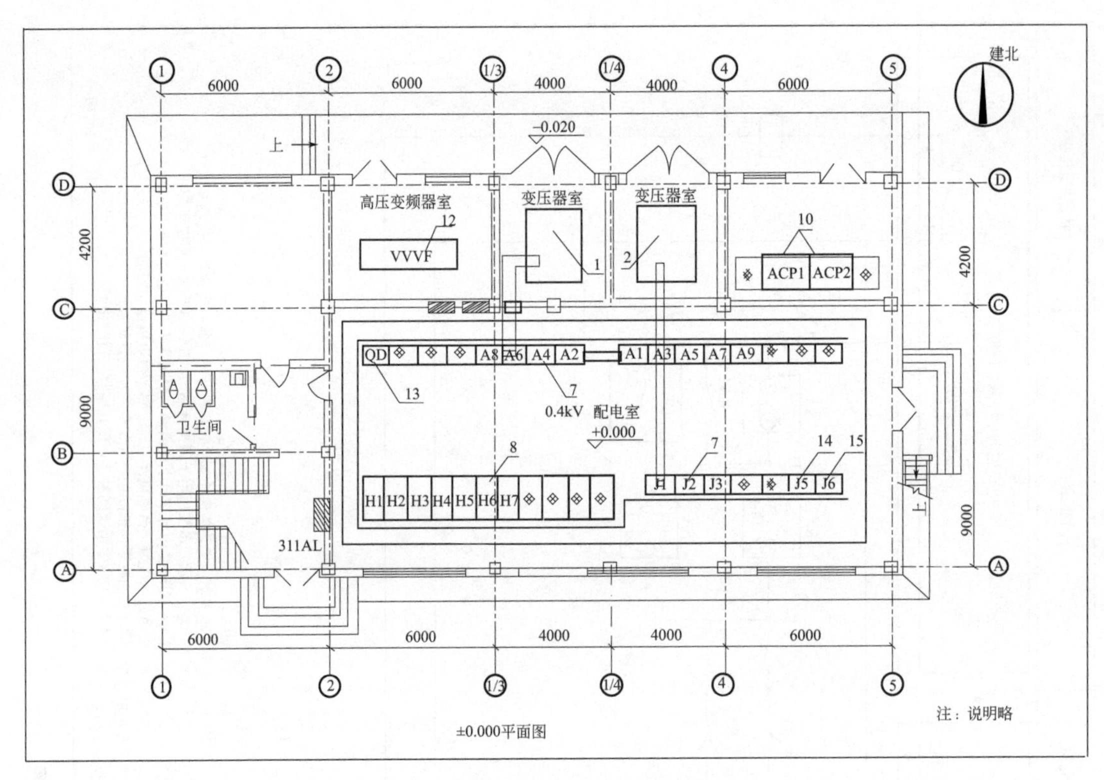

图 6-30 变配电所平、剖面图

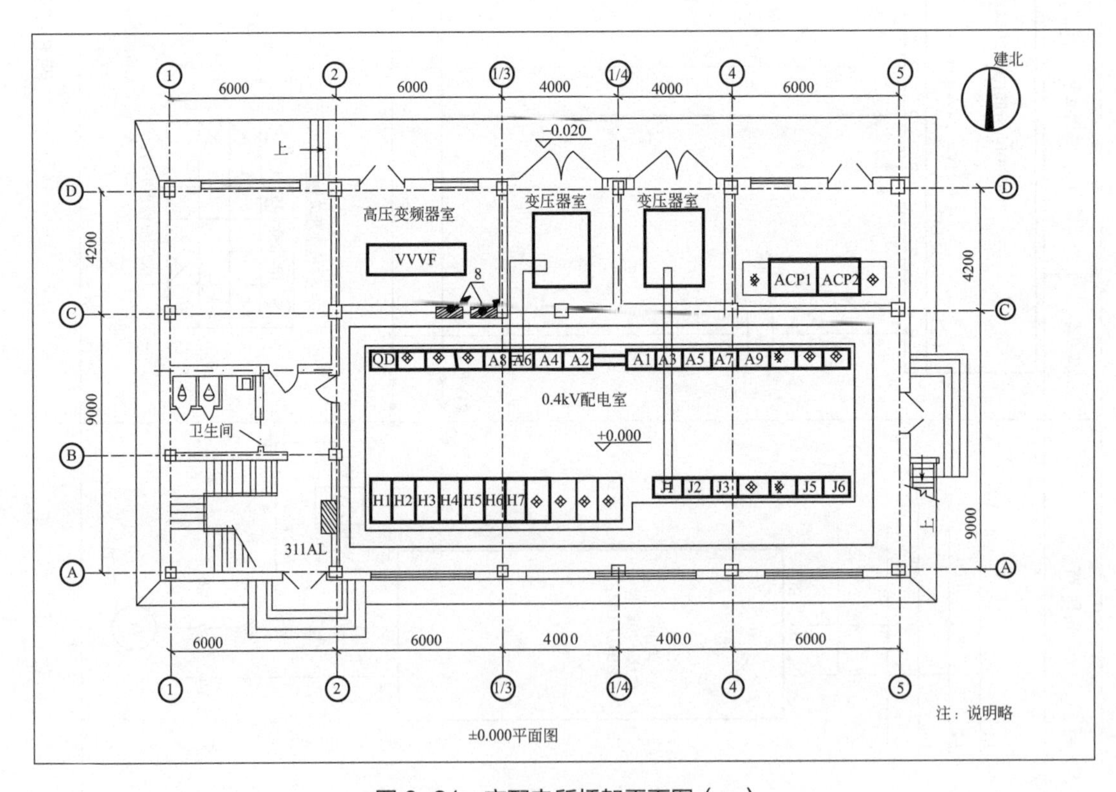

图 6-31 变配电所桥架平面图（一）

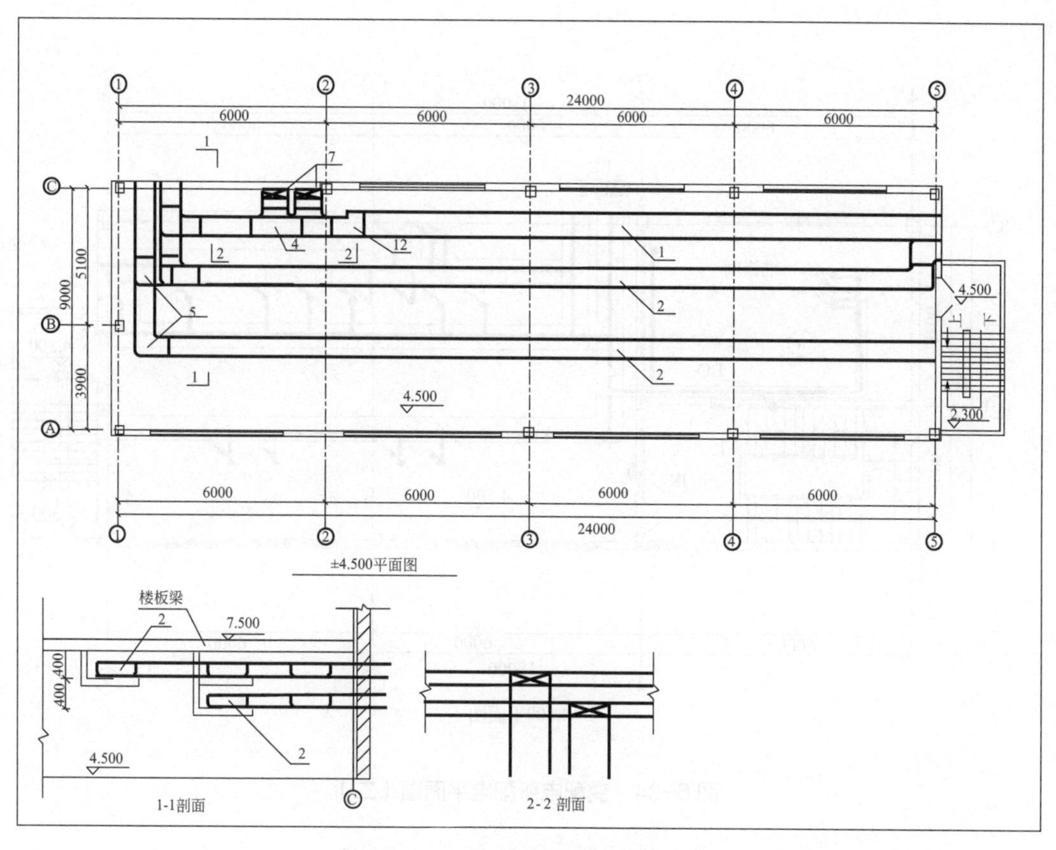

图 6-32 变配电所桥架平面图（二）

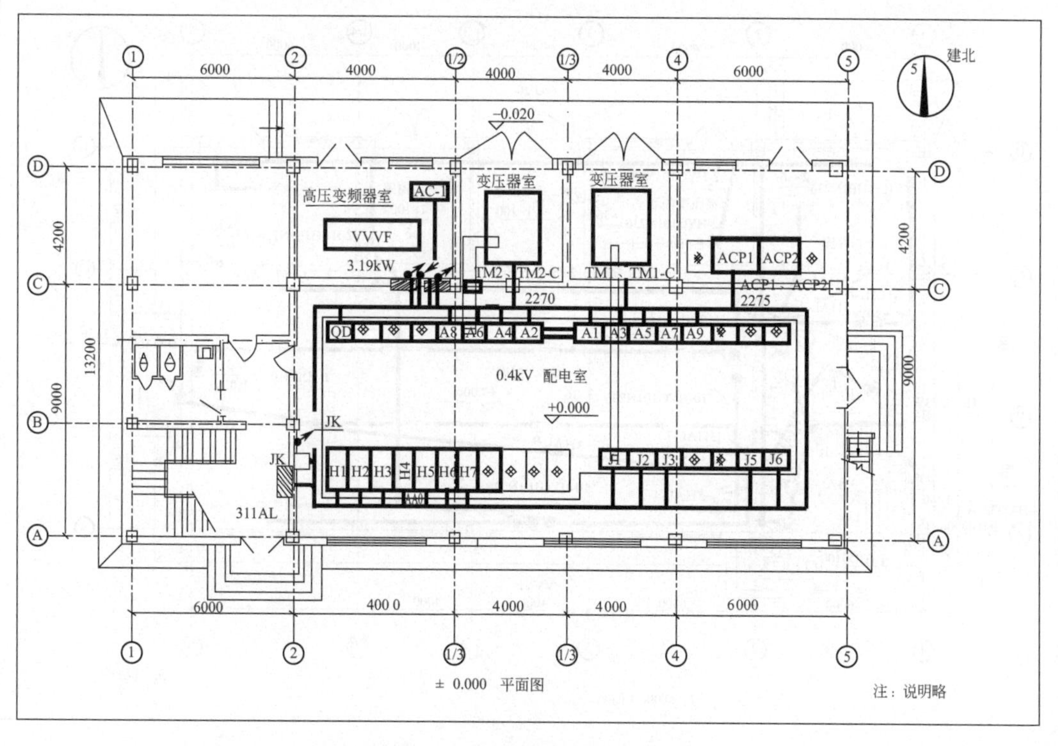

图 6-33 变配电所配电平面图（一）

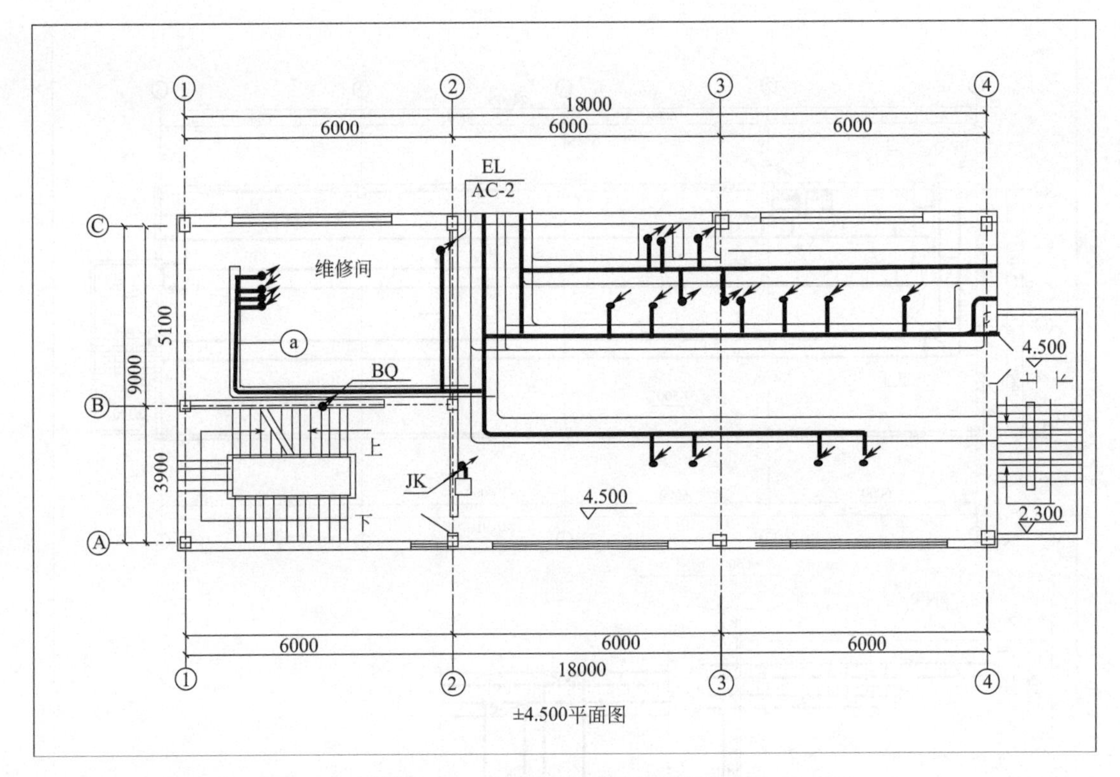

图 6-34 变配电所配电平面图（二）

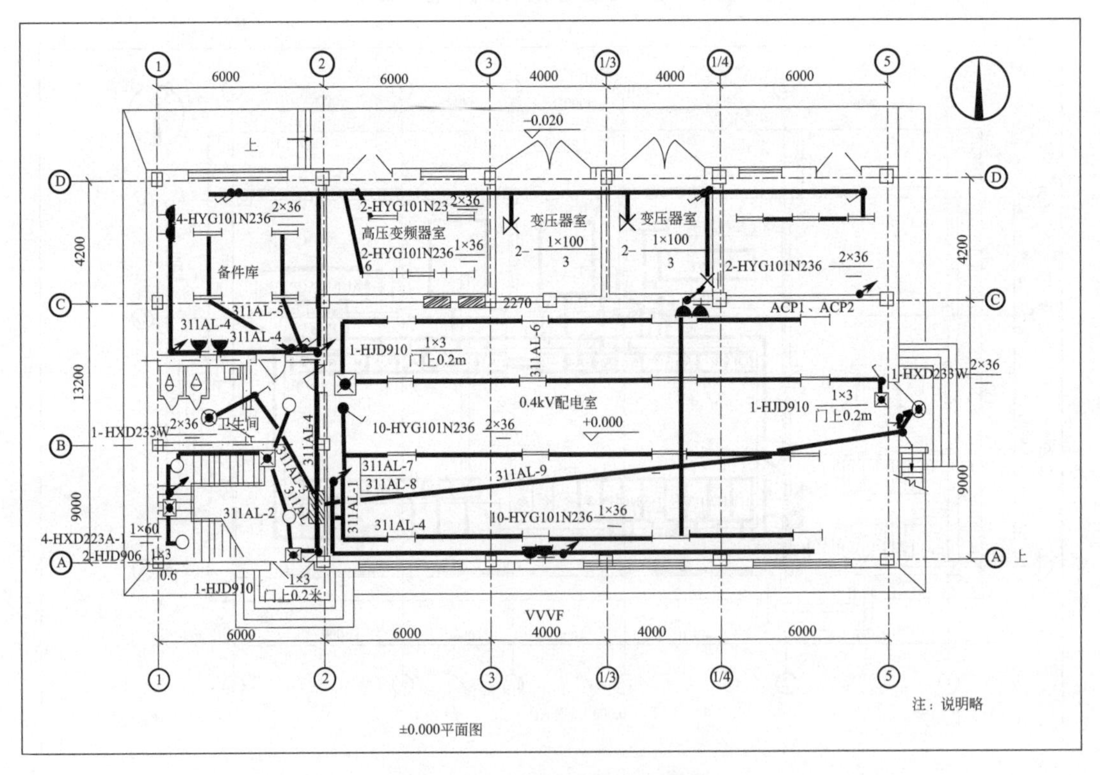

图 6-35 变配电所照明平面图

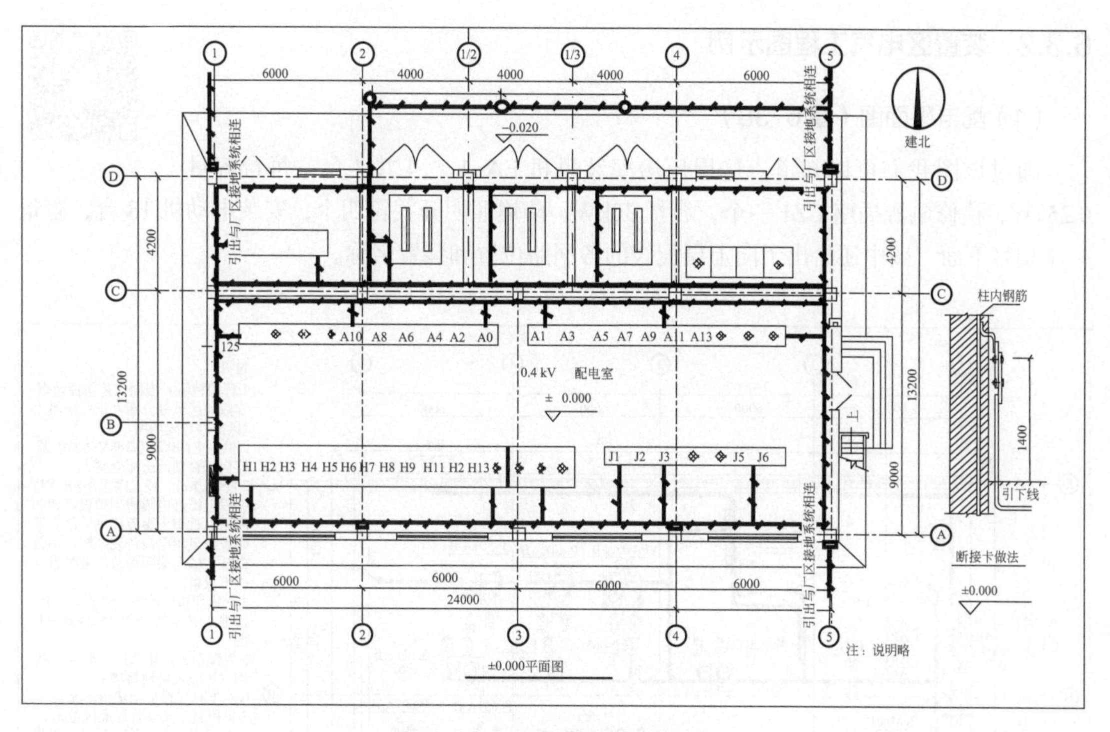

图 6-36 变配电所接地平面图

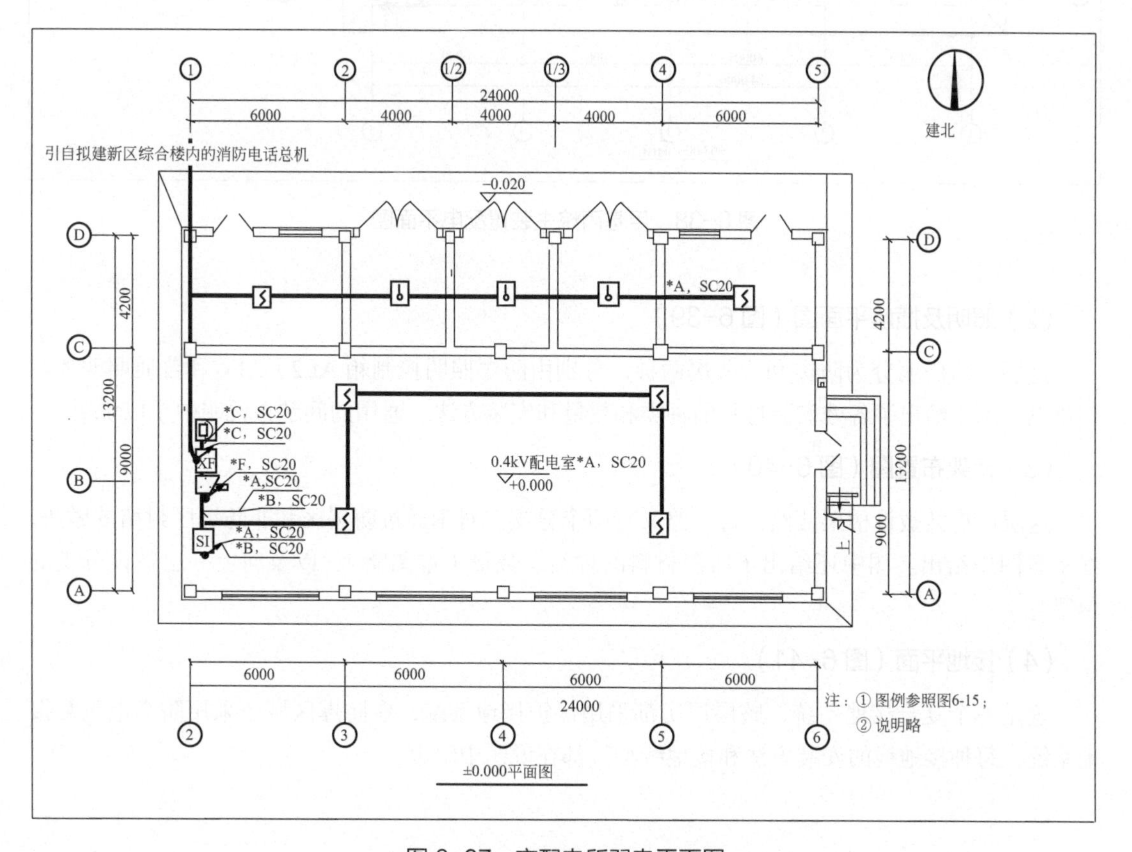

图 6-37 变配电所弱电平面图

6.3.2 装置区电气工程图示例

（1）配电平面图（图6-38）

通过该图我们可以知道：这层厂房安装风机EA-1～4共4台，每台容量0.25kW，检修电源插座CZ1一个，容量30kW；防爆照明开关箱四个；安装电动机18台，容量标于型号下面。图中还给出了向上层配线的各回路位置和装置名称。

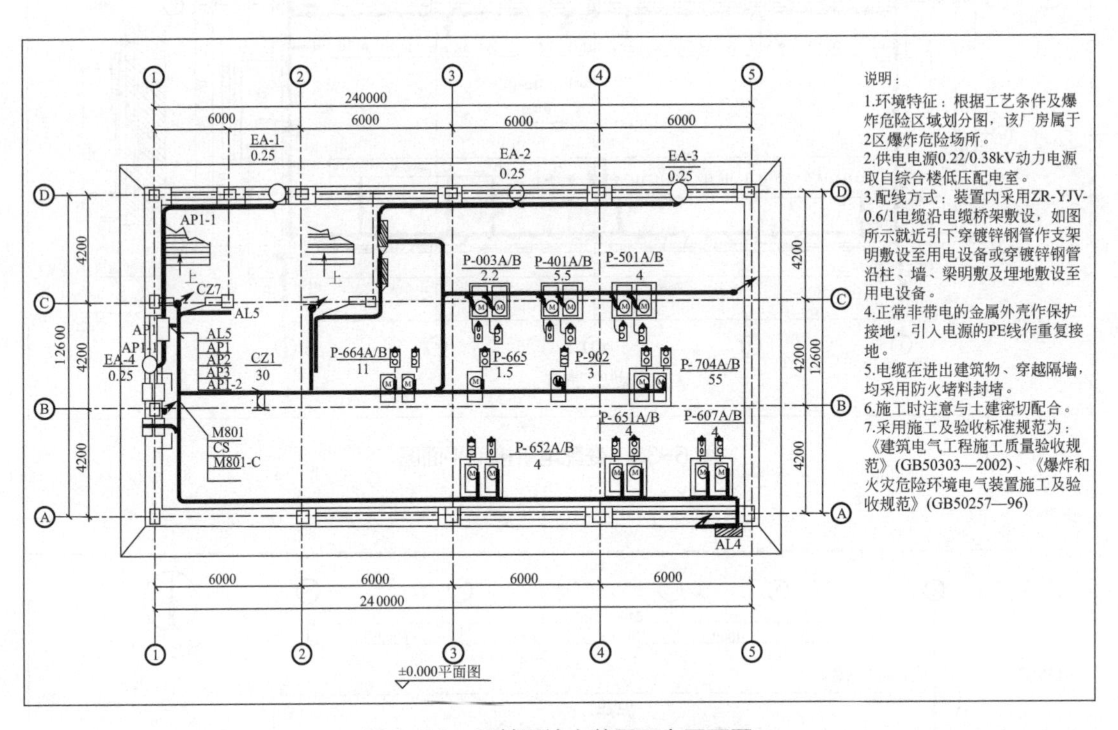

图6-38 甲基丙烷主装置配电平面图

（2）照明及插座平面图（图6-39）

这层厂房照明分为防爆和非防爆两种，分别由防爆照明控制箱AL2、AL4和普通照明控制箱供电。图中给出了各处安装灯具的种类和数量和安装方法。通用的问题在说明中予以说明。

（3）桥架布置图（图6-40）

这层厂房共敷设槽架两路，每一路又有两个分支。对于通过防爆区和非防爆区封堵的做法，在示意图中给出。图中还给出了所需材料的种类、数量（本图略），以及向上一层敷设分支的位置。

（4）接地平面（图6-41）

这是一个复合接地系统，整层厂房都采用保护接地系统，在防爆区域还采用防静电重复接地系统，每种接地线的安装方法和接地线型号都在说明中给出。

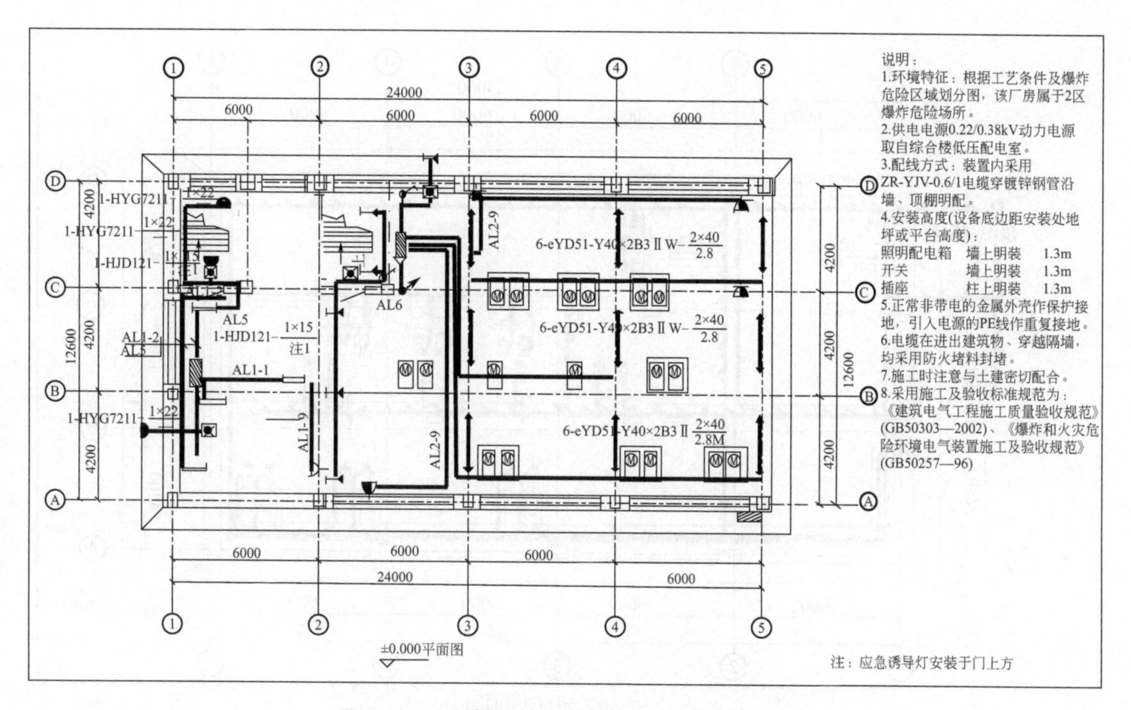

图 6-39　甲基丙烷主装置照明及插座平面图

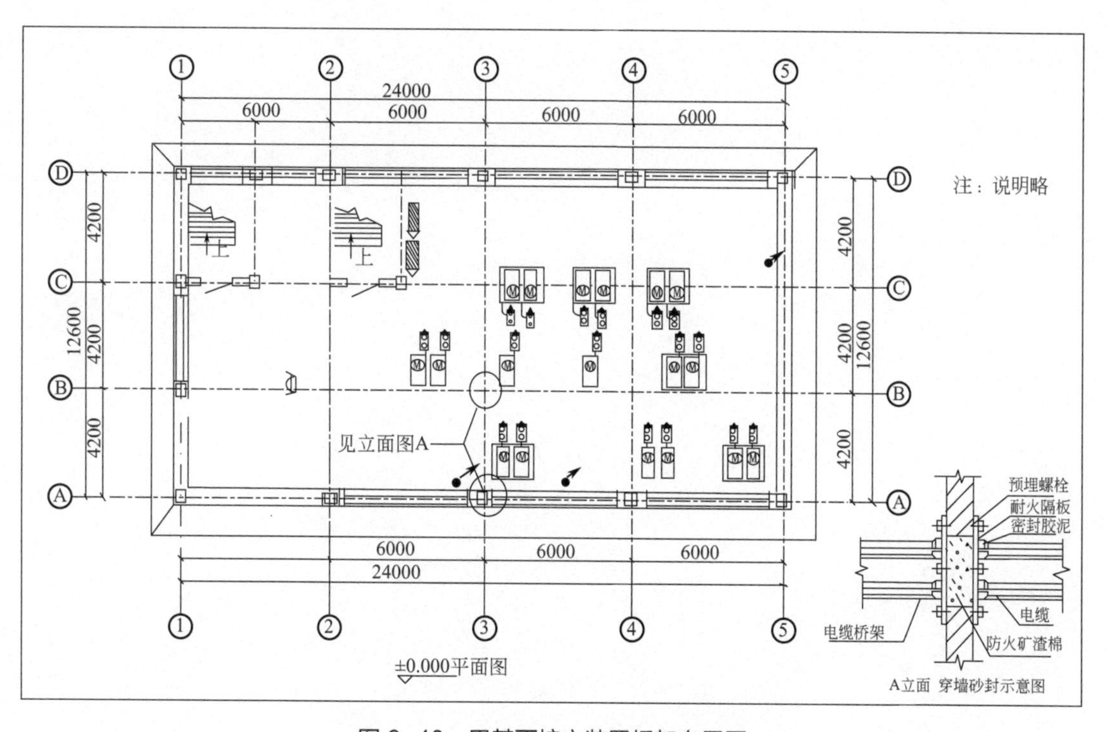

图 6-40　甲基丙烷主装置桥架布置图

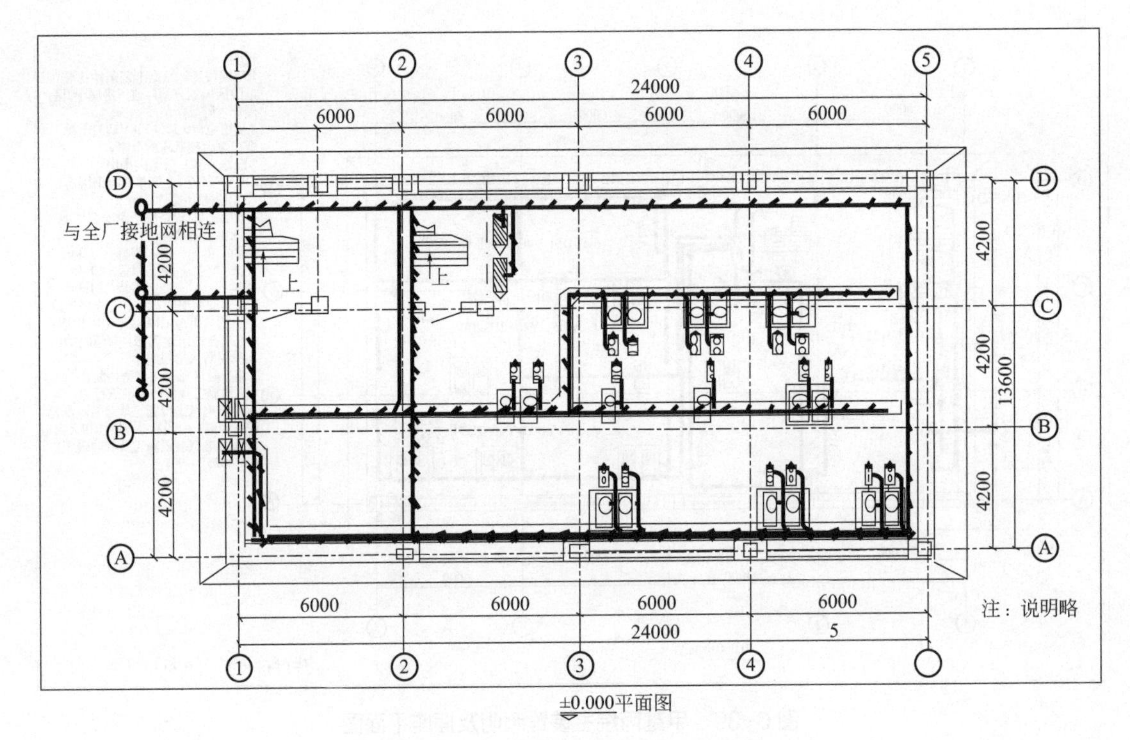

图 6-41　甲基丙烷主装置接地平面图

·第 7 章·

生产实际应用图识读

7.1 测量电路识读

7.1.1 电阻测量电路

图 7-1 所示为采用电流、电压表法测量电阻电路，通过电压表、电流表读数，根据欧姆定律可以很方便地计算出所需测量的电阻值。但需要注意的是电压表、电流表单位要趋于一致（如电压表读数为“V”，电流表读数也要换算到“A”）。另外，图 7-1(a) 电路适用于电流表内阻远远小于被测物电阻值；图 7-1(b) 电路适用于电压表内阻值远远大于被测物电阻值。

7.1.2 兆欧表测量电路

测量时，额定电压为 1000V 以下的电缆用 1000V 以下的兆欧表进行；1000V 及以上的电缆用 2500V 兆欧表进行。应读取 1min 后的数值。测量某相电缆绝缘时，应将其余两相线芯和电缆外皮一起接地。L 端钮接需测量的电缆线芯上，E 端接地，如果天气比较潮湿或周围空气湿度较大时，为消除表面泄漏，应采取屏蔽措施，即将 G 端钮接在需测量相的外皮上，需注意的是各处连接都应接触牢固，如图 7-2 所示。

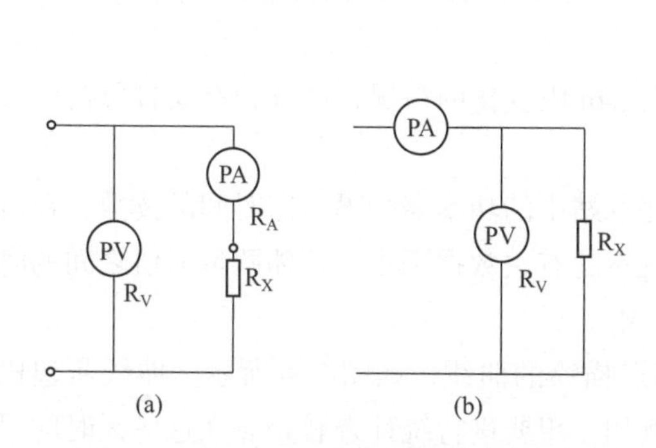

图 7-1 电流、电压表法测量电阻电路

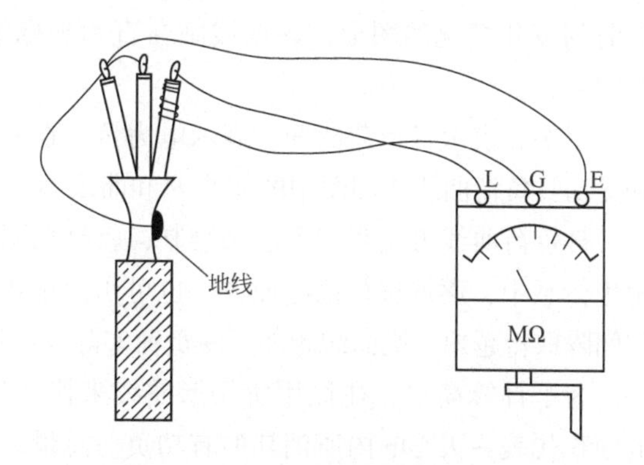

图 7-2 兆欧表测电缆阻值接线

图 7-3 所示为使用兆欧表测量电容阻值接线。测量电力电容器的绝缘电阻，主要是为了检查电容器内部是否受潮或套管绝缘是否存在缺陷。一般采用 2500V 兆欧表测量两极（测量时将两极短接起来）对外壳的绝缘电阻。

图 7-4 所示为使用兆欧表测量变压器绕组阻值接线。测量绕组连同套管的绝缘电阻、吸收比，这是检查变压器绝缘状况的最基本的、最简便的辅助方法。对变压器绝缘整体受潮及局部缺陷，如瓷件脏污、破裂、引出线接地等，均能有效地查出。吸收比试验更适用于变压器这种电容量较大的设备。

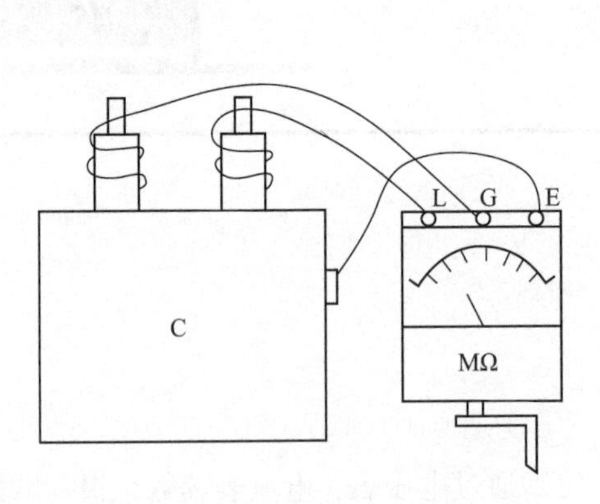

图 7-3　兆欧表测量电容阻值接线

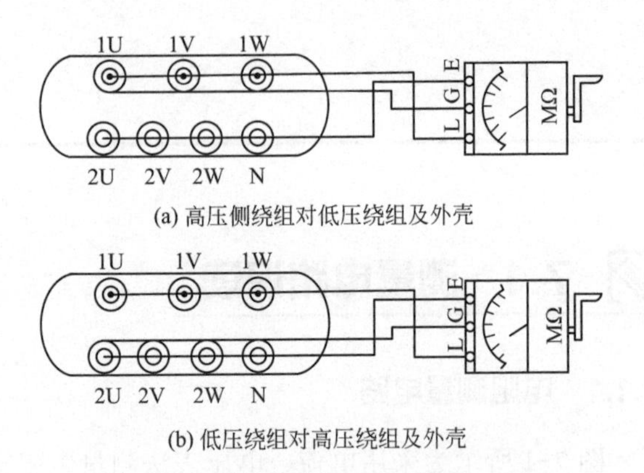

图 7-4　兆欧表测量变压器绝缘电阻接线

7.2　曲线图的识读

7.2.1　负荷曲线

（1）荷曲线的识读

企业中的电力负荷是指电气设备和线路中通过的功率或电流，且电力负荷是随着工厂企业的生产情况变动而变动的。

为了描述电力负荷随时间变化的规律，通常以负荷曲线表示。负荷曲线是表示电力负荷随时间变化情况的图形，该曲线画在直角坐标轴内，纵坐标表示负荷值，横坐标表示对应的时间。

图 7-5 表示日负荷曲线，表示电力负荷在一天 24h 内变化的情况，可分为有功日负荷曲线和无功日负荷曲线（即图中的曲线 P 和曲线 Q）。

日负荷曲线可用测量方法来绘制，就是根据变电站中的功率表每隔一定时间的读数，在直角坐标系中，逐点进行描绘而成，也可用记录式仪表的有关数据画出。相邻两负荷值之间的时间间隔取得越短，则曲线越能反映负荷实际变化情况。

为了计算简单，往往用阶梯形曲线来代替逐点描绘的曲线，如图 7-6 所示。曲线所包围的面积代表一天 24h 内所消耗的有功负荷总量。例如，想要进行统计查看企业在这一天时间里从 0 点到 4 点消耗的有功负荷总量，那么根据图 7-6 可看到，从 0 点到 1 点，企业内有功负荷约为 28MW；在 1 点到 2:30，企业内有功负荷约为 20MW；在 2:30 到 4 点间，有功负荷约为 17MW，因此，企业在这一段时间内消耗的有功负荷总量约为（$28\times1+20\times1.5+17\times1.5$）$\times10^3$=83500kW·h。

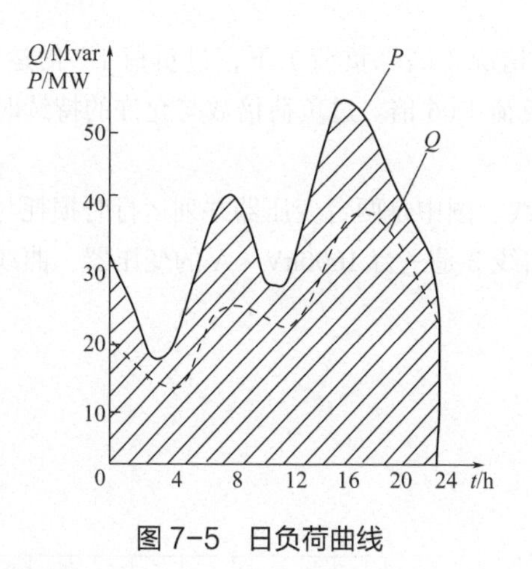

图 7-5　日负荷曲线

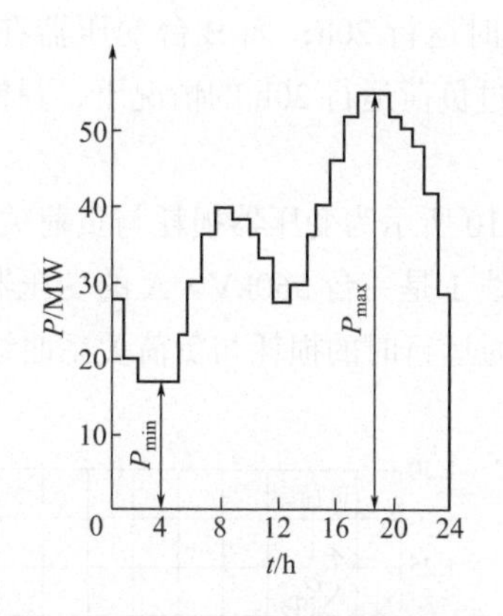

图 7-6　有功日负荷曲线的绘制

（2）年负荷曲线

年负荷曲线分两种：一种是年最大负荷曲线，就是在一个 12 个月取每个月（30 天）中日负荷最大值，如图 7-7 所示。从图中可见，该工厂夏季最大负荷比较小些，而年终负荷比年初大。另一种的年持续负荷曲线，它是不分日月的界限，而是以有功功率的大小为纵坐标，以相应的有功功率所持续实际使用时间（h）为横坐标绘制的，如图 7-8 所示。由图可知，某工厂年持续负荷线，表示一年内各种不同大小负荷所持续时间。年持续负荷曲线下面 0 ～ 8760h（一年小时数，365×24=8760h）所包围的面积就等于该工厂在一年时间内消耗的有功。如果将这面积用一与其相等的矩形（P_{max}—C—T_{max}—0—P_{max}）面积表示，则矩形的高代表最大负荷 P_{max}，矩形的底 T_{max} 就是最大负荷年利用小时。它的意义是：当某工厂以年最大负荷 P_{max} 持续运行 T_{max}(h)，所消耗的恰好等于全年按实际负荷曲线运行所消耗的。所以，T_{max} 大小说明了用户消耗的程度，也反映了用户用电的性质。总体而言，T_{max} 越大，说明企业最大负荷运行时间越长。

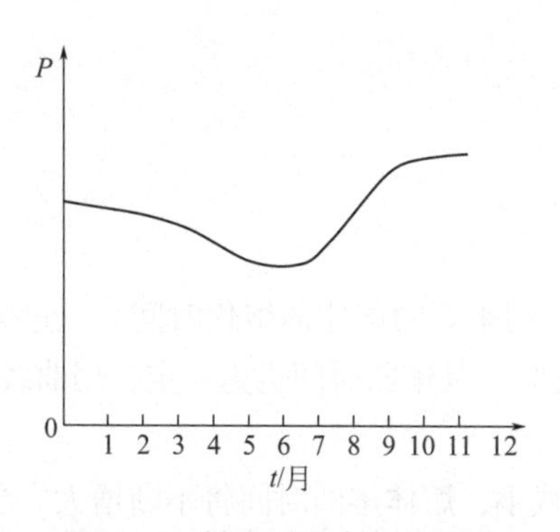

图 7-7　某工厂最大负荷曲线

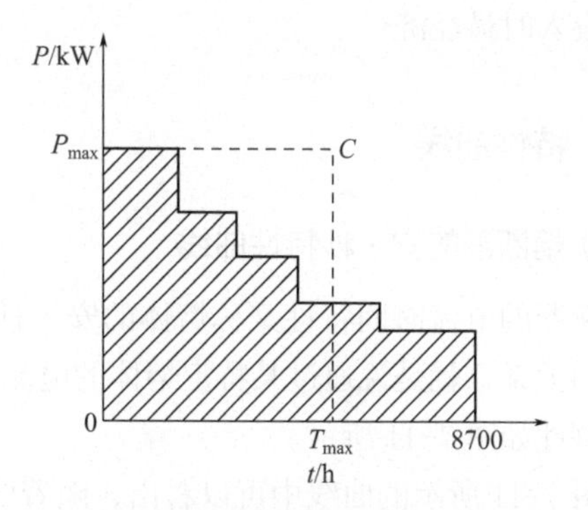

图 7-8　年持续负荷曲线

（3）变压器负荷曲线

图 7-9 所示为变压器负荷曲线。在不损害变压器线圈的绝缘和不降低变压器使用寿命的前提下，可以在高峰负荷及冬季时过负荷运行。允许的过负荷倍数及允许的持续时间应根据变压器的负荷曲线及空气的湿度来确定。依图示，假如有 A、B、C 3 台变压器运行，它们的日负荷率分别为 K_A=0.6，K_B=0.7，K_C=0.9，则从图中可查出，A 台变压器可以在高峰负荷期间，过负

荷 1.28 倍时运行 20h；而 B 台变压器在同样情况（高峰负荷）下，过负荷 1.2 倍运行 20h；C 台变压器过负荷运行 20h 的情况下，只能过负荷 1.06 倍。过负荷倍数与允许的持续时间是成反比的。

图 7-10 所示为变压器损耗与负荷关系曲线。图中是两台变压器并列运行时损耗与负荷关系曲线，曲线 1 是一台 560kV · A 的变压器，曲线 2 是一台 1000kV · A 的变压器，曲线 3 是两台变压器同时运行时的损耗与负荷关系曲线。

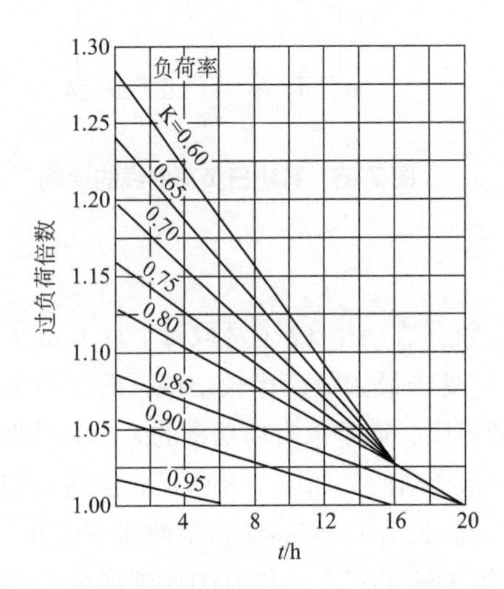

图 7-9　变压器在负荷率 $K<1$ 时运行的负荷曲线

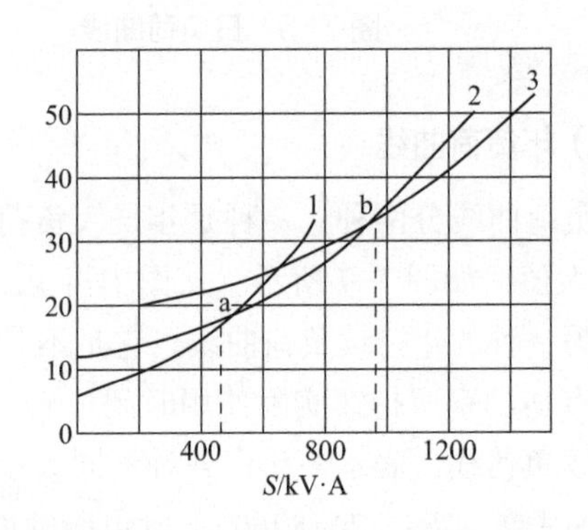

图 7-10　变压器损耗与负荷关系曲线

图中曲线的交点 a 点和 b 点就是确定经济运行的分界点：在 a 点投入 560kV · A 或 1000kV · A 的均可，在 a 点左边（0 ～ 450kV · A）投入 560kV · A 的变压器比较经济；在 a 点的右边投入 1000kV · A 的变压器比较经济；而在 b 点的右边（负荷大于 960kV · A）两台变压器同时投入时最经济。

7.2.2　特性曲线

（1）熔断器的安 · 秒特性曲线

熔断器的电流时间特性又称熔体的安 · 秒特性，用来表明熔体的熔化时间与流过熔体的电流之间的关系，就是说通过某特定熔体的电流为一定时，其熔断时间也为一定，用曲线来表示，其一般特性如图 7-11 所示。

从图 7-11 所示的曲线中可以看出，随着电流的减小，熔体熔断时间将不断增大。当电流减小到某值及以下时，熔体已不能熔断，熔化时间将为无穷长。此电流值称为熔体的最小熔化电流 I_{zx}，也可理解为正常运行的最大安全电流。熔体允许长期工作的额定电流 I_e 应比 I_{zx} 小，通常，最小熔化电流约比熔体的额定电流大 1.1 ～ 1.25 倍。

（2）电流互感器 10% 误差曲线

图 7-12 所示为电流互感器的 10% 误差曲线。电流互感器根据测量时误差的大小而划分为不同的准确级。电流互感器保护级与测量级的准确级要求有所不同，对于测量级电流互感器的

要求是在正常工作范围内有较高的准确度，而保护级电流互感器主要是在系统短路时工作，一般只要求 3 ～ 10 级，但是对在可能出现的短路电流范围内，则要求互感器最大误差限值不得超过 -10%。当电流互感器所通过的短路电流为一次额定电流 n 倍时，其误差达到 -10%，n 称为 10% 倍数，而 10% 倍数与互感器二次允许最大负荷阻抗 Z_{2e} 关系曲线便叫做电流互感器的 10% 误差曲线。

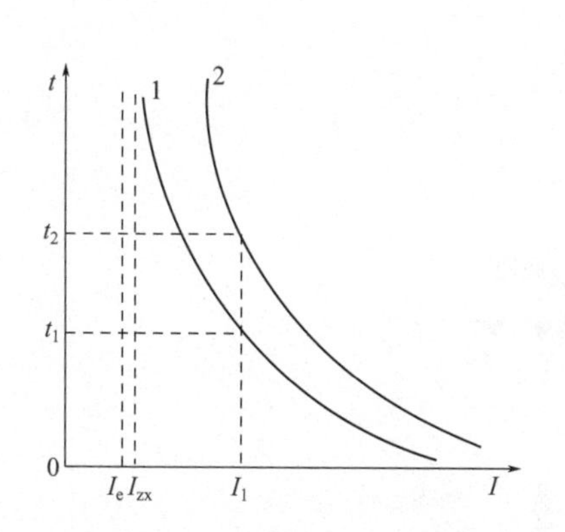

图 7-11　熔断器的安 - 秒特性

1—熔件截面较小；2—熔件截面较大

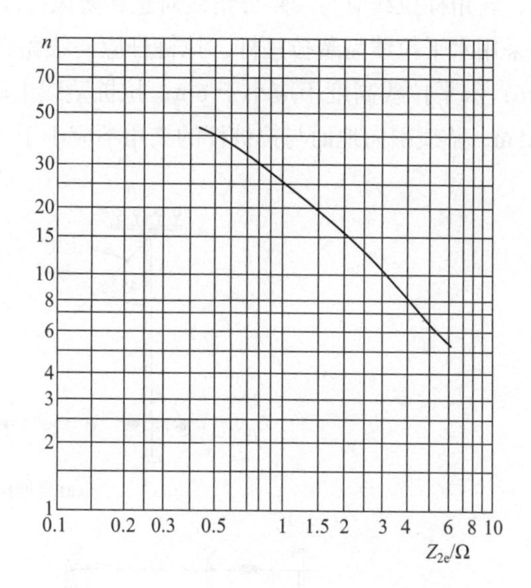

图 7-12　电流互感器 10% 误差曲线

（3）电流继电器时限特性曲线

图 7-13 所示为电流继电器时限特性。当磁路不饱和时，电流越大，轮盘转矩越大，圆盘转动越快，扇形齿轮向上移动使继电器接点闭合所需的时间就越短，即动作时限随着电流的增大而减小，这就是反时限特性。通俗地讲，就是电流值越大，从继电器线圈得电直至接点动作所需的时间越短。

当流过继电器线圈的电流超过一定数值后，由于铁芯饱和，线圈中电流再增加也并不会使磁通继续增加，因而电磁转矩和圆盘转速都不会增加。所以，动作时间不再随电流的变化而变化，而为一常数，这就是继电器的定时限特性部分。流过继电器线圈的电流不超过使铁芯饱和电流值时，继电器接点不会动作。

当线圈中电流超过某个更大数值后，例如图中的曲线 1，当通过继电器电流 $I_{KA} > 8I_{OP}$ 时（I_{OP} 为感应元件的动作电流），接点瞬时接通，这就是继电器的速断特性部分。

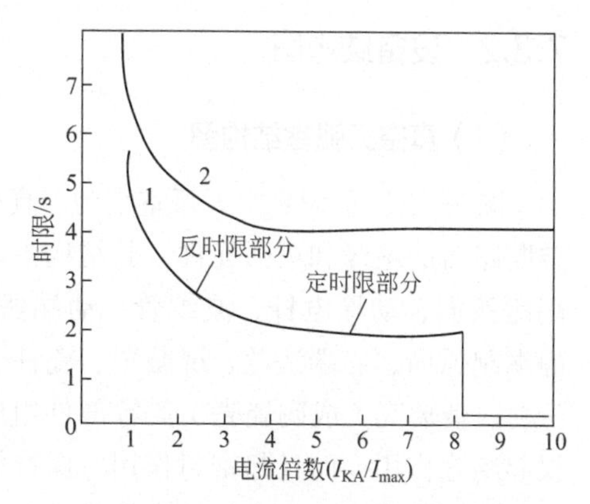

图 7-13　GL-10 型电流继电器时限特性

7.3 电气工作关联图的识读

7.3.1 杆塔拉线

杆塔拉线做法如图 7-14 所示，拉线应根据电杆的受力情况装设。终端杆拉线应与线路方向对正；转角杆拉线应与线路分角线对正；防风拉线应与线路垂直。

采用水平拉线需装拉桩杆，拉桩杆应向线路张力反方向倾斜 20°，埋深不应小于拉桩杆长的 1/6；水平拉线高度不应小于 6m；拉桩坠线上端位置距拉桩杆顶应为 0.25m，距地面不应小于 4.5m，坠线引向地面与拉桩杆的夹角不应小于 30°。

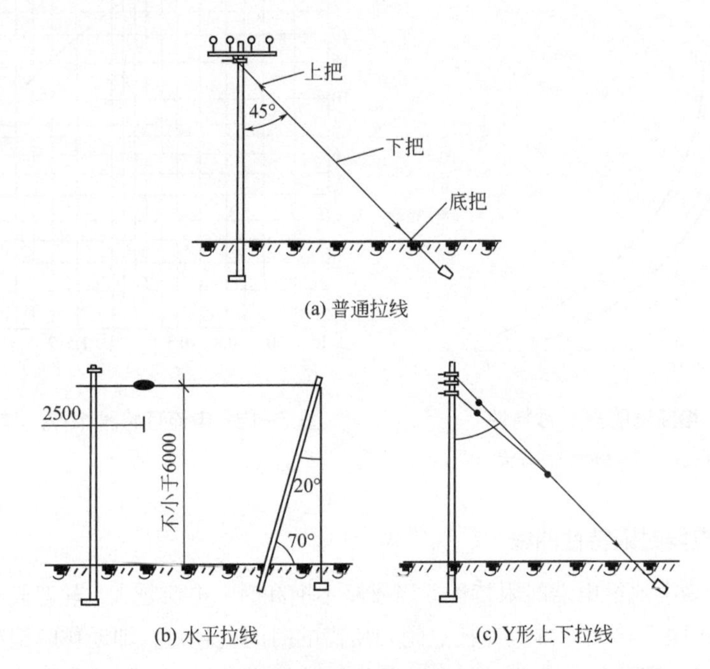

图 7-14 拉线做法

7.3.2 设备结构图

（1）真空灭弧室结构图

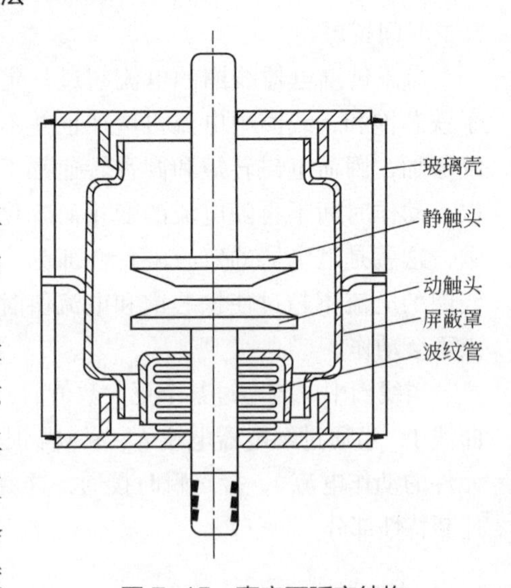

图 7-15 真空灭弧室结构

图 7-15 所示为真空灭弧室结构。真空灭弧室是真空断路器的绝缘和灭弧元件，其结构由电动触头、动端跑弧面、动导电杆、波纹管、动端法兰、静触头、静端跑弧面、静端法兰、屏蔽罩、瓷柱、不锈钢支撑法兰、玻璃壳（或陶瓷壳）等零部件组成。玻璃壳不仅起绝缘作用，而且起密封作用，保持触头空间的真空。波纹管是一动态密封的弹性元件，通过它真空灭弧室在操动机构的作用下，可完成分合闸操作而不会破坏其真空度。真空电弧的熄灭是基于利用高真空度

介质的高绝缘强度和在这种稀薄气体中电弧的生成物具有很高的扩散速度，也就是说，真空灭弧室内介质非常稀少，因而呈现出很高的绝缘强度；也是由于介质量非常稀少，因此，断路器动、静触点分、合闸时而产生的电弧（游离的电子）会迅速扩散，能量分散，因而使电弧在电流过零后，触点间隙的介质强度能很快恢复起来。屏蔽罩可以冷凝金属蒸气和带电离子。

灭弧室用绝缘支架支撑并固定在底座上，由导电夹、软连接、出线板通过灭弧室两端组成高压回路。绝缘支架是用玻璃纤维压制而成，绝缘性能好，机械强度高。传动件绝缘子既要绝缘，又要耐冲击和具有一定强度。

（2）单相移相电容器的内部结构

图 7-16 所示为单相移相电容器的内部结构。无论是单相还是三相移相电容器，内部主要构造都大致相同，有电容元件（芯子），均放在外壳（油箱）内，箱盖与外壳焊在一起，其上装有引线套管，套管的引出线通过出线连接片与元件的极板相连接。

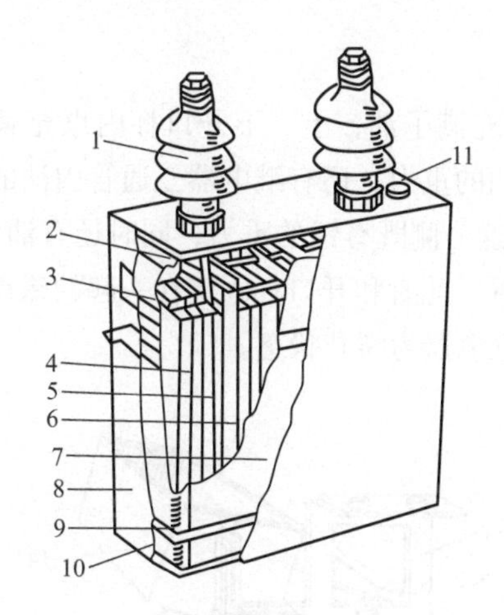

图 7-16 单相移相电容器的内部结构

1—出线套管；2—出线连接片；3—连接片；4—元件；5—出线连接片固定板；
6—组间绝缘；7—包封件；8—夹板；9—紧箍；10—外壳；11—封口盖

箱盖的一侧焊有接地片，作保护接地用。在外壳的两侧焊有两个搬运用的吊环。

每相元件内由若干个元件串联或并联组成，元件间通过连接片相连。低压三相电容器，每相元件由若干个元件并联组成，每个元件单独串联一个熔丝，当元件击穿时，熔丝烧断，使击穿的元件从电网中断开，在电容量变化不大的情况下，电容器仍可继续工作。

铝箔是电容器的极板，是载流导体，电流通过极板时，会产生电动力，电容器使用的交流电源频率越高，极板发热越严重。极板还能把介质中产生的热量通过液体介质传给外壳，再由外壳散发到空气中去。由于空气的氧化作用，在铝箔的表面往往生成一层氧化膜，它能避免铝与浸渍剂（液体介质）直接接触，而产生不良的催化作用，并能防止铝箔继续氧化。极板间的电容器纸是固体介质。由于纸质地不均匀和存在导电点，极板间纸的层数不少于三层。

极板间的液体介质是电容器油，亦称矿物油，是一种非极性材料。它的主要作用是填充固体绝缘的空隙，以提高介质的耐电强度，改善局部放电特性和增加冷却作用。

电容元件的引出线，是用薄铜片搪锡后，插入元件内与相应电极连接而实现的，不同极板的引出线应相对放置，不能错开，以减少元件的电感和极板内的有功损耗。

移相电容器的外壳用薄钢板焊接而成，外壁涂有防腐剂，箱盖与外壳间采用碳弧焊密封焊接。外壳截面为长方形，之所以采用长方形，是由于环境温度升高，电容器中的浸渍物及其他材料的体积都要发生变化，而液体体积的膨胀系数要比固体大得多。采用长方形截面，油膨胀后，可依靠外壳在允许的弹性范围内的变形来适应。

（3）FJ3-80 型气体继电器结构

气体保护灵敏、快速、接线简单，可以有效地反映变压器内部故障。当变压器内部故障时，短路电流产生的电弧将使绝缘物和变压器油分解而产生大量的气体，利用这种气体来实现的保护装置叫气体保护。

气体保护主要元件是气体继电器，它安装在变压器油箱和油枕之间，这样，油箱内的气体都要通过气体继电器流向油枕。

干簧式气体继电器具有较高的耐振能力，动作可靠，图 7-17 所示为 FJ3-80 型气体继电器结构简图。

其动作过程如下。

① 正常运行时，继电器内充满了油，上、下开口杯内也充满了油。在轴 3、8 的一侧是开口杯，对开口杯来说，杯内有油的重力，还有继电器三通管内油的浮力。在轴 3、8 的另一侧有和开口杯平衡的平衡锤 2、7，这一侧既有锤的重力，同时还有油对重锤的浮力，这些力平衡的结果，使开口杯处于翘起的位置，此时和开口杯固定在一起的磁铁 10、13 也翘起，磁铁处于干簧接点的上方，接点不闭合，继电器为断开状态。

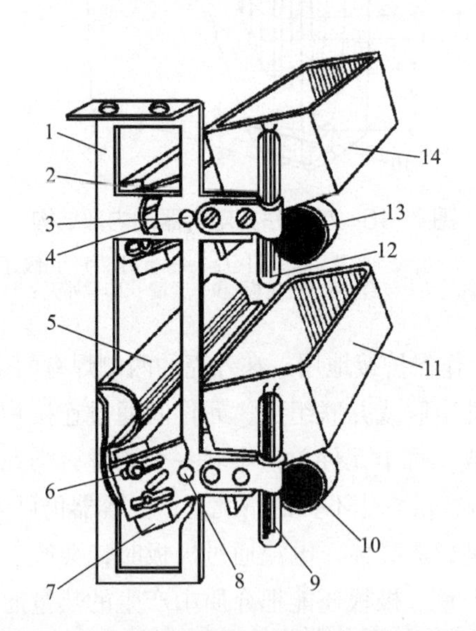

图 7-17 FJ3-80 型气体继电器结构简图

1—框架；2，7—平衡锤；3，8—轴；4—限位杆；5—挡板；6—平衡锤调整螺钉；9，12—干簧接点；10，13—磁铁；11，14—开口杯

② 当变压器内部发生轻微故障时，变压器内产生的气体聚集在继电器的上方（气体继电器放置时，是与地平面垂直的，即接点平行于地平面，因此，气体能够从变压器油箱中产生后，通过油箱与油枕的连接管，汇集到气体继电器中，充满气体继电器室上部空间），由于气体的存在，从而压迫继电器室内的油面下降，开口杯 14 由于杯内油的重力作用使其随油面下降而降

低，磁铁 13 随之下降，到干簧接点口附近，使干簧接点闭合，干簧接点闭合后，接通电路，发出信号，提醒值班人员注意，变压器内部有气体产生。

③ 变压器内部产生重大故障时，如绕组匝间或相间短路等，变压器内部会产生大量气体，造成强烈油流冲击挡板 5，使下开口杯向下转动，磁铁 10 随之下降，干簧接点 9 闭合，变压器跳闸。

④ 当变压器因漏油而油面下降时，继电器内油面随之下降，上开口杯先下降，接点 12 闭合，发出信号。油面继续下降，下口杯下降，接点 9 闭合，变压器跳闸。

（4）JS 型电记录器电路

放电记录器是监视避雷运行，记录避雷器放电次数的电器，它串联在避雷器与接地装置之间。图 7-18 所示为 JS 型放电记录器电气原理接线。它由非线性电阻 R_1 和 R_2、电容器 C 和计数器组成，G 是内部一个保护间隙。当过电压使避雷器 FB 动作时，冲击电流进入记录器，它在非线性电阻 R_1 上产生一定的电压降，在该电压降作用下，冲击电流经非线性电阻 R_2 对电容器 C 充电。当过电压消失，冲击电流过去之后，电容器 C 上的电荷将对计数器的电磁线圈 L 放电，使刻度盘上的指针转动一个数字，从而记录了避雷器的一次动作。

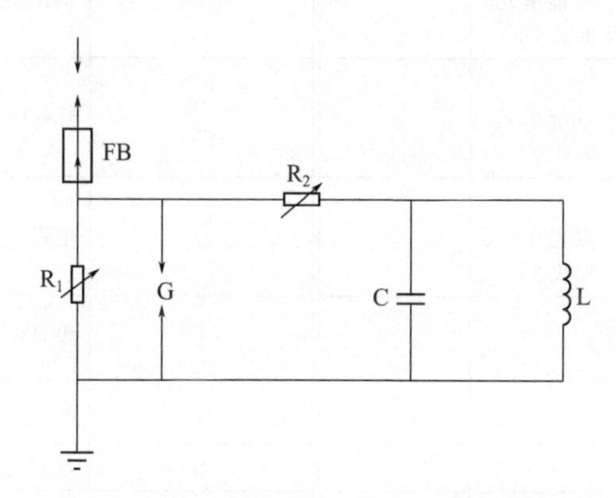

图 7-18　JS 型电记录器电气原理接线

附录

附录 1 电气简图用图形符号

附表 1-1 符号要素和限定符号

新图形符号	名称或含义	旧图形符号	新图形符号	名称或含义	旧图形符号
	物件 设备、器件、功能单元、元件、功能（形式 1）		≈0	动作（近似等于零时）	
	物件 设备、器件、功能单元、元件、功能（形式 2）			热效应	
	物件 设备、器件、功能单元、元件、功能（形式 3）			电磁效应	
	外壳（形式 1）			半导体效应	
	外壳（形式 2）			非电离的电磁辐射光	
	边界线			延时动作（形式 1）	
	屏蔽			延时动作（形式 2）	
	可调节性（一般符号）			自动复位	
	可调节性（非线性）			机械联锁	
	可变性（一般符号）			离合器、机械联轴器	
	可变性（非线性）			制动器	
	预调			手动操作件（一般符号）	
	步进动作			受限制的手动操作件	
	连续可变性			拉拔操作件	
	自动控制			旋转操作件	
>	动作（大于整定值时）			按动操作件	
<	动作（小于整定值时）			接近效应操作件	
	动作（大于高整定值或小于低整定值时）			应急操作件（蘑菇头安全按钮）	
=0	动作（等于零时）			手轮操作件	

续表

新图形符号	名称或含义	旧图形符号	新图形符号	名称或含义	旧图形符号
	脚踏操作件		×	断路器功能	
	杠杆操作件		–	隔离开关功能	
	可拆卸手柄的操作件			负荷开关功能	
	钥匙操作件		■	自动释放功能	
	曲柄操作件			限位开关功能 位置开关功能	
	滚轮操作件			开关的正向动作	
	凸轮操作件			自由脱扣机构	
	仿形凸轮件		$\%H_2O$	相对湿度控制	
	仿形样板操作件			故障 指明假定故障的位置	
	仿形凸轮和滚轮子操作件			闪络、击穿	
	储存机械能操作件			动滑点、滑动触点	
	单向作用的气动或液压驱动操作件 注：储存能的方式可以填入方框内			变换器（一般符号）	
	半导体操作件		⎓	直流电	
	液位控制件		～	交流电	
	计数器控制件		3～	三相交流电	
	流体控制件		3N～	带中性点的三相交流电	
	气流控制件		≂	交直流两用	
	接触器功能				

附表 1–2　导线和连接件

新图形符号	名称或含义	旧图形符号	新图形符号	名称或含义	旧图形符号
	导线、导线组、电线、电缆、电路、传输线路（如微波技术）、线路、母线（总线）一般符号	导线或电缆	⎓ 110V $2\times120mm^2Al$	直流电路（110V，两根截面积为 $120mm^2$ 铝导线）	
	导线组示出导线数 3 根（形式 1）	母线	3N～50Hz 380V $3\times120mm^2+1\times50mm^2$	三相交流电路，50Hz，380V，三根导线截面积均为 $120mm^2$，中性线截面积为 $50mm^2$	
3	导线组示出导线数 3 根（形式 2）	三根导线		柔软导线	

续表

新图形符号	名称或含义	旧图形符号	新图形符号	名称或含义	旧图形符号
	屏蔽导线			导线双T连接	
	绞合导线（示出2根）		L_1 L_3	相序变更	
	电缆中的导线（示出3根）	n		插座	
	连接点或连接			插头	
11 12 13 14 15 16	端子板（示出带线端标记的端子板）			插头和插座	
	T形连接（也可如旧符号）			多极插头插座（示出带6个极）	

附表 1-3　基本无源元件

新图形符号	名称或含义	旧图形符号	新图形符号	名称或含义	旧图形符号
	电阻器（一般符号）			预调电容器	
	可调电阻器			线圈、绕组、电感器、扼流圈（一般符号）	
	光敏电阻			带磁芯的电感器	
U	压敏电阻器 注：U可以用V代替			磁芯有间隙的电感器	
θ	热敏电阻 注：θ可用t° 代替	t°		带磁芯连续可调的电感器	
	带滑动触点的电阻器			有固定抽头的电感器（示出2个）	
	带滑动触点和断开位置的电阻器			半导体二极管（一般符号）	
	两个固定抽头的电阻器 注：可增减抽头数目			发光二极管一般符号	
	碳堆电阻器			光电二极管	
	电容器（一般符号）		θ	热敏二极管 注：θ可用t° 代替	t°
+	极性电容器	+ +		变容二极管	
	可变电容器			隧道二极管 江崎二极管	

续表

新图形符号	名称或含义	旧图形符号	新图形符号	名称或含义	旧图形符号
	单向击穿二极管 电压调整二极管			集电极接管壳的 NPN 型半导体管	
	三极晶体闸流管 当不需指定门极的类型时，本符号用于表示反向阻断三极晶体闸流管			NPN 型雪崩晶体管	
	反向阻断三极晶体闸流管（P 极受控）			具有 P 型基极单结型晶体管	
	可关断三极晶体闸流管（P 极受控）			N 型沟道结型场效应半导体管	
	双向三极晶体闸流管			增强型、单栅、P 沟道和衬底无引出线的绝缘栅场效应半导体管	
	PNP 型半导体管			有四个欧姆接触的霍尔发生器	
	光电三极管			磁敏电阻器（示出线性型）	

附表 1-4 电能的发生和转换

新图形符号	名称或含义	旧图形符号	新图形符号	名称或含义	旧图形符号
	双绕组变压器（一般符号）			电流互感器（一般符号，形式 1）	
	双绕组变压器（一般符号，形式 1）			电流互感器（一般符号，形式 2）	
	双绕组变压器（一般符号示出极性，形式 2）			绕组间有屏蔽的双绕组变压器（形式 1）	
	三绕组变压器（形式 1）			绕组间有屏蔽的双绕组变压器（形式 2）	
	三绕组变压器（形式 2）			一个绕组上有中心点抽头的变压器（形式 1）	
	自耦变压器（形式 1）			一个绕组上有中心点抽头的变压器（形式 2）	
	自耦变压器（形式 2）			耦合可变变压器（形式 1）	
	电抗器、扼流圈（一般符号，形式 1）			耦合可变变压器（形式 2）	
	电抗器、扼流圈（一般符号，形式 2）			三相变压器星形 - 角形连接（形式 1）	

续表

新图形符号	名称或含义	旧图形符号	新图形符号	名称或含义	旧图形符号
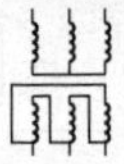	三相变压器星形－角形连接（形式 2）			每相绕组两端都引出的三相同步发电机	
	具有 4 个抽头（不包括主抽头）的三相变压器星形－角形连接（形式 1）			有分相引出端头的单相笼型感应电动机	
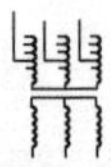	具有 4 个抽头（不包括主抽头）的三相变压器星形－角形连接			三相笼型感应电动机	
	单相变压器组成的三相变压器星形－角形连接			三相绕线型感应电动机	
	电机（一般符号）			原电池或蓄电池	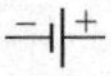
	直线电动机（一般符号）			直流变流器	
	步进电动机（一般符号）			整流器	
	直流串励电动机		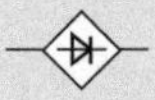	桥式全波整流器	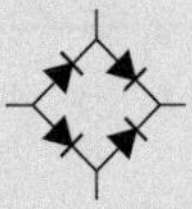
	直流并励电动机			逆变器	
	串励电动机 注：图示单相，若数字为 3 时即为 3 相			整流器 / 逆变器	
	单相同步发电机				

附表 1-5　开关、控制和保护器件

新图形符号	名称或含义	旧图形符号	新图形符号	名称或含义	旧图形符号
	动合（常开）触点（也可以用开关一般符号）	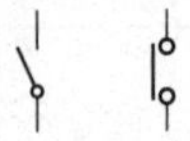		先合后断的双向触点（形式 1）	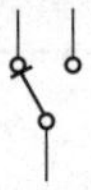
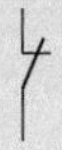	动断（常闭）触点	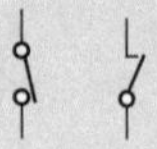		先合后断的双向触点（形式 2）	
	先断后合的转换触点	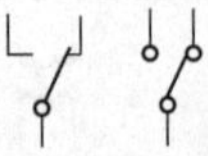		双动合触点	
	中间断开的转换触点	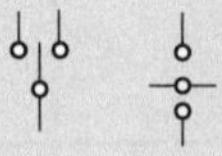	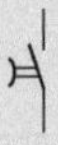	当操作器件被吸合时延时闭合的动合触点	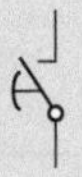

续表

新图形符号	名称或含义	旧图形符号	新图形符号	名称或含义	旧图形符号
	当操作器件被释放时延时断开的动合触点			三相电路中两极热继电器的驱动元件	
	吸合时延时闭合和释放时断开的动合触点			热敏开关，动断触点 注：注意和热继电器的触点区别	
	由一个不延时的动合触点，一个吸合时延时断开的动断触点和一个释放时延时闭合的动合触点组成的触点组			具有热元件的气体放电管荧光灯启动器	
	手动开关的一般符号			单极多位开关（示出6位）	
	按钮			多位开关，最多4位	
	拉拔开关（不闭锁）		1 2 3 4	有位置图示的多位开关	
	旋钮开关、旋转开关（闭锁）			多极开关单线表示（一般符号）	
	正向操作且自动复位的手动操作按钮			接触器，接触器的主动合触点	
	位置开关、动合触点 限制开关、动合触点			具有自动释放功能的接触器	
	位置开关、动断触点 限制开关、动断触点			接触器，接触器的主动断触点	
	对两个独立电路作双向接线操作的位置或限制开关			断路器	
θ	热敏开关、动合触点 注：θ 可用动作温度 t 代替			隔离开关	
	热继电器、动断触点			具有中间断开位置的双向隔离开关	
	热继电器的驱动元件			负荷开关（负荷隔离开关）	
3	三相电路中三极热继电器的驱动器件			具有自动释放的负荷开关	

续表

新图形符号	名称或含义	旧图形符号	新图形符号	名称或含义	旧图形符号
	手动操作带有闭锁装置的隔离开关、隔离器			接近开关动合触点	
	操作器件一般符号			接触敏感开关动合触点	
	具有两个绕组的操作器件组合表示法			磁铁接近时动作的接近开关，动合触点	
	缓慢释放（缓放）继电器的线圈			磁铁接近时动作的接近开关，动断触点	
	缓慢吸合（缓吸）继电器的线圈			熔断器（一般符号）	
	缓吸或缓放继电器的线圈			熔断器开关	
	交流继电器的线圈			熔断器式隔离开关	
	极化继电器的线圈	J		熔断器式负荷开关	
	快速继电器线圈			避雷器	
	对交流不敏感继电器线圈				

附表 1-6 灯和信号器件置

新图形符号	名称或含义	旧图形符号	新图形符号	名称或含义	旧图形符号
	灯的一般符号 信号灯的一般符号			笛报警器	
	闪光型信号灯			机电型指示器、信号元件	
	音响信号装置（一般符号）			由内置变压器供电的信号灯	
	蜂鸣器			扬声器（一般符号）	

附表 1-7 测量仪表

新图形符号	名称或含义	旧图形符号	新图形符号	名称或含义	旧图形符号
V	电压表		Hz	频率表	
A $I_{\sin\varphi}$	无功电流表		↑	检流计	
→ W P_{max}	最大需量指示器（由一台积算仪表操纵的）		n	转速表	
var	无功功率表		θ	温度计、高温计	
cosφ	功率因数表		W	记录式功率表	
φ	相位表		wh	电度表	

附表 1-8 接地装置

新图形符号	名称或含义	旧图形符号	新图形符号	名称或含义	旧图形符号
	接地（一般符号）			接机壳或接机架	⊥
	保护接地			等电位	
	功能性接地				

附录 2　建筑安装平面布置图图形符号

新图形符号	名称或含义	旧图形符号	新图形符号	名称或含义	旧图形符号
	架空线路			多种电源配电箱（屏）	
	管道线路			直流配电盘（屏）	
	6 孔管道线路			交流配电盘（屏）	
	地下线路			电缆交接间	
	有接头的地下线路			架空交接箱	
	水下线路			壁龛交接箱	
	防雨罩（一般符号）			室内分线盒	
	中性线			分线箱	
	保护线			壁龛分线箱	
	保护和中性共用线			电源自动切换箱（屏）	
	向上配线			自动开关箱	
	向下配线			带熔断器的刀开关箱	
	垂直通过配线			熔断器箱	
	带中性线和保护线线路			插座一般符号	
	盒、箱（一般符号）			单线表示的三相插座	
	连接盒或接线盒			带保护极的单相插座	
	电力或电力—照明配电箱			带保护极单相插座暗装	
	信号板信号箱（屏）			密闭（防水）单相插座	
	照明配电箱（屏）			防爆单相插座	
	事故照明配电箱（屏）			带保护极的密闭（防水）单相插座	

续表

新图形符号	名称或含义	旧图形符号	新图形符号	名称或含义	旧图形符号
	带保护极三相插座一般符号			按钮	
	带接地插孔密闭（防水）三相插座			带指示灯按钮	
	开关（一般符号）			灯（一般符号）	
	带指示灯的开关			荧光灯（一般符号）	
	单极拉线开关			三管荧光灯单线表示	
	单极现时开关			投光灯（一般符号）	
	双极开关			聚光灯	
	多位单极开关			泛光灯	
	单极双控开关			广照型灯	
	单极双控拉线开关			防水防尘灯	
	三极开关明装			局部照明灯	●
	三极开关暗装			安全灯	
	密闭（防水）			防爆灯	
	密闭（防水）			弯灯	

附录3　电气文字符号

附表 3-1　常用电气文字符号

名称	新符号		旧符号	名称	新符号		旧符号
	单字母	多字母			单字母	多字母	
电机类				**变压器、互感器和电抗器**			
发动机	G		F	变压器	T		B
直流发电机	G	GD(C)	ZLF,ZF	电力变压器	T	TM	
交流发电机	G	GA(C)	JLF,JF	升压变压器	T	T(S)U	SYB,SB
异步发电机	G	GA	YF	降压变压器	T	T(S)D	JYB,JB
同步发电机	G	GS	TF	自耦变压器	T	TA(U)	ZOB,OB
变频机	G	GF	BP	隔离变压器	T	TI(N)	GB
测速发电机		TG	CSF,CF	照明变压器	T	TL	ZB
发电机 - 电动机组		G-M	F-D	整流变压器	T	TR	ZLB,ZB
永磁发电机	G	GP	YCF	电炉变压器	T	TF	DLB,LB
励磁机	G	GE	L	饱和变压器	T	TS(A)	BHB,BB
电动机	M		D	启动变压器	T	TS(T)	QB
直流电动机	M	MD(C)	ZLD,ZD	控制变压器	T	TC	KB
交流电动机	M	MA(C)	JLD,JD	脉冲变压器	T	TI	MCB,MB
异步电动机	M	MA	YD	调压变压器	T	TT(C)	TB
同步电动机	M	MS	TD	同步变压器	T	TS((Y)	
调速电动机	M	MA(S)	TSD	调压器	T	TV(R)	
伺服电动机		SM	SD	互感器	T		H
笼型异步电动机	M	MC	LD	电压互感器	T	YV	YH
绕线异步电动机	M	MW(R)				(或 PT)	
电机扩大机	A	AR	JDF	电流互感器	T	TA	LH
感应同步器		IS			L	(或 CT)	
绕组（线圈）	W		Q	电抗器	L		K
电枢绕组	W	WA	SQ	饱和电抗器		LT	BHK
定子绕组	W	WS	DQ	限流电抗器	L	LC(L)	XLK
转子绕组	W	WR	ZQ	平衡电抗器	L	LB	PHK
励磁绕组	W	WE	LQ	启动电抗器	L	LS	QK
并励绕组	W	WS(H)	BQ	滤波电抗器	L	LF	LBK
串励绕组	W	WS(E)	CQ	**开关、控制器**			
他励绕组	W	WS(P)	TQ	开关	Q、S		K
稳定绕组	W	WS(T)	WQ	刀开关	Q	QK	DK
换向绕组	W	WC(M)	HXQ	组合开关	S	SCB	
补偿绕组	W	WC(P)	BCQ	转换开关	S	SC(O)	HK
控制绕组	W	WC	KQ	负荷开关	Q	QS(F)	
启动绕组	W	WS(T)	QQ	熔断器式刀开关	Q	QF(S)	DK,RD
反馈绕组	W	WF	FQ	断路器	Q	QF	ZK,DL,GD
给定绕组	W	WG	GDQ	隔离开关	Q	QS	GK

续表

名称	新符号		旧符号	名称	新符号		旧符号
	单字母	多字母			单字母	多字母	
控制开关	S	SA	KK	零电压继电器	K	KHV	LYJ,LJ
接地开关	Q	QG	JDK,DK	电流继电器	K	KA(KI)	LJ
限位开关、终端开关	S	SQ	ZDK,ZK	过电流继电器	K	KOC	GLJ,GJ
微动开关	S	SM(G)	XWK,XK	欠电流继电器	K	KUC	QLJ,QJ
接近开关	S	SP	WK	零电流继电器	K	KHC	LLJ,LJ
行程开关	S	ST	JK	功率继电器	K	KP	GJ
灭磁开关	Q	QF(D)	MK	频率继电器	K	KF	
水银开关	S	SM	SYK,YK	控制继电器	K	KC	KJ
脚踏开关	S	SF	JTK,TK	制动继电器	K	KB	ZDJ,ZJ
按钮	S	SB	AN	差动继电器	K	KD	CJ
启动按钮	S	SB(T)	QA	接地继电器	K	KE(F)	
停止按钮	S	SB(P)	TA	过载继电器	K	KOL	
控制按钮	S	SB(C)	KA	时间继电器	K	KT	SJ
操作按钮	S	SB(O)	CA	温度继电器	K	KT(E)	WJ
信号按钮	S	SB(S)	XA	热继电器	K(F)	KR(FR)	RJ
事故按钮	S	SB(F)	SA	速度继电器	K	KS(P)	SDJ,SJ
复位按钮	S	SB(R)	FA	加速器继电器	K	KA(C)	JSJ,JJ
合闸按钮	S	SB(L)	HA	压力继电器	K	KP(R)	YLJ,YJ
跳闸按钮	S	SB(I)	TA	同步继电器	K	KS	TJ
试验按钮	S	SB(E)	YA	极化继电器	K	KP	JJ
检查按钮	S	SB(D)	JCA,JA	联锁继电器	K	KI(N)	LSJ,LJ
控制器	Q			中间继电器	K	KA	ZJ
凸轮控制器	Q	QCC	TK	气体继电器	K	KG	WSJ
平面控制器	Q	QFA		合闸继电器	K	KC(L)	HJ
鼓形控制器	Q	QD	GK	跳闸继电器	K	KT(R)	TJ
主令控制器	Q	QM	LK	信号继电器	K	KS(I)	XJ
程序控制器	Q	QP	CK	动力制动继电器	K	K(D)B	DZJ,DJ
接触器、继电器和保护器件				无触点继电器	K	KN(C)	
				避雷器	F	FA	BL
接触器	K	KM	C	熔断器	F	FU	RD
交流接触器	K	KM(A)	JLC,JC	**电子元器件类**			
直流接触器	K	KM(D)	ZLC,ZC	二极管	V	VD	D,Z,ZP
正转（向）接触器	K	KMF	ZC	三极管，晶体管	V	VT	BG,Tr
反转（向）接触器	K	KMR	FC	晶闸管	V	VT(H)	SCR,KP
启动接触器	K	KM(S)	QC	稳压管	V	VS	WY(G),DW
制动接触器	K	KM(B)	ZDC,ZC	单结晶体管	V	VU	UJT,DJG
励磁接触器	K	KM(E)	LC	场效应晶体管	V	VF(E)	FET
辅助接触器	K	KM(U)	FZC,FC	发光二极管	V	VL(E)	
线路接触器	K	KM(L)	XLC,XC	整流器	U	UR	ZL
加速接触器	K	KM(A)	JSC,JC	控制电路用电源整流器	V	VC	
给磁接触器	K	KM(G)	ZC	逆变器	U	UI	
合闸接触器	K	KM(C)	HC	电阻器	R	RH	R
联锁接触器	K	KM(I)	LSC,LC	变阻器	R		
启动器	K		Q	电位器	R	RP	W
电磁启动器	K	KME	CQ	频敏变阻器	R	RF	BP,PR
星－三角启动器	K	KS(D)	XJQ,XQ	励磁变阻器	R	RE	
自耦启动器	K	KA(T)	OBQ,BQ	热敏变阻器	R	RT	
综合启动器	K	KS(Y)	ZQ	压敏变阻器	R	RV	
继电器	K		J	放电变阻器	R	RD	FDR
电压继电器	K	KV	YJ	启动电阻器	R	RS(T)	QR
过电压继电器	K	KOV	GYJ,GJ	制动电阻器	R	RB	ZDR
欠电压继电器	K	KUV	QYJ,QJ	调速电阻器	R	RA	TSR

续表

名称	新符号		旧符号	名称	新符号		旧符号
	单字母	多字母			单字母	多字母	
附加电阻器	R	RA(D)	FJR	速度变换器	B	BV	SB,SDB
调速电位器	R	R(P)A	TSW	位置变换器	B	BQ	WZB
分流器	R	RS	FL	触发器	A	AT	CF
分压器	R	RV(D)	FY	放大器	A		FD
电容器	C		C	运算放大器	N		
测量元件和仪表类				晶体管放大器	A	AD	BF
电流表	A		A	集成电路放大器	A	AJ	
电压表	V		V	计数器	P	PC	JS
功率因数表		$\cos\phi$	$\cos\phi$	信号发生器	P	PS	
温度计	θ			与门	D	DA	YM
转速表	n			或门	D	DO	HM
电气操作的机构器件类				与非门	D	D(A)N	YF
电磁铁	Y	YA	DT	非门，反相器	D	DN	F
起重电磁铁	Y	YA(L)	QT	给定积分器	A	AG	AR,DI
制动电磁铁	Y	YA(B)	ZT	函数发生器	A	AF	FG
电磁离合器	Y	YC	CLB	**其他**			
电磁吸盘	Y	YH		插头	X	XP	CT
电磁阀	Y	YV	LQ	插座	X	XS	CZ
电动阀	Y	YM		信号灯，指示灯	H	HL	ZSD,XD
牵引电磁铁	Y	YA(T)		照明灯	E	EL	ZD
电磁制动器	Y	YB		电铃	H	HA	DL
组件、门电路类				电喇叭	H	HA	FM,LB,JD
电流调节器	A	ACR	LT,IR	蜂鸣器	X	XT	JX,JZ
电压调节器	A	AUR	YT,UR	测试插孔	X	XJ	CK
速度调节器	A	ASR	ST,SR	红色信号灯	H	HLR	HD
磁通调节器	A	AMR		绿色信号灯	H	HLG	LD
功率调节器	A	APR	GT	黄色信号灯	H	HLY	UD
电压变换器	B	BU	YB	白色信号灯	H	HLW	BD
电流变换器	B	BC	LB	蓝色信号灯	H	HLB	AD

附表 3-2 推荐下脚注

下脚注	意义	下脚注	意义
a	声学，绝对的，交变的，交流的阳极	n	*n* 次谐波，名义的
as	异步的	o	出，输出，开路
av	算数，平均值	opt	光学的
b	基极	p	脉动的，并联，分路
c	计算的，集电极	q	静态的，静止的
ch	化学的	r	辐射，相对的，转子
cr	临界的	ref	参考的
d	偏差，损耗，动态的	rms	方均根值（周期量的）
dem	解调	s	信号，同步的，定子，稳态，稳态的，静态，静态的
e	电的，力能的，误差，等效，有效的，发射极	st	静态，稳态的，静态的
g	控制极	t	瞬态的，瞬时的
i	瞬时值，内部的，输入	th	热的
k	短路，阴极	v	发光的，变化的
l	负载，局部的，极限的	θ	热的
M	电动机的	$\sum$	和
M	磁的，磁化的，机械的，峰值	1	一次谐波（基波），入，输入，一次侧
max	最大值（不是峰值）		
med	中间值	2	二次谐波，出，输出，二次侧
min	最小值		
mod	调制	~	交变的，交流的
N	测定	*	相对的

附表 3-3 辅助文字符号

意义	符号		意义	符号	
	单字母	多字母		单字母	多字母
高	H		接地	E	
中	M		保护接地		PE
低	L		保护接地与中性点共用		PEN
升	V		中性线	N	
降	D		中间线	M	
主	M		不接地保护		PU
副，辅助		AUX	模拟	A	
正 向前		FW	数字	D	
反	R		速度	V	ACC
向后		BW	控制	C	
增		INC	快速	F	
减		DEC	可调		ADJ
自动		AUT	反馈		FB
手动	M	MAN	制动	B	BBK
起动		ST	限制	L	
停止		STP	闭锁		LA
断开		OFF	异步		ASY
闭合		ON	延时	D	
红		RD	差动	D	
绿		GN	紧急		EM
黄		YE	感应		IND
白		WH	压力	P	
蓝		BL	记录	R	
黑		BK	复位	R	RST
右	R		备用		RES
左	L		运转		RUN
输入		IN	信号	S	
输出		OUT	置位	S	SES
顺时针		CW	饱和		SAT
逆时针		CCW	同步		SYN
交流		AC	温度		
直流		DC	时间	T	
电压	V		真空	T	
电流	A		附加	V	ADD

参考文献

[1] 乔长君，李东升 . 全彩图解电工电路 . 北京：化学工业出版社，2019.

[2] 乔长君 . 电工识图入门 . 北京：国防工业出版社，2011.

[3] 张鸿峰，乔长君 . 怎样看电气图 . 北京：中国电力出版社，2014.

[4] 邱勇进 . 电工识图 . 北京：化学工业出版社，2018.